Arndt • Haenel, π

Springer-Verlag Berlin Heidelberg GmbH

Jörg Arndt • Christoph Haenel

Pi

Algorithmen, Computer, Arithmetik

Mit CD-ROM

Zweite, überarbeitete und erweiterte Auflage

 Springer

Jörg Arndt
Hühlweg 37
D-95448 Bayreuth

Christoph Haenel
Waldfriedenweg 24
D-82223 Eichenau

ISBN 978-3-540-66258-7

Die Deutsche Bibliothek – CIP-Einheitsaufnahme
[Pi] π [Medienkombination]: Algorithmen, Computer, Arithmetik /
Jörg Arndt; Christoph Haenel.
ISBN 978-3-540-66258-7   ISBN 978-3-662-09360-3 (eBook)
DOI 10.1007/978-3-662-09360-3
Buch. – 2., überarb. und erw. Aufl. 2000
CD-ROM. – 2., überarb. und erw. Aufl. 2000

Additional material to this book can be downloaded from http://extra.springer.com.

Umschlaggestaltung: Künkel + Lopka Werbeagentur, Heidelberg
Satz: Reproduktionsfertige Vorlage von den Autoren mit Springer TEX-Makros
SPIN: 10721551   33/3142 – 543210 – Gedruckt auf säurefreiem Papier

Nil desparare
(Nicht verzweifeln)

Sinnspruch in Gauß' Mathematischem Tagebuch (1796–1814),
in dem der Zusammenhang zwischen π-Berechnung und
arithmetisch-geometrischem Mittel aufgezeigt wird.

Vorwort zur zweiten Auflage

Nachdem die erste Auflage unseres Buchs über die faszinierende Zahl π so gut angekommen ist, können wir jetzt die zweite Auflage präsentieren, die wir völlig überarbeitet haben. Alle Themenbereiche sind erweitert, verbessert und auf den letzten Stand gebracht worden. Wir danken unseren Leserinnen und Lesern, indem wir ihre Anregungen eingefügt haben.

Natürlich wird der neueste Weltrekord des japanischen Professors Kanada mit 68.7 Milliarden π-Stellen vermeldet und auch der Rekord des erst 17jährigen Colin Percival, der die 40billionste binäre π-Stelle mittels Internet-Kooperation berechnet hat (beides Anfang 1999). Dazu finden Sie z.B. jetzt die für moderne π-Berechnungen unerläßliche *FFT-Multiplikation* (Multiplikation mittels schneller Fourier-Transformation) ausführlich erklärt und mit Beispiel-Code unterlegt.

Der historische Teil wurde völlig überarbeitet und erheblich vergrößert.

Auch haben wir die (plattformunabhängige) CD-ROM ausgeweitet; insbesondere haben wir 400 Millionen Dezimalstellen von π und die neuesten freeware Langzahl-Bibliotheken draufgepackt. Last but not least sind die WWW-Adressen zu den vielen π-Sites im Internet auf den letzten Stand gebracht.

Zu besonderem Dank sind wir Herrn Prof. F.L. Bauer, TU München, verpflichtet. Er hat uns wertvollste Impulse und Verbesserungsideen zu allen Themen des Buchs gegeben. Wir sind stolz, von diesem Manne Förderung und Ratschlag erhalten zu haben.

Auf die Resonanz und das Urteil unserer Leserinnen und Leser sind wir sehr gespannt. Für Ihre Kommentare haben wir eine eigene E-Mail-Adresse eingerichtet; sie lautet `pibook@jjj.de`.

Viel Vergnügen!

Juni 1999
Jörg Arndt, Christoph Haenel

Vorwort zur ersten Auflage

Die Zahl π, von der die meisten nur wissen, daß sie das Verhältnis von Kreisumfang zu Kreisdurchmesser ausdrückt und mit 3.14... beginnt, wurde im Juli 1997 auf 51.5 *Milliarden* Dezimalstellen genau berechnet. Was der Sinn solcher aberwitzigen Weltrekordberechnungen ist und daß dabei jenseits der Ziffernfolge, die Tausende von Telefonbüchern füllen würde, sehr viel mehr herauskommt, erfahren Sie in diesem Buch. Die Verfahren, die zu den hochgenauen Berechnungen eingesetzt werden, spiegeln Ergebnisse der Mathematik wider, deren Bedeutung weit über das schiere „π-Ausrechnen" hinausgeht. Diese neuen und effektiven Algorithmen haben überraschenderweise die angenehme Eigenschaft, leicht verständlich zu sein.

Wir beschreiben die Einzelheiten der Rekordjagd und geben Ihnen auf der beigefügten CD-ROM Programme in die Hand, mit denen Sie auf Ihrem Computer selbst einige Millionen Stellen von π berechnen können. Alle Programme und Beispiele finden Sie auch im Sourcecode, darüber hinaus auch weiterführende Texte zu Themen, die den Rahmen dieses Buches sprengen würden. Damit Sie eigene Recherchen im Internet starten können, haben wir auch an eine Sammlung von WWW-Links gedacht. Für die Statistiker unter Ihnen haben wir einige Millionen Stellen von π auf der CD-ROM untergebracht.

Schließlich berichten wir auch von Personen und Begebenheiten der Historie von π, in der es neben Wissenschaftlichem auch einiges an Kuriosem und Verrücktem zu verzeichnen gibt.

Bei der Entstehung dieses Buches haben uns die folgenden Personen mit Kommentaren und Anregungen sehr geholfen: Dieter Beule, Lothar Krüger, Heinz Pöhlmann, Georg Seßler, Mikko Tommila, Ute Zwerschke und auch ein besonders kooperativer Leser, der nicht genannt werden will. Ihnen allen sei an dieser Stelle ganz herzlich gedankt!

Wir wünschen Ihnen eine angenehme Reise in die faszinierende Welt der Zahl π !

Jörg Arndt, Christoph Haenel

Inhaltsverzeichnis

1. Der Stand der Dinge

Im Mai 1999 gab Professor Yasumasa Kanada von der Universität Tokio im Internet bekannt[1], daß er den Weltrekord für die Berechnung der Zahl π erneut verbessert habe, und zwar auf 68 719 470 000 Dezimalstellen. Er habe zwei unabhängige Berechnungen auf der Basis zweier verschiedener Algorithmen ausgeführt, die nur in den letzten 43 Stellen voneinander abgewichen seien. Die Programme dafür habe sein Assistent Daisuke Takahasi geschrieben. Die Rechenzeit habe insgesamt 72 Stunden betragen.

Die Menschheit besitzt seither also 68.7 Milliarden Stellen, die mit 3.14 15 anfangen. Das ist eine ganze Menge. Sie auch nur über den Bildschirm flitzen zu lassen, würde schon ein paar Wochen dauern. Wenn man 100 Millionen Stellen von diesem π ausgedruckt hätte, blieben immer noch 68.6 Milliarden Stellen übrig. Erst 10000 Bücher à 1000 Seiten könnten sie aufnehmen, ein paar Festplatten von einigen hundert Gramm allerdings auch.

Sein Statement gab Yasumasa Kanada nur eineinhalb Jahre nach seiner vorigen Verlautbarung, in der er den Weltrekord von 51.5 Milliarden Stellen verkündet hatte. Wiederum knapp zwei Jahre davor waren es auch schon 6.4 Milliarden. Allein seit 1981 ist der Weltrekord 25mal, von damals 2 Millionen Stellen, verbessert worden – pro Jahr fast ums Doppelte.

Y. Kanada ist seit einigen Jahren der einzige π-Numeriker mit Weltrekordambitionen. Bis 1986, als noch vergleichsweise bescheidene 30 Millionen Stellen Weltrekord bedeuteten, befanden sich mehrere Wettbewerber in der Arena. Danach waren zehn Jahre nur noch zwei Kontrahenten unter sich, Kanada in Japan und das Brüderpaar Chudnovsky in den USA; sie trieben sich bis 1996 abwechselnd auf 8 Milliarden Stellen hoch. Seit 1997 und ab 51 Milliarden Stellen sind Kanada und sein Team allein.

---

[1] `ftp://www.cc.u-tokyo.ac.jp/README.our_latest_record`

Die Computer, die beim Berechnen der Weltrekorde zum Einsatz kamen, waren meist Super-Rechner, die eigens für das „Zahlenmahlen" (number-crunching) entwickelt wurden und Millionen Dollar kosteten. Kanada rechnete zum Beispiel seinen jüngsten Rekord auf einer Hitachi SR8000 mit 64 Prozessoren. Trotzdem kann man auch weniger große Computer mit Geschick dazu bringen, konkurrenzfähige π-Berechnungen zu vollbringen. Dafür gibt es in der Geschichte der Weltrekorde mehrere Beispiele. So haben vor einigen Jahren die erwähnten Gebrüder Chudnovsky in New York 8 Milliarden Stellen von π auf einem Computer berechnet, den sie sich aus Kaufhaus-Teilen selbst zusammengebaut hatten [94].

Man könnte erwarten, daß Y. Kanada sein π in komprimierter Form[2] auf rund 50 CD-ROMs brennt und etwaigen Interessenten anbietet; das macht der Professor aber nicht, weil er allen Ernstes seine Stellen als „nichtkommerzielle Ziffern" betrachtet und sie erst nach strenger Prüfung rein wissenschaftlicher Nutzungsabsicht freigibt. Er gestattet nur, die ersten paar Milliarden Stellen übers Internet von seinem Server in Tokio herunterzuladen. Darin allein liegt schon eine große Hürde, denn zumindest mit einer gewöhnlichen Telefonleitung dauert (und kostet) dieser Vorgang rund einen Tag pro Stellen-Milliarde.

Wenn die Leistungsexplosion bei den Computern anhält, geht es bald schneller und einfacher, sich sein π in passender Länge selbst auszurechnen, als es von anderswo her zu laden. Im Falle von einigen Millionen Stellen ist das bereits heute so. Und selbst ein ausgefeiltes π-Programm ist allemal kürzer als die Stellenzahl, die es berechnen kann.

Was läßt sich mit einem mehr oder minder langen π anfangen? Naheliegend ist es, die Zahl nach seltenen oder seltsamen Mustern zu durchstöbern, etwa nach längeren Folgen gleicher Ziffern. Das läßt sich bei den ersten paar Tausend Stellen, die zum Beispiel auf Seite 228f dieses Buchs stehen, wohl noch ohne Computer bewerkstelligen; oberhalb davon wird man aber schon ein Suchprogramm, zum Beispiel unseres mit dem Namen `piseek`, heranziehen wollen, das sich zusammen mit den ersten 400 Millionen π-Stellen auf der beigefügten CD-ROM befindet und durchaus für eine paar schöne π-Stunden sorgen kann.

---

[2] Weil die Dezimalziffern von π (wahrscheinlich) gleichverteilt sind, lassen sich N Stellen bestenfalls zu $1/(8 \log_{10} 2)\, N$, rund $0.4\, N$ Byte, komprimieren.

Eine große Auffälligkeit findet sich in π sehr früh, nämlich schon an der Stelle 762, wo gleich sechsmal hintereinander eine 9 auftritt[3]. Diese Besonderheit, deren Wahrscheinlichkeit nur 0.08% beträgt, hat sogar einen Namen. Sie heißt „Feynman-Punkt" und ist nach dem amerikanischen Nobelpreisträger Richard Feynman (1918–1988) benannt. Der meinte einmal, er werde, wenn er die Stellen von π aufsagen müßte, sie genau bis zu diesem Punkt nennen, und dann nur noch *und so weiter* sagen. Das ist hübsch doppelsinnig formuliert, denn hinter diesen sechs 9en geht es natürlich gerade *nicht so weiter*, sondern folgt etwas anderes, hier eine 8. Der nächste Block aus sechs gleichen Ziffern kommt erst sehr viel später, aber immer noch 'zu früh', an der Stelle 193 034. Bemerkenswerterweise besteht er wiederum aus lauter 9en.

Andererseits ist es so, daß die erste 0 in π nicht vor der Stelle 32 auftritt, also weiter hinten als man erwarten würde. Diese Eigentümlichkeit der Zahl π hat es den „π-Poeten", erleichtert, schöne Gedächtnisstützen für π zu dichten, in denen jedes Wort genau soviele Buchstaben hat, wie die zugehörige π-Stelle lautet. Eine Null beendet solche Vorhaben sozusagen *per definitionem*. Einer dieser Merkverse, der viel Kaffee mit 8 Stückchen π liefert, lautet so:

May   I   have   a   large   container   of   coffee?

3   1   4   1   5   9   2   6

Wo erscheint in π erstmals die Folge 0123456789? Die Antwort auf diese naheliegende Frage konnte erst 1997, dem Zeitpunkt des vorletzten Weltrekords, gegeben werden. Die Folge tritt nämlich nicht vor der Stelle 17 387 594 880 auf, also weit hinter den 6.4 Milliarden Stellen, die zuvor nur bekannt waren. Aber: So spät diese spezielle Folge auftritt, so früh erscheint eine Folge aus 10 Ziffern, die einfach nur alle verschieden sind, nämlich bereits an der Stelle 60. So weit wurde π schon im 17. Jahrhundert berechnet, wie die Historie der Weltrekorde auf Seite 197 zeigt.

Zahlenfanatiker suchen vielleicht in π nach „selbstlokalisierenden Stellen", an denen die Ziffernfolge gleich ihrer Stellen-Nummer ist. Die erste derartige Stelle liegt ganz früh, nämlich an der Position 1. Weitere Stellen finden sich an den Positionen 16 470 und 44 899, aber danach kommt lange keine mehr bis zur Position 79 873 884. Ob es dahinter noch selbstlokalisierende Stellen gibt, wissen wir nicht.

---

[3] Man zählt üblicherweise die Stellen von 0 ab, beginnend bei der 3 vor dem Dezimalpunkt; die Stellen 0 bis 4 lauten also 3 1 4 1 5.

Etwas kommunikativer mag es sein, π nach bestimmten Telefon- oder anderen Nummern zu durchsuchen, vor allem nach dem eigenen Geburtsdatum, weil wir doch schon immer einmal wissen wollten: *Wo bin ich in π?* (Das Geburtsdatum der Autoren steht z.B. an den Stellen 5 407 560 und 14 666 671). Die gefundene Position läßt sich vielleicht auf die Visitenkarte drucken, und verrät dem verständigen Gegenüber, wes Geistes Kind ich bin. Im Internet gibt es ein derartiges Spiel, das allerdings z.Zt. nur auf 50 Millionen Stellen basiert[4].

Irgendwo in π kommt *alles* vor, was endlich ist, insbesondere – nach entsprechender Codierung in Zahlenform – jeder Text der Welt, der kürzeste, der längste, der klügste. Dieser Text natürlich auch, sowie selbstverständlich die Bibel, sogar in jeder Sprache, und auch jedes Musikstück. (π übrigens auch, aber nur genau einmal, $\pi + 1$ oder die Wurzel aus 2 hingegen nicht.)

Eine menschliche DNS enthält die Informationsmenge von etwa 3.6 Milliarden Dezimalstellen; deshalb ist vielleicht die DNS meines Nachbarn bereits in den jetzt schon bekannten π-Stellen enthalten.

Vielleicht, aber seeehr unwahrscheinlich. Die Zahl, die Kanada berechnet hat, enthält nämlich noch nicht einmal alle 20stelligen Zahlen. Denn davon gibt es 10^{20}, also viel mehr als die rund 10^{11}, die in der Kanadaschen Zahl auftreten. Erst recht kommen darin nicht alle 21stelligen Zahlen vor, geschweige denn alle DNS- oder bibellangen. Damit es wahrscheinlich wird, daß die Bibel mit ihren geschätzten 10^7 Stellen in den ersten Stellen von π zu finden ist, müßte man rund 10^{10^7} Stellen besitzen, aber man hat nur etwas mehr als 10^{10^1}.

Noch schlimmer: Es ist gar nicht möglich, π auf so viele Stellen zu berechnen, und zwar aus prinzipiellen Gründen. Das Universum hat nämlich nur 10^{79} Elementarteilchen. Selbst wenn man den ganzen Weltraum in einen Supercomputer verwandeln würde, könnte er nur rund 10^{76} Dezimalstellen aufnehmen, und das sind sehr viel weniger als die erwähnten 10^{10^7} Bibelstellen. Allerdings ist es denkbar, daß einzelne Stellen jenseits dieser Grenze berechnet werden können.

Wer etwas Erfolgsträchtiges tun will, kann die wichtige Frage untersuchen, ob π *normal* ist, genauer: ob π *nicht normal* ist. Das würde nämlich bedeuten, daß einzelne Ziffern oder Ziffernblöcke gleicher Länge häufiger oder seltener vorkommen als andere, daß also etwa

---

[4] http://www.aros.net/~angio/pi_stuff/piquery

in der fünfzigsten Milliarde Stellen signifikant mehr Sechsen vorkommen als in der sechzigsten.

Die fettesten Schlagzeilen wären dem sicher, dem eine solche Aussage gelänge. Bisher hat nämlich niemand nichtnormale Bereiche in π gefunden. Auch wer auf andere als die übliche dezimale Darstellung überging, etwa auf die hexadezimale Darstellung, in der π mit 3.243F6 A8885 beginnt, hat kein solches Erfolgserlebnis gehabt. Selbst der sogenannte einfache Kettenbruch von π, das ist die Darstellung durch fortgesetzte Brüche

$$\pi = 3 + \cfrac{1}{7 + \cfrac{1}{15 + \cfrac{1}{292 + \cfrac{1}{\ddots}}}}$$

bei welcher sich die Feinstruktur von Zahlen offenbart, hat nichts Regelmäßiges offenbart, obwohl die einfachen Kettenbrüche einiger anderer transzendenter Zahlen, etwa der Zahl e, sehr wohl deutlich erkennbare Muster zeigen.

Die Mathematiker nehmen aus diesen Beobachtungen und aus anderen Indizien an, daß π eine normale Zahl ist. Sie haben es aber bisher nicht beweisen können, und so ist es durchaus möglich, daß „irgendwo" in π eine große Sensation noch ungelüftet steckt. Wir betrachten diese Frage im nächsten Kapitel noch weiter.

Ungewiß ist also, ob π normal ist. Bekannt ist dagegen, daß π irrational ist, was 1766 erstmals von dem elsässischen Mathematiker Johann Heinrich Lambert (1728–1777) bewiesen wurde. Irrationalität einer Zahl besagt, daß sie nicht als Bruch zweier ganzer Zahlen darstellbar ist. Obwohl zum Beispiel der Bruch $\frac{355}{113} = 3.141\,592\ldots$ eine sehr gute Annäherung darstellt, indem er π auf 6 richtige Nachkommastellen angibt, so ist er jedoch nicht *gleich* π, und auch kein anderer, aus noch so langem ganzzahligen Zähler und Nenner bestehender Bruch, kann den exakten Wert π ergeben. Die Näherung $\frac{355}{113}$ wurde übrigens bereits im 5. Jahrhundert n. Chr. von Tsu Chhung-Chih in China gefunden, und war für beinahe 800 Jahre die beste π-Approximation. Mit dieser und weiteren Näherungen befassen wir uns in Kapitel 4.

Bekannt ist darüber hinaus, daß π auch transzendent ist. Dafür gibt es einen berühmten, allerdings sehr anspruchsvollen Beweis des Münchener Mathematikers Ferdinand Lindemann (1852–1939) aus dem Jahre 1882, also mehr als hundert Jahre nach Lamberts Irrationalitätserkenntnis. Lindemanns Beweis besagt, daß π nicht die Wurzel eines Polynoms mit ganzzahligen Koeffizienten sein kann, wie viele Glieder es auch immer haben mag. Es ist zwar so, daß zum Beispiel $9\pi^4 - 240\pi^2 + 1492$ *ungefähr* 0 ist (genauer: $-0.02323\ldots$), aber es ist unmöglich, einen solchen Ausdruck zu finden, der *exakt* 0 ergibt.

Erstaunlicherweise weiß man heute, weitere hundert Jahre nach dem Beweis der Transzendenz, über π nicht sehr viel mehr.

Zwar sind nun auch die Konstanten π^2, e^π und $\pi + \log 2 + \sqrt{2}\log 3$ als transzendent bewiesen. Aber von so ähnlichen Größen wie $e + \pi$, $e \cdot \pi$, π/e, $\log \pi$ oder π^e ist nicht einmal bekannt, ob sie irrational sind. Viele weitere Fragen um π sind unbeantwortet. Manche Fragen, wie diejenige der Normalität von π, sind sogar gewissermaßen völlig ungelöst, weil man nicht einmal die Spur eines Wegs zu ihrer Antwort kennt. Selbst über die Dezimalfolge von π, also über jene 68.7 Milliarden Stellen, weiß man nur Triviales wie etwa die Häufigkeit und Verteilung von (kurzen) Ziffernblöcken [9, p. 203].

Dabei ist die Zahl π eines der ältesten Forschungsobjekte der Menschheit und vermutlich das älteste der Mathematiker. Seit mehreren Tausend Jahren beschäftigt sich die Menschheit damit, und bereits 2000 v. Chr. haben Babylonier und Ägypter Näherungen für π gefunden, die um weniger als 0.02 vom wahren Wert entfernt liegen. Und ohne Unterbrechung wurde in den nachfolgenden, zunehmend aufgeklärteren 4 000 Jahren unermüdlich auf die Geheimnisse von π Jagd gemacht. Wir erzählen die faszinierende Geschichte im Kapitel 13, Seite 159 ff., genauer.

Angesichts dieser Bemühungen verwundert der magere Kenntnisstand über π schon ein bißchen. Andererseits aber auch nicht, denn in kaum einem Gebiet ist es so wie in der Zahlentheorie, daß einfachste Fragen schwierigste Antworten besitzen. Ein Beispiel dafür ist der sogenannte Letzte Satz von Pierre de Fermat (1601–1665) aus dem Jahre 1637, welcher besagt, daß es für den Ausdruck

$$x^n + y^n = z^n$$

keine ganzzahligen Lösungen gibt, wenn n größer als 2 ist. Dieses uralte, einfach darzulegende Problem blieb Jahrhunderte ungelöst, obwohl sich wahre Heerscharen von (mehr oder weniger) gelehrten Leuten um seine Lösung bemüht haben; erst vor kurzem (Oktober 1994) und mit einem schwierigen Beweis auf 100 Seiten ist Fermats Letz-

ter Satz von Andrew Wiles [107] bestätigt worden. Andere, ähnlich
einfach zu erläuternde zahlentheoretische Probleme erweisen sich dagegen noch immer als zu schwierig, selbst für die Besten, so etwa die
berühmte Frage, ob es unendlich viele Primzahlzwillinge gibt, also Folgen von zwei Primzahlen mit Abstand 2 wie die Folgen 3 und 5 oder
10 007 und 10 009. Einfache Frage – bisher keine Lösung.

Mit seinem Beweis der Transzendenz von π hat Lindemann immerhin ein anderes Problem miterledigt, das seit der griechischen Klassik
die Köpfe der besten Mathematiker und Philosophen beschäftigt hat.
Schon 414 v. Chr. war das Problem so bekannt, daß Aristophanes es
in seiner Komödie „Die Vögel" verwenden konnte.

Es geht um die *Quadratur des Kreises*. Darunter versteht man die
Aufgabe, für einen Kreis ein exakt flächengleiches Quadrat zu finden
mittels einer geometrischen Konstruktion, die allein mit einem un-
markierten Lineal und unmarkiertem Zirkel (und in endlicher Zeit)
ausführbar ist. Mit r als Radius des Kreises soll also die Seite x eines
Quadrats konstruiert werden, dessen Fläche x^2 gleich der Quadrat-
fläche $r^2\pi$ ist. Die resultierende Seitenlänge des Quadrats muß folglich
$x = r\sqrt{\pi}$ betragen.

Geometrische Konstruktionen mit den genannten Bedingungen sind
aber nicht für alle Streckenlängen möglich, sondern nur (und genau)
für solche, die aus ganzen Zahlen durch normale rationale Operationen
wie Addition oder Division und/oder durch Quadratwurzelbildung re-
sultieren [31, p. 347]. Eine solche konstruierbare Zahl ist zum Beispiel
$\frac{8}{3}\sqrt{17}$, nicht aber etwa $3\sqrt[3]{3}$. Nun enthält zwar $r\sqrt{\pi}$ eine Multiplikation und eine Quadratwurzelbildung, was nach dem gerade Gesagten
förderlich für die Lösung des Problems ist. Aber dafür müßte sich auch
noch der Radikand π als Resultat der genannten Operationen darstellen lassen, und genau dieses geht nach Lindemanns Beweis nicht; so
ist also die Quadratur des Kreises durch eine geometrische Konstruktion allein mit Zirkel und Lineal unmöglich. (Allerdings ist sie möglich,
wenn man die genannten Randbedingungen ändert.)

Nachdem Lindemann 1882 das Problem der Kreisquadratur ein für
allemal gelöst hatte (wenn auch dadurch, daß er es als unlösbar bewies), hätten eigentlich sofort alle weiteren Lösungsversuche eingestellt
werden müssen. Um so belustigender ist es, daß dennoch danach und
bis heute viele Leute dies nicht taten. Dudley berichtet von solchen
„Mathematical Cranks" in einer Monographie [50], und nennt darin
z.B. den Schiffsbaumeister O.Z. (Otto Zimmermann) aus Hamburg,

der noch 1983 ein Buch mit dem Titel „π ist rational" veröffentlichte. Dudley klassifiziert auch in seinem Buch die Kreisquadrierer. Danach gehörte O.Z. zu dem eher seltenen Typus, der im Laufe der Zeit seine Meinung immer wieder geändert hat: Vor 1975 lieferte seine Konstruktion ein $\pi = 3.14159\,26535\,576$, dann bis Januar 1976 den Wert $3.14159\,26535\,98$, und ab dann ergab sich π exakt zu 3.1428.

π ist das Verhältnis von Kreisumfang U zu Kreisdurchmesser d; $\pi = U : d$. Das ist die klassische geometrische Definition dieser Zahl. Aus ihr folgt die populäre Bestimmung von π als Umfang eines Kreises mit dem Durchmesser 1.

Eine zweite geometrische Definition besagt, daß π das Verhältnis von Kreisfläche F zum Quadrat des Kreisradius r bedeutet, also durch die Beziehung $\pi = F : r^2$ bestimmt ist. Dies ergibt die anschauliche Aussage, daß sich die Kreisfläche zur Fläche des umgebenden Quadrats wie $\pi : 4$ verhält.

Schon die ältesten indogermanischen Kulturen wußten, tausende Jahre vor unserer Zeitrechnung, daß über alle Kreise hinweg, ob groß oder klein, eine feste Beziehung zwischen Kreisumfang und Kreisdurchmesser besteht. Auch war schon vor undenklichen Zeiten die zweite feste Beziehung im Kreis bekannt, nämlich die zwischen Kreisfläche und dem Quadrat des Radius, obwohl sie weniger einsichtig ist als die erste. Deutlich später hingegen, vielleicht erst in der griechischen Klassik, entdeckten die Menschen, daß es sich bei diesen beiden Beziehungen um dasselbe Verhältnis π handelt. Dieses Faktum ist ja auch nicht ohne weiteres zu verstehen. Das folgende Bild visualisiert vielleicht am einfachsten den Sachverhalt:

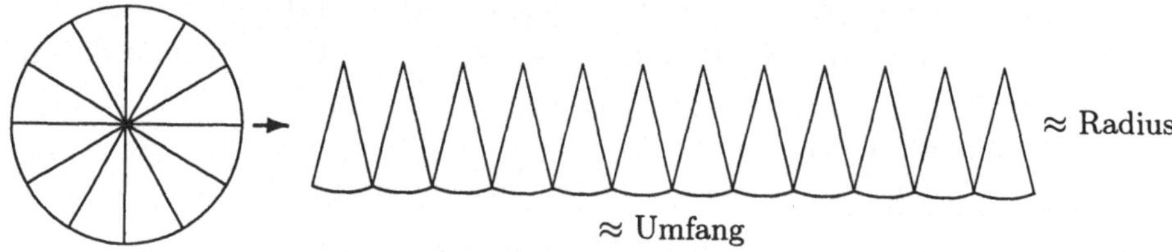

Links im Bild sind in einen Kreis mehrere gleichschenklige „Tortenstücke" eingezeichnet. Man stelle sich die Tortenstücke ausgeschnitten und nebeneinander in ein Rechteck plaziert vor, wie rechts im Bild zu sehen. Die Grundlinie des Rechtecks glättet sich mit zunehmender Anzahl der Tortenstücke zur Länge des Kreisumfangs, während sich die Höhe des Rechtecks zur Länge des Kreisradius streckt. Das Rechteck wird offensichtlich durch die Tortenstücke nur halb belegt, ist also doppelt so groß wie deren Flächensumme, die gleich der Kreisfläche ist. Wenn π also in der Kreisfläche auftritt, dann ebenso im Kreisumfang.

Neben den geometrischen gibt es noch viele andere Definitionen von π, auch aus völlig anderen Zusammenhängen. Zum Beispiel kommt π in interessanten Wahrscheinlichkeitsproblemen vor.

Wie groß ist die Wahrscheinlichkeit dafür, daß eine Münze bei einer geraden Anzahl von Würfen gleich oft auf Kopf wie auf Zahl fällt? Aus der Schule wird man vielleicht noch die formelmäßige Behandlung solcher Aufgaben kennen: Bei $2n$ Würfen und zwei möglichen Ereignissen pro Wurf gibt es insgesamt 2^{2n} mögliche Ereignisse, und von diesen sind $\binom{2n}{n}$ Ereignisse günstig. Also beträgt die gewünschte Wahrscheinlichkeit $p = \binom{2n}{n}/2^{2n}$, oder

$$p = \frac{1 \times 3 \times 5 \times \ldots \times (2n-1)}{2 \times 4 \times 6 \times \ldots \times \quad 2n} \tag{1.1}$$

Dieser Bruch ist nicht leicht für große Werte von n auszurechnen. Wir verdanken seine Berechnung John Wallis (1616–1703), der sie noch vor der Erfindung der Infinitesimalrechnung ausführte. Er fand in einem interessanten Gedankengang, daß das unendliche Produkt

$$\left(\frac{2}{1} \cdot \frac{2}{3}\right)\left(\frac{4}{3} \cdot \frac{4}{5}\right)\left(\frac{6}{5} \cdot \frac{6}{7}\right) \ldots \left(\frac{2n}{2n-1} \cdot \frac{2n}{2n+1}\right) \ldots = \frac{\pi}{2} \tag{1.2}$$

beträgt. Man sieht leicht, daß dieses *Wallis-Produkt* in der obigen Wahrscheinlichkeit p vorkommt, und zwar in der Weise, daß

$$p \approx 1/\sqrt{\pi \cdot n} \tag{1.3}$$

gilt, was z.B. 10% Wahrscheinlichkeit bei $2n = 62$ Würfen bedeutet.

So haben wir hier eine Definition für π ohne Kreis; obwohl nur ganze Zahlen vorkommen, tritt die transzendente Größe auf.

π erscheint noch in vielen weiteren Wahrscheinlichkeitsaussagen, insbesondere tritt es in der bekannten Gaußschen Glockenkurve auf, die ihrerseits z.B. in den Sterbetafeln der Lebensversicherungen erscheint. Jemand [94] hat daraufhin gesagt, daß π sogar noch im Tode vorkommt.

Es gibt Definitionen von π, die noch abstrakter sind, z.B. analytische mittels Integralen. Zwei besonders optisch attraktive Beispiele stammen von dem schweizerischen Mathematiker Leonhard Euler (1707–1783):

$$\pi = 4 \int_0^1 \frac{dx}{\sqrt{1-x^4}} \int_0^1 \frac{x^2 dx}{\sqrt{1-x^4}} \tag{1.4}$$

oder

$$\pi = \lim_{n \to \infty} \frac{4}{n^2} \sum_{k=0}^{n} \sqrt{n^2 - k^2} \tag{1.5}$$

Ein ganzes Füllhorn weiterer π-Formeln können Sie in unserer Formelsammlung ab Seite 213 bewundern.

Professoren für Mathematik verwenden in ihren Vorlesungen gelegentlich noch eine andere Definition.

Derzufolge wird $\frac{\pi}{2}$ einfach als die *kleinste positive Nullstelle der Kosinusfunktion* erklärt. Es ist nämlich so, daß die Funktion $\cos x$ bei $x = 0$ über der Null-Linie liegt, aber später, z.B. bei $x = 2$, darunter. Da sie dazwischen ohne Sprünge, also stetig verläuft, muß sie also irgendwo durch die Null-Linie gehen, und dieser Punkt wird als $\frac{\pi}{2}$ definiert.

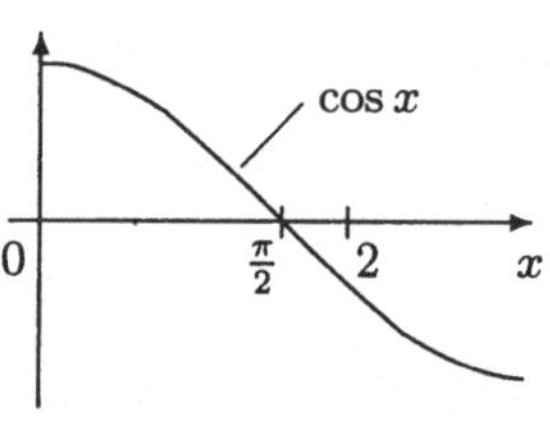

Man kann es nicht glauben, aber diese Definition hat dazu geführt, daß der bedeutende Göttinger Hochschullehrer Edmund Landau im Jahre 1933 seinen Lehrstuhl mit der Begründung verlor, eine solche Definition sei „undeutsch“; wir berichten über diese unrühmliche Geschichte später (vgl. Seite 203).

Die Zahl π hat zu allen Zeiten die Menschen fasziniert, aber sie hatte wohl noch nie so viele Interessenten wie heute. Das kann man daraus schließen, daß es im World Wide Web (WWW) des Internets bestimmt 200 *home pages* explizit zu π gibt und Tausende von Online-Dokumenten, auf die von ihnen verwiesen wird. Dort ist alles Mögliche zu π enthalten, darunter auch Kluges. Etliche der Aussagen dieses Buches finden Sie auch irgendwo im Internet. Ganz anders ist es mit unserer CD-ROM, auf der vieles steht, das Sie kaum irgendwo sonst lesen können. Sie enthält auch eine große Zahl von π-relevanten Internetadressen in der Datei `pilinks.htm`. und im Verzeichnis `pilinks`.

Es gibt auch WWW-Seiten, auf denen sich die bekannten π-Wissenschaftler vorstellen. Das gilt zum Beispiel für den schon genannten Yasumasa Kanada oder für die Brüder Peter und Jonathan Borwein, die die Algorithmen aufgestellt haben, nach denen Kanada sein π berechnet hat. Die Borweins, aber auch andere Forscher, bieten darüber hinaus ihre Veröffentlichungen zur Lektüre und zum Download an.

Auch sind schon mehrere fröhliche Internet-π-Clubs gegründet worden. Denen kann man förmlich beitreten, einigen allerdings erst, nachdem man einen Aufnahmetest bestanden hat. Dieser Test besteht oftmals im freien Rezitieren der ersten Stellen von π. 100 auswendig vorzutragende Stellen verlangt zum Beispiel die Vereinigung „Freunde der Zahl Pi" in Wien, die auch eine Zeitschrift „pi vobiscum" herausgibt[5]. Merkhilfen für π bringen wir in Kapitel 3.

Wenn von π die Rede ist, ist die Zahl e meist nicht weit weg. Das mag daran liegen, daß diese Zahl, die auch „Basis der natürlichen Logarithmen" heißt und mit ihrem Wert von 2.71... gleich in der Nähe von π liegt, ebenfalls eine transzendente Zahl ist. Ein anderer Grund könnte sein, daß beide Zahlen durch eine wunderschöne Formel von Euler (1.10) verbunden sind, auf die wir gleich unten noch zu sprechen kommen.

Ansonsten haben π und e aber nicht viel gemeinsam. e ist eine eher junge Konstante, gerade mal 400 Jahre alt, während π zehnmal älter ist; e ist ein Kind der Infinitesimalrechnung, die im 17. Jahrhundert entwickelt wurde, als die Mathematiker mit Grenzwerten zu rechnen lernten. Die Zahl ist genau ein solcher Grenzwert. Eine kaufmännische Einkleidung für e ist die Frage, auf welchen Wert sich wohl ein Anfangskapital in einem Jahr hinentwickelt, das mit 100% verzinst wird und für das der Zinszeitraum immer kürzer, von jährlich über halb- und vierteljährlich bis schließlich zu „unendlich klein", gewählt wird. Die Antwort darauf lautet: Das Endkapital ist das e-fache des Anfangskapitals.

Die Zahl e ist prinzipiell schwieriger zu berechnen als π, weshalb von ihr auch weniger Stellen bekannt sind. Die Gebrüder Chudnovsky sollen e auf 1 Milliarde Stellen berechnet haben, aber eine Bestätigung dafür gibt es nicht; gesichert sind (seit Februar 1999) 200 Millionen Stellen durch Sebastian Wedeniwski.

Übrigens ist π gar nicht die am weitesten berechnete mathematische Konstante. Diesen Rekord besitzt die Quadratwurzel aus 2 ($\sqrt{2} = 1.41421\,35623\dots$) mit 137 Milliarden ($\approx 2^{37}$) Dezimalstellen, also doppelt so vielen Stellen als die Zahl π. Diese folgt dann mit ihren 68.7 Milliarden ($\approx 2^{36}$) Stellen an zweiter Stelle. Genausoweit

---

[5] `http://www.ast.univie.ac.at/~wasi/PI/pi_club.html`

wurde auch der Kehrwert von π, also $\frac{1}{\pi} = 0.31830\,98661\ldots$ berechnet. Alle drei Berechnungen stammen von Y. Kanada. Hinter π und $1/\pi$ folgen (Stand Mai 1999): $e = 2.71828\,18284\ldots$ (wie erwähnt 1 Milliarde oder 200 Millionen), die Riemannsche Zahl $\zeta(3) = \sum_{n=1}^{\infty} \frac{1}{n^3} = 1.20205\,69031\ldots$ (128 Millionen) und $\ln(2) = 0.69314\,71805\ldots$ (108 Millionen).

Eine Tabelle solcher Weltrekorde findet sich unter der Internetadresse `http://www.lacim.uquam.ca/pi/records.html`.

Von π sind nicht nur die ersten 68.7 Milliarden Dezimalstellen am Anfang der Zahl bekannt, sondern auch einzelne Stellen dahinter. So kennt man zum Beispiel seit Februar 1999 aus der hexadezimalen Darstellung von π die 10billionste Stelle, ein A. Dieser und andere solche erstaunlichen Funde gelangen mit einem Berechnungsansatz, der erst und völlig überraschend 1995 entdeckt wurde; wir behandeln dieses Thema in Kapitel 10.

Während die dezimale Darstellung der 68.7 Milliarden π-Stellen noch auf eine künstlerische Gestaltung wartet, ist die formelmäßige Darstellung von π stets gleichzeitig Kunst. Zur Faszination dieser Zahl hat gewiß beigetragen, daß es grandiose Formeln für sie gibt. Hier ist eine Auswahl davon, die zudem Geschichte gemacht haben:

1. François Viète (1540–1603) hat 1593 das erste unendliche Produkt für $2/\pi$ entwickelt:

$$\frac{2}{\pi} = \frac{\sqrt{2}}{2} \cdot \frac{\sqrt{2+\sqrt{2}}}{2} \cdot \frac{\sqrt{2+\sqrt{2+\sqrt{2}}}}{2} \cdots \tag{1.6}$$

Die Formel zeigt, daß sich π ausschließlich mit 2en niederschreiben läßt.

2. Lord William Brouncker (ca. 1620–1684) hat sich 1658 mit dem ersten Kettenbruch für π verewigt:

$$\frac{4}{\pi} = 1 + \cfrac{1^2}{2 + \cfrac{3^2}{2 + \cfrac{5^2}{2 + \cfrac{7^2}{2 + \cdots}}}} \tag{1.7}$$

Das Besondere an diesem Kettenbruch ist, daß er ein regelmäßiges Muster $(1^2, 3^2, 5^2, \ldots)$ enthält, allerdings zu dem Preis, daß er kein *einfacher* Kettenbruch ist, daß also seine Zähler nicht $= 1$ sind. Einen solchen einfachen Kettenbruch für π gibt es zwar auch, aber er zeigt, wie erwähnt, keine Gesetzmäßigkeit.

3. Von 1650 bis mindestens 1973 wurden zur π-Berechnung fast ausschließlich sogenannte arctan-Formeln eingesetzt. Die am häufigsten verwendete Formel dieser Art stammt von John Machin (1680–1752), der sie 1706 zum damaligen Weltrekord von 100 Stellen benutzte:

$$\frac{\pi}{4} = 4 \arctan \frac{1}{5} - \arctan \frac{1}{239} \tag{1.8}$$

4. Die folgende Reihe des indischen Mathematikers S. Ramanujan (1877–1920) aus dem Jahre 1914 besticht durch ihre enorme Konvergenzgeschwindigkeit. Jedes Glied dieser Reihe liefert 8 genaue Stellen von π:

$$\frac{1}{\pi} = \frac{\sqrt{8}}{9801} \sum_{n=0}^{\infty} \frac{(4n)!}{(n!)^4} \frac{(1103 + 26390n)}{396^{4n}} \tag{1.9}$$

5. Als Königin aller mathematischen Formeln gilt die folgende Gleichung von Leonhard Euler aus dem Jahre 1738. Sie verbindet fünf Basisgrößen (π, e, i, 0 und 1) und vier Basisoperatoren ($+$, $=$, $\cdot$ und Potenzierung) zu einem einzigen Ausdruck:

$$e^{i \cdot \pi} + 1 = 0 \tag{1.10}$$

Diese Formel hat die Menschen immer wieder entzückt. Vielleicht deshalb, weil sie zwar schön anzuschauen, aber überhaupt nicht anschaulich ist. Sie besagt nämlich nichts weniger, als daß die transzendente Zahl e, zuerst potenziert mit der transzendenten Zahl π, und dann wiederum potenziert mit der imaginären Zahl i, schlicht und genau -1 ergibt.

Nachdem der bedeutende amerikanische Mathematiker Benjamin Peirce (1809–1880) seinen Studenten die Formel bewiesen hatte, rief er aus: „Gentlemen, die Formel ist gewiß korrekt, sie ist aber auch absolut paradox, wir können sie nicht verstehen, wir haben nicht die leiseste Ahnung, was sie sagt, aber wir dürfen sicher sein, daß sie etwas sehr Wichtiges sagt." [38, p. 585].

Immer wieder hat die Zahl π auch Poeten und Philosophen angezogen. In der Novelle *Contact* von Carl Sagan verrät ein Außerirdischer einer Erdenfrau, daß in π eine höhere Botschaft an uns verschlüsselt sei. Irgendwo würden nämlich die zunächst zufällig verteilten Ziffern plötzlich aufhören und danach für lange Zeit nur noch Nullen und Einsen auftreten, die ihrerseits das Produkt von 11 Primzahlen darstellten. Dies sei somit eine elfdimensionale Botschaft. Der Absender würde also mit den Menschen mittels Mathematik kommunizieren. Seine Botschaft wäre sogar authentisiert, denn die Nullen und Einsen würden nur in der *Dezimaldarstellung* von π auftreten, und diese Darstellung käme nur solchen Wesen in den Sinn, die 10 Finger besäßen. Letztlich habe also jene höhere Botschaft in π viele Billionen Jahre gewartet, bis zehnfingrige Mathematiker mit schnellen Computern des Wegs kämen — und das seien ja genau die heutigen.

Diese Überlegung erklärt vollkommen die π-Begeisterung in aller Welt. Sie kommt auch allen π-Forschern zupaß, die immer wieder neue Begründungen für ihre Forschungsmittel brauchen.

Fraglos ist π eine „Naturkonstante", die im ganzen Weltall gilt, bei allen Lebewesen und in gleicher Weise. So eignet sich die Zahl vermutlich sehr gut zur Anbahnung der Kommunikation mit fremden Wesen. Es ist deswegen gefordert worden, sie auf alle Raumsonden aufzumalen, die unser Sonnensystem verlassen.

Douglas R. Hofstadter, der vor einigen Jahren mit drei supergescheiten Büchern für Furore sorgte, stellt in „Metamagicum" folgenden „kontrafaktischen" Satz vor:

$$\text{Wenn } \pi = 3 \text{ wäre, } \ldots$$

Tja, dann würde man erstens, meint Hofstadter, diesen Satz gar nicht schreiben. Es wäre ja so, daß $\pi = 3$ *ist*, und folglich der Konjunktiv nicht angebracht. Zweitens wären alle Kreise nur Sechsecke, denn nur solche Gebilde haben das Umfang-zu-Durchmesser-Verhältnis 3. Dann würde man wohl auch kein rundes o schreiben, sondern ein sechseckiges.

Algorithmen, Computer, Arithmetik

In der Geschichte der π-Berechnung lassen sich drei Phasen unterscheiden.

Die erste Ära begann um 250 v. Chr. mit dem griechischen Mathematiker Archimedes von Syrakus. Während zuvor nur experimentelle Methoden verwendet wurden. führte er erstmals ein systematisches Verfahren zur Eingrenzung von π aus. Er berechnete die Umfänge von regelmäßigen Vielecken, die er in und um einen Kreis legte. Die äußeren Vielecke haben einen größeren Umfang als der Kreis, liefern also eine obere Näherung für π, während die inneren Vielecke eine zu kleine, also untere Näherung ergeben. Je mehr Seiten die verwendeten Vielecke haben, desto geringer fällt der Unterschied zwischen diesen Näherungen aus. Archimedes begann mit regelmäßigen Sechsecken und schritt über 12-, 24- und 48-Ecke zu Polygonen mit 96 Seiten fort. Mit ihnen fand er für π als untere Grenze $3\frac{10}{71}$ ($= 3.1408\ldots$) und als obere Grenze $3\frac{1}{7}$ ($= 3.1428\ldots$); beide Werte sind auf zwei Nachkommastellen genau, der erste genauer als der zweite, der immer noch genauer ist als unser dezimales 3.14.

Wem von da ab zwei Angaben zuviel waren, verwendete für π den oberen Wert $3\frac{1}{7}$, der dadurch zum vermutlich langlebigsten Standard der Welt wurde. Noch im Mittelalter hielten nicht wenige Gelehrte ihn sogar für exakt. Wichtiger noch als die Güte der beiden Näherungswerte aber war, daß Archimedes mit seinem Polygon-Verfahren für fast 2000 Jahre die Richtung bestimmte, in die nahezu alle nachfolgenden π-Berechner gingen. Indem sie Polygone mit viel größerer Seitenzahl durchrechneten, war am Ende dieses Zeitraums geometrischer Approximationen, 1630 n. Chr., π auf 39 Stellen bekannt.

Die zweite Ära begann Mitte des 17. Jahrhunderts nach der Erfindung der Infinitesimalrechnung und der unendlichen Reihen. Eine spezifische Methode, nämlich die Methode der arctan-Formeln (vgl. Kapitel 5), dominierte danach die π-Berechnungen mehr als 300 Jahre bis etwa 1980. Die erste umfangreiche Berechnung von π auf dieser Basis erbrachte im Jahre 1706 genau 100 Stellen (mittels Papier und Bleistift), die letzte im Jahre 1973 (mittels Computer) etwas über 1 Million.

Die dritte Ära dauert noch an. Sie begann etwa 1980, als man das Zusammenwirken von drei unabhängigen Entwicklungen nutzen lernte.

Die erste Entwicklung war die Beschleunigung einer scheinbar einfachen arithmetischen Operation, nämlich der Multiplikation langer

Zahlen. Da diese Operation in π-Berechnungen dominiert, vermindert ihre Beschleunigung in gleichem Umfang den Gesamtzeitbedarf. Überraschenderweise gibt es erst seit etwa 1965 eine neue Multiplikationsmethode mit Namen *FFT-Multiplikation*; ihr Zeitbedarf wächst bei steigender Größe der Faktoren nicht mehr quadratisch, wie das bei der bis dahin fast einzigen „Schul"-Multiplikation der Fall ist, sondern nahezu linear. In Kapitel 11 behandeln wir den Sachverhalt genauer; ein Zahlenbeispiel daraus besagt, daß die Multiplikation zweier Faktoren mit je 1 Million Stellen durch das neue Multiplikationsverfahren von einem Tag auf 3 Sekunden reduziert wird.

Die zweite Entwicklung waren Hochleistungsalgorithmen, die spezifisch auf die Berechnung von π zugeschnitten sind. Sie übertreffen die arctan-Formeln um Größenordnungen.

Soweit es sich bei diesen Algorithmen überhaupt noch um unendliche Reihen handelt, so sind sie viel produktiver als selbst die besten arctan-Reihen. Eine solche Reihe von Ramanujan mit 8 Stellen pro Reihenglied (1.9) haben wir oben schon erwähnt. Eine noch effektivere Reihe (8.7), die sie selbst entwickelt hatten, benutzten 1989 die Brüder Chudnovsky; sie brachte sie mit 15 Stellen pro Term zu ihrem damaligen Weltrekord von 1 Milliarde Stellen.

Aber es gibt auch ganz anders geartete π-Algorithmen, die Anfang der 80er Jahre vor allem von den kanadischen Brüdern Jonathan (geb. 1951) und Peter Borwein (geb. 1953) entwickelt worden sind. Mit einem dieser Algorithmen werden in jedem Schritt *viermal* so viele genaue Stellen gefunden wie im vorhergehenden Schritt. Diese „biquadratische", also gigantische Progression ermöglichte es Y. Kanada 1999, seine 68.7 Millionen π-Stellen in nur 19 Iterationsschritten zu finden. Wir besprechen die allgemeine Bauart solcher Verfahren in den Kapiteln 7 und 9 näher. Dabei zeigt sich auch, daß genau einen solchen superschnellen Algorithmus bereits der deutsche Mathematiker Carl Friedrich Gauß (1777–1855) aufgestellt hat. Aus Gründen, die nur teilweise nachzuvollziehen sind, blieb sein Verfahren jedoch über 170 Jahre unbeachtet.

Der dritte, inzwischen fast als selbstverständlich hingenommene Beitrag ist die Leistungsexplosion der Computer. Schon seit langem können wir beobachten, daß der „Norm-Computer" alle zwei Jahre seine Geschwindigkeit mindestens verdoppelt. Dies allein trug seit Beginn der 80er Jahre mit einem Faktor 1000 oder mehr zum π-Stellen-Boom bei. So sind die zwei Millionen Stellen des ersten Kanadaschen Weltrekords im Jahre 1981 das gleiche wert wie die ersten zwei Milliarden Stellen seines jüngsten Weltrekords im Jahre 1999.

Mit allen drei Entwicklungen zusammen ergab sich eine ungewöhnliche Produktivität. Seit 1981 konnte die Anzahl bekannter π-Stellen um das 34000fache auf den momentanen Stand von 68.7 Milliarden erhöht werden. Das bedeutet einen Wachstumsfaktor von 120% pro Jahr. Nur wenige Technologien entwickeln sich so stark.

Warum?

Was treibt die Beteiligten zur Stellenjagd? Für praktische Berechnungen genügen meist 10 oder weniger Stellen. 39 Stellen von π sind ausreichend, um das Volumen des Universums auf Atomgröße genau zu berechnen. Einige wissenschaftliche Anwendungen verlangen Zwischenresultate mit deutlich mehr Stellen als das Endresultat, aber wohl kaum mehr als einige Hundert Stellen. In Untersuchungen mathematischer Probleme mittels Computern können vielleicht auch ein paar tausend Stellen gebraucht werden, aber darüber hinaus wohl nicht [11]. Das Angebot an π-Genauigkeit übersteigt den Bedarf bei weitem, warum also noch weiter rechnen?

Eine praktische Anwendung von großen π-Programmen liegt im Test von Computersystemen. Milliarden von π-Stellen zu berechnen bedeutet, Billionen von arithmetischen und logischen Einzeloperationen auszuführen, und eine solche Tortur deckt viele Hardware-Fehler eines Computers auf. In der Tat sind Fälle bekannt geworden, in denen große π-Programme subtile Logik-Fehler von Computern zutage gefördert haben. Der einwandfreie Ablauf eines großen π-Programms gilt heute als Muß in der Qualitätssicherung jeder Prozessor-Entwicklung.

Die Zahl π ist das klassische und ultimative Testbett für numerische Verfahren. Weil man soviele Stellen sicher weiß, kann man neue Techniken und Methoden gegen π verifizieren. Mit jeder Stelle, die man hinzugewinnt, vergrößert sich dieser Vorteil.

Der Hauptgrund für die Beschäftigung mit π sind jedoch die ungelösten Fragen, die diese Zahl aufwirft. Was man über π *nicht* weiß, ist nicht nur enorm, sondern auch enorm interessant.

Die π-Forschung offeriert eine außerordentliche Breite. Sie fächert weit auf in die Analysis, Zahlen-, Funktionen-, Komplexitätstheorie,

Algorithmik, Statistik und in weitere Gebiete. Ein solches Spektrum reizt natürlich und motiviert ungemein.

Es gibt auch die 4 000 Jahre alte Erfahrung, daß π eine nicht versiegende Quelle neuer Erkenntnisse und Überraschungen ist. Dies haben gerade die letzten paar Jahre gezeigt, in denen neuartige Verfahren zur π-Berechnung entdeckt wurden, wie etwa der „Tröpfel-Algorithmus", vgl. Kapitel 6, und das „BBP-Verfahren", vgl. Kapitel 10.

Bei der Annäherung an theoretische Fragen sind empirische Daten oft von Vorteil, und die Stellen von π erlauben viel Empirie. Überdies besitzt man heute Hilfsmittel, etwa die Computeralgebra, um theoretische Fragen experimentell angehen zu können, und auch dabei ist es hilfreich, über viele Stellen zu verfügen.

Jeder erreichte Weltrekord ruft nach seiner Verbesserung. Wer über die Fähigkeiten und über (den Zugriff auf) die Mittel verfügt, etwas fertigzubringen, was noch niemand geschafft hat, wird es probieren. Das ist im Sport so und auch in der Wissenschaft.

Die Mathematik bei π hört nicht mit der Aufstellung von Formeln, Theoremen und Algorithmen auf. Die Berechnung selbst ist noch Mathematik, zumindest die Berechnung jenseits der ersten Stellen-Million. Ohne profunde Kenntnisse in Arithmetik, Asymptotik und Fourier-Transformation kann man kein konkurrenzfähiges π-Programm schreiben.

Jemand hat gesagt, daß man aus einem normalen Menschen einen π-Fan machen könne, aber das Umgekehrte nicht möglich wäre. Da ist was dran. Die Begeisterung und der Spaß, der aus den Texten der π-Stellenjäger sprüht, macht glaubhaft, daß π in diesen Menschen von selbst läuft. Die Autoren sind dafür Beispiele.

Nicht zuletzt gilt, daß neue Erkenntnisse über π auf das Interesse auch und gerade von Menschen stoßen, die der Mathematik ferner stehen. Salopp formuliert: π kommt an. π ist eines der eher raren Objekte der Mathematik, die fürs Schaufenster taugen. Die Jagd nach immer mehr π-Stellen bietet die Gelegenheit für einen Blick in die Forschungslabors der Mathematiker, die ja sonst meist im Schatten der Öffentlichkeit arbeiten.

Neue Ziele

Seit einigen Jahren, etwa seit 1995, wenden sich die π-Numeriker verstärkt neuen Zielen zu. „Eine zweitausendjährige Suche ändert ihre Richtung" beschreiben Victor Adamchik und Stanley Wagon den neuen Trend [2]. Statt immer mehr π Stellen *von vorne* zu berechnen, spendiert man jetzt Ehrgeiz und Aufwand dafür, einzelne Stellen *weit hinten* in π zu ermitteln.

Den Aufgalopp dazu gab die unerwartete Entdeckung eines Verfahrens, mit dem sich einzelne hexadezimale Stellen in π berechnen lassen, ohne die davorliegenden Stellen berechnen zu müssen. Basis ist die folgende neue Formel:

$$\pi = \sum_{n=0}^{\infty} \frac{1}{16^n} \left(\frac{4}{8n+1} - \frac{2}{8n+4} - \frac{1}{8n+5} - \frac{1}{8n+6} \right) \tag{1.11}$$

Die Entdecker dieser Formel (David Bailey, Peter Borwein und Simon Plouffe) haben weltweite Bewunderung geerntet, als sie sie im Oktober 1995 präsentierten (vgl. Kapitel 10). Bis dahin konnte sich kaum jemand vorstellen, daß dieses Einzelstellen-Problem lösbar ist. Eine π-Berechnung stellt einen ungeheuren „Baum" von Einzeloperationen dar, so daß es unmöglich erscheint, darin ein einzelnes „Blatt" zu berechnen. Das Problem ist vergleichbar der Aufgabe, eine Stecknadel aus einem Heuhaufen zu entfernen, ohne das darüberliegende Heu beiseite zu räumen. Die neue Formel fliegt jedoch gewissermaßen mit dem Hubschrauber über π hinweg und pickt einzelne Stellen heraus. Entscheidend dafür ist die Größe 16^n im Nenner aller Glieder dieser Reihe.

Bei der Vorstellung haben die Väter der „BBP-Reihe" (benannt nach den Anfangsbuchstaben ihrer Namen) auch gleich einen Beleg für sie mitgeliefert, indem sie die 10milliardste hexadezimale Stelle von π mitteilten, zu der man von vorne noch nicht gekommen war.

Der neue Gedanke scheint die π-Forscher in aller Welt zu elektrisieren. Inzwischen haben sie nämlich noch mehr Formeln vom Typ der BBP-Reihe gefunden und sogar einen Algorithmus dafür, um weitere zu generieren. Mit einer dieser neuen Formeln gelang inzwischen die Berechnung von Stellen, die 100mal weiter hinten in π liegen als die letzte Stelle des π von Yasumasa Kanada.

Der – im doppelten Sinne – jüngste Weltrekordler in *dieser* π-Disziplin heißt Colin Percival, ist erst 1981 geboren und hat gerade mit seinem Studium begonnen. Seine Einzelstellen-Berechnung führte er nicht etwa (wie Kanada) auf einem Superrechner seines Instituts aus, sondern verteilte sie auf einige hundert Computer des Internets in aller Welt. Er rief Computerbesitzer zur Mitarbeit bei seinem Projekt *PiHex* auf und schickte ihnen per E-Mail sein Berechnungsprogramm, das die Computer dann in ihrer toten Zeit, in der sie nichts Wichtigeres zu tun hatten, ausführten. Jeder Rechner übernahm eine andere Teilaufgabe, und Percival setzte schließlich die Einzelteile zusammen. So hatte er nach einigen Monaten Gesamtzeit und 10 Jahren Computerzeit im Februar 1999 einen neuen Weltrekord aufgestellt: Er hatte die 10^{13}te hexadezimale Stelle von π, ein A, gefunden. Weil jede hexadezimale Stelle aus 4 Binärstellen und speziell dieses A aus den 4 Binärstellen 1010 besteht, konnte er also stolz verkünden[6]:

Die 40billionste Binärstelle von π ist eine 0.

Der momentane Schönheitsfehler dieser π-Berechnungen liegt darin, daß sie nur *hexadezimale* (bzw. binäre) Stellen von π liefern, keine dezimalen. Genauer: Man kennt bis zur Stunde noch keinen Weg zur Berechnung einzelner dezimaler Stellen in π, der schneller ist als der Weg über die Berechnung aller davorliegenden Stellen.

Aber dieses Problem scheint nur eine Frage der Zeit zu sein. Die Entdeckung einer „BBP-Formel" für *dezimale* Einzelstellen von π liegt in der Luft. Warten wir es ab.

---

[6] http://www.cecm.sfu.ca/projects/pihex/announce40t.html

2. Wie zufällig ist π?

2.1 Wahrscheinlichkeiten

Wie groß ist die Wahrscheinlichkeit dafür, daß an der bestimmten Dezimalstelle s von π die bestimmte Ziffer z steht?

Auf den ersten Blick scheint die Antwort einfach. Weil an der Stelle s eine von 10 Dezimalziffern $0, 1, \ldots, 9$ stehen kann, beträgt die Wahrscheinlichkeit für eine bestimmte davon genau 10%.

Demgegenüber wird ein sogenannter Wahrscheinlichkeitssubjektivist, also ein Anhänger der Lehre des Thomas Bayes (1702–1761), die Antwort davon abhängig machen, wieviel er über π weiß. „Wahrscheinlichkeit" mißt nämlich nach dieser Philosophie die Größe des Unwissens. Wenn er schon weiß, welche Ziffer an der Stelle s steht, dann ist die Wahrscheinlichkeit dafür, daß dort ein z steht, entweder 0% oder 100%. Wenn er jedoch nichts über die Stelle s weiß, dann beträgt seine (persönliche) Wahrscheinlichkeit dafür, daß dort z steht, 10%.

Nein!, werden Mathematiker oder Anhänger der klassischen Philosophie dazu sagen, die Eingangsfrage ist prinzipiell falsch gestellt. Die Stellen von π sind nämlich nicht zufällig, sondern genau bestimmt. An der zweiten Nachkommastelle steht zum Beispiel eine 4, so daß es keinen Sinn macht, nach der Wahrscheinlichkeit dafür zu fragen, ob dort eine 5 steht. Wo Gewißheiten herrschen, braucht man keine Wahrscheinlichkeiten.

Wenn nun aber die Eingangsfrage keine sinnvolle mathematische Frage ist, gibt es dann eine andere zur „Zufälligkeit" von π? Jawohl, es gibt sie und sie lautet: Ist π normal?

2.2 Ist π normal?

Mathematiker nennen eine Dezimalzahl „normal", wenn in ihr alle gleichlangen Ziffernblöcke mit gleicher Häufigkeit vorkommen. In einer normalen Zahl tritt also beispielsweise die Ziffer 0 mit der Häufigkeit 1/10 und der Ziffernblock 357 mit der Häufigkeit 1/1000 auf.

Wenn in einer Dezimalzahl lediglich alle zehn Ziffern gleich oft vorkommen, dann heißt sie „einfach normal".

Nur für eine unendlich lange Zahl ist die Frage nach ihrer Normalität sinnvoll und interessant. Die Zahl π ist bewiesenermaßen irrational, d.h. sie ist eine Zahl mit einem unendlich langen und nichtperiodischen Dezimalbruch, und folglich könnte sie auch normal sein. Man weiß dies aber nicht. Es ist weder der Beweis für noch der gegen ihre Normalität gelungen. Es konnte auch noch niemand zeigen, daß ein solcher Beweis unmöglich ist.

Wenn π nicht normal wäre, so würde sich dies in ungleicher Häufigkeit einzelner Ziffern oder einzelner Ziffernblöcke zeigen müssen. Dann würden vielleicht mehr Ziffern 7 als Ziffern 3 auftauchen, oder ab irgendeiner Stelle würde vielleicht auch die Kombination 314159265 völlig fehlen. Obwohl es durchaus Intervalle gibt, in denen solche Unregelmäßigkeiten (oder Regelmäßigkeiten, je nach Standpunkt) auftreten, so ist es bisher nicht bekannt, ob es Derartiges auch gibt, wenn man das ganze π betrachtet.

In einer Zahl, die normal ist, kommt trotzdem sicher irgendwo eine Folge von, sagen wir, einer Million Fünfen vor. Man weiß aber nicht, ob eine solche Folge auch in einer Zahl vorkommt, von der – wie von π – unbekannt ist, ob sie normal ist. Man kann in einer Zufallsfolge immer ein Intervall finden, in dem es *scheinbar* nichtzufällig zugeht.

Eines ist sicher: die Ziffern von π sind keine „Zufallszahlen", denn man kann sie ja berechnen.

Die Tatsache, daß π nicht nur irrational, sondern darüber hinaus auch transzendent ist, bedeutet nicht, daß in ihrer Ziffernfolge keine regelmäßigen Muster auftreten dürfen. Umgekehrt müßte ein Muster in der Dezimalfolge von π nicht bedeuten, daß π „nichtnormal" ist. Als Beispiel kann die synthetische Zahl $0.1\,2\,3\ldots10\,11\,12\,13\ldots$ dienen, die einfach durch das Hinschreiben aller natürlichen Zahlen n hinter den Dezimalpunkt entsteht. Offensichtlich hat diese Zahl ein Muster, und trotzdem ist sie normal. Einen Beweis dafür hat Ivan Niven gegeben [86].

Die Beschäftigung mit der Frage, ob π normal ist, hat zu vielen statistischen Untersuchungen geführt. Die Erkenntnisse daraus sind teils lehrreich, teils enttäuschend, teils kurios. Wir bringen von allem etwas.

Verschiedene Tests der mathematischen Statistik ermöglichen die Antwort auf die Frage, inwieweit die Dezimalziffern in ihrer Anordnung in π zufällig sind. Die Antwort sind allerdings stets nur Wahrscheinlichkeitsaussagen. Wenn ein solcher Test zum Beispiel auf einen bestimmten Roulette-Tisch angewendet wird, so läßt sich bei keinem Ergebnis sicher sagen, daß der Tisch präpariert sei, denn irgendwann kommt selbst beim saubersten Tisch eine „unmögliche" Folge vor. Man kann aber sagen, wie groß die Wahrscheinlichkeit dafür ist.

Ein statistischer Test ist zum Beispiel der „Poker-Test". Beim Pokerspiel werden sieben verschiedene Konstellationen von fünf Karten betrachtet, z.B. „Ein Paar" oder „Full House", die „Pokerhände" heißen. Mit dem Poker-Test wird die tatsächliche Anzahl von Pokerhänden mit der erwarteten Anzahl verglichen. Wenn man zum Beispiel die ersten 10 Millionen Dezimalstellen von π mit ihren 2 Millionen „Pokerhänden" auszählt, so ergibt sich folgendes Bild [119]:

Pokerhand	Muster	Tatsächliche Anzahl	Erwartete Anzahl
Alle ungleich	abcde	604 976	604 800
Ein Paar	aabcd	1 007 151	1 008 000
Zwei Paare	aabbc	216 520	216 000
Drei gleiche	aaabc	144 375	144 000
Full House	aaabb	17 891	18 000
Vier gleiche	aaaab	8 887	9 000
Fünf gleiche	aaaaa	200	200

Die Gegenüberstellung zeigt keine auffälligen Abweichungen von den erwarteten Anzahlen. In der Tat liefert der sog. χ^2-Test den Wert von 53% für diese Verteilung, und das heißt, daß sie ganz normal und unauffällig ist. Erst bei Prozentsätzen oberhalb von 95% oder unter 5% würde man eine Verteilung als „suspekt" einordnen.

Anders sieht es aus, wenn man kleinere Intervalle betrachtet, etwa Intervalle von 500 000 Dezimalstellen, die aber groß genug sind, daß selbst die seltenste Pokerhand „Fünf gleiche" noch zehnmal zu erwarten ist. Da gibt es zum Beispiel das Dezimalstellen-Intervall von 3 000 001 bis 3 500 000, das folgende Verteilung aufweist:

Pokerhand	Muster	Tatsächliche Anzahl	Erwartete Anzahl
Alle ungleich	abcde	30 297	30 240
Ein Paar	aabcd	50 263	50 400
Zwei Paare	aabbc	10 877	10 800
Drei gleiche	aaabc	7 156	7 200
Full House	aaabb	927	900
Vier gleiche	aaaab	459	450
Fünf gleiche	aaaaa	21	10

Hier würde ein Gegenspieler schon eher den Verdacht schöpfen, daß es nicht mehr mit rechten Dingen zugeht, insbesondere beim Blick auf „Fünf gleiche". Die Wahrscheinlichkeit dafür, daß diese Verteilung in einer zufälligen Folge auftritt, beträgt nur 2.6%, und da gehen alle Lampen an. Nur: Im nachfolgenden gleichgroßen Intervall korrigiert sich die Wahrscheinlichkeit bereits wieder zu 69.5%, und beide Intervalle zusammen ergeben die ganz unverdächtige Wahrscheinlichkeit von 32.0%.

Es gibt auch den gewissermaßen umgekehrten Fall, nämlich den, bei dem die Verteilung der Pokerhände so genau den erwarteten Werten entspricht, daß es schon wieder verdächtig ist. Ein solches Intervall beginnt zum Beispiel an Stelle 4 250 001. Dort geht es dermaßen ordentlich zu, daß nur 0.5% der Verteilungen noch ordentlicher sein könnten.

2.3 Doch nicht normal?

In einer frühen Ausgabe seiner Kolumne „Mathematical Games" berichtet Martin Gardner von einem Gespräch mit einem „Dr. Matrix" [54]:

„Dr. Matrix borgte sich meinen Bleistift und warf die ersten 32 Stellen von π hin."

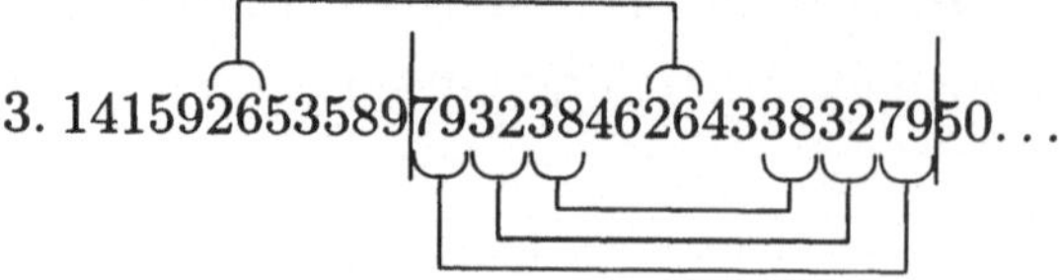

„Mathematiker sehen im Dezimalbruch von π eine Zufallsfolge, aber für einen modernen Numerologen ist sie voll von bemerkenswerten Mustern."

Er verklammerte die beiden Vorkommen von 26. „Sechsundzwanzig ist, wie Sie sehen, die erste zweistellige Zahl, die sich wiederholt. Beachten Sie nun, wie die zweite 26 den Mittelpunkt einer beidseitig symmetrischen Folge bildet." Dr. Matrix fügte senkrechte Striche ein, um 18 Stellen abzugrenzen, dann verband er sechs andere Zahlenpaare wie im Bild gezeigt. „Die Zahlenpaare 79, 32 und 38 auf der linken Seite kommen in gleicher Weise auf der rechten Seite vor, dort aber in umgekehrter Reihenfolge!" Er zeigt auf die jeweils 5 Stellen zu beiden Seiten der ersten 26: „Die linken haben als Quersumme 20, das ist die Anzahl der Nachkommastellen vor der zweiten 26. Die rechten haben die Quersumme 30, und das ist die Anzahl der Nachkommastellen vor dem zweiten senkrechten Strich. Zusammen macht das 50, und das ist die Zahl, die dem zweiten Strich folgt. Die Folge zwischen den Strichen beginnt an der 13. Nachkommastelle, und 13 ist die Hälfte von 26. Die drei Paare — 79, 32 und 38 — umfassen sechs Stellen, deren Quersumme 32 ergibt, und 32 ist nicht nur das mittlere Paar, sondern auch die Anzahl der hier gezeigten Nachkommastellen überhaupt. Die 46 und 43 auf jeder Seite der zweiten 26 addieren sich zu 89, und das ist die Zahl vor dem ersten Strich..."

2.4 Das 163-Phänomen

Wenn Sie Dr. Matrix nicht überzeugen sollte, was halten Sie dann vom folgenden (Zu)fall?

Die Zahl

$$e^{\pi\sqrt{163}} \tag{2.1}$$

sieht besonders verzinkt aus. Sie enthält lauter „krumme" Komponenten: die transzendenten Zahlen e und π und die Primzahl 163; dazu kommen noch eine Quadratwurzel und eine Exponentiation. Wohl jeder vermutet, daß der Mix solcher Zahlen erst recht eine krumme Zahl liefert.

Tatsächlich ergibt der Ausdruck (2.1) aber das folgende merkwürdige Ergebnis:

$$e^{\pi\sqrt{163}} = 262\,537\,412\,640\,768\,743,\underline{99999\,99999\,992}\ldots \tag{2.2}$$

Das ist fast genau eine ganze Zahl. Sie unterscheidet sich von einer solchen um weniger als 10^{-12}.

Dieses „163-Phänomen" hat anscheinend als erster der schottische Mathematiker Alexander Aitken (1895–1967) aus dem Dunkel hervorgezaubert [13, p. 386]. Bei ihm kam das keineswegs von ungefähr. Aitken ist nämlich in der Fachwelt nicht nur wegen seiner wissenschaftlichen Leistungen (4 Bücher, 70 Veröffentlichungen) bekannt geworden, sondern auch wegen seiner sagenhaften Qualitäten im Kopfrechnen. So vermochte er selbst große Zahlen im Kopf in ihre Faktoren zu zerlegen oder auf Anhieb und treffsicher von einer zugerufenen Zahl zu sagen, ob sie eine Primzahl ist. „Die Zahl 'riecht' prim", konnte man ihn antworten hören. Aus einem solchen Holz muß wohl einer geschnitzt sein, dem das 163-Kuriosum auffallen kann.

Um zu einer Erklärung zu kommen, wird man wohl als erstes durchprobieren, ob es noch weitere Werte von n gibt, für die $e^{\pi\sqrt{n}}$ fast ganzzahlig ist. Das ist tatsächlich der Fall. Betrachten Sie dazu die folgende Tabelle:

n	$e^{\pi\sqrt{n}}$
6	2 197.$\underline{990}$...
17	422 150.$\underline{997}$...
18	61 4551.$\underline{992}$...
22	2 508 951.$\underline{998}$...
25	6 635 623.$\underline{9993}$...
37	199 148 647.$\underline{99997}$...
43	884 736 743.$\underline{9997}$...
58	24 591 257 751.$\underline{99999\,98}$...
59	30 197 683 486.$\underline{993}$...
67	147 197 952 743.$\underline{99999}$ 8...
163	262 537 412 640 768 743.$\underline{99999\,99999\,992}$...

Die Aufzählung ist nicht ganz vollständig, weil in ihr die trivialen Fälle weggelassen sind, die sich durch Multiplikation schon aufgetretener Fälle ergeben, etwa der Fall $n = 74$. Bezüglich nichttrivialer Fälle, die näher als 10^{-3} an einer ganzen Zahl liegen, ist sie aber vollständig und zeigt damit vor allem, daß sich über 163 hinaus kein weiteres Beispiel findet.

Der Autor der Liste, Roy Williams, hat einen Preis ausgesetzt für den, der entweder überzeugend darlegen kann, daß alles nur Zufall ist, oder aber einem intelligenten Hochschulveteranen erklären kann, warum es nicht so ist.

Nun, es sind — zumindest mehrheitlich — keine Zufälle; dazu ist die Liste allein schon zu lang. Mit dieser Feststellung ist aber (im Wortsinne) nichts gewonnen. Denn die mathematischen Begründungen sind sehr anspruchsvoll, so sehr, daß, bei aller Wertschätzung von Hochschulveteranen, der ausgesetzte Preis wegen hartnäckiger Unverständlichkeit nicht zu gewinnen sein dürfte. Das Thema gehört zur Theorie der modularen Gleichungen, worin sich nur wenige Experten frei bewegen [62].

Zwar kann man feststellen, daß bei einigen Werten von n der (transzendete) Ausdruck $e^{\pi\sqrt{n}}$ nicht nur beinahe ganzzahlig ist, sondern auch nahe an der dritten Potenz einer ganzen Zahl liegt, z.B. im Fall $n = 163$ nahe an der Zahl 640320^3. Deshalb sieht man die Beziehung (2.2) manchmal noch spektakulärer so geschrieben:

$$\sqrt[3]{e^{\pi\sqrt{163}} - 744} = 640319.99999\,99999\,99999\,99999\,99993\ldots \quad (2.3)$$

Der Ausdruck weist 24 Neunen nach dem Dezimalpunkt auf.

Nicht für alle n gilt die selbe Begründung. Für $n = 43, 67$ und 163 ist es so, daß dies die größten von nicht mehr als neun Werten sind, bei denen die sogenannte j-Funktion

$$j(n) = \frac{1}{q} + 744 + 196884q + 21493760q^2 + 864299970q^3 + \ldots \quad (2.4)$$
$$\text{mit } \tfrac{1}{q} = -e^{\pi\sqrt{n}}$$

ganzzahlig ist. Sie nimmt bei $n = 43$ den Wert -960^3, bei $n = 67$ den Wert -5280^3 und bei $n = 163$, wie erwähnt, den Wert -640320^3 an. Warum das so ist, verstehen nur Spezialisten. Aber unterstellt, daß es sich so verhält, dann erklärt sich in diesen Fällen das Phänomen dadurch, daß in der Reihenentwicklung (2.4) einfach die Terme q, q^2 etc. weggelassen sind, die sehr klein sind, und deren Summe zur Ganzzahligkeit von $e^{\pi\sqrt{n}}$ fehlt.

Auch für die anderen n müssen approximierende Reihenentwicklungen zur Erklärung herangezogen werden, aber andere als die j-Funktion. Herausgefunden hat sie das indische Mathematik-Genie S. Ramanujan (1887–1920), über den wir in Kapitel 8 berichten. Wie bei den meisten seiner Funde gibt sich Ramanujan auch in seinem diesbezüglichen Aufsatz [99] nicht eben gesprächig. Soweit man erkennen kann, hat er einen halb heuristischen Weg eingeschlagen, indem er die ersten paar hundert Grade von modularen Gleichungen einzeln durchgekämmt hat. Dabei stieß er auf die Grade 22, 37 und 58, die in bestimmter Konstellation tatsächlich ganze Zahlen liefern. Z.B. fand er die Beziehung $e^{\pi\sqrt{37}} = 64((6+\sqrt{37})^6 + (6-\sqrt{37})^6) - 24 - 4372e^{-\pi\sqrt{37}} - \ldots$, deren Approximation durch Weglassen der Terme nach der -24 dann den Fall $n = 37$ in der Liste „erklärt". Noch Fragen?

Die Annahme, daß die Kombination vieler vertrackter Größen auch ein vertracktes Ergebnis zur Folge haben muß, ist, wie gesehen, trügerisch. Diese Erfahrung machte auch Donald E. Knuth von der Stanford Universität in Kalifornien, USA. Knuth, der uns in diesem Buch noch einige Male begegnen wird, ist der Autor des mehrbändigen Werks *The Art of Computer Programming*, das zu den meistzitierten (womöglich sogar meistgelesenen) Büchern der Informatik zählt. Im Vorwort des zweiten Bands erzählt Knuth die Geschichte seines Super-Zufallszahlengenerators [77, p. 4], mit dem er die allerzufälligsten Zufallszahlen erzeugen wollte.

Knuth schrieb zu diesem Zweck ein Programm, in dem es selbst besonders *zufällig* herging. Es verzweigte zum Beispiel in jedem Durchlauf an eine *zufällige* Programmstelle und führte je Zufallszahl eine *zufällige* Anzahl von Schleifendurchläufen aus. Außerdem programmierte Knuth das Programm selbst so kompliziert, daß es niemand verstand. Dann startete er es mit einem Anfangswert, der natürlich *zufällig* gewählt war. Er erwartete, daß sein Programm angesichts von soviel Zufall seinerseits unglaublich zufällige Zahlen produzieren würde.

Was aber geschah? Nach seinem Start konvergierte das Programm fast sofort zu der 10stelligen Zahl 6065038420, die sich danach in nur 27 Zyklen immer wieder auf sich selbst transformierte. Ein anderer Anfangswert brachte es zwar auf 3178 Zyklen, aber auch dieser Wert ist denkbar dürftig.

Die Moral von Knuth lautet: Zufallszahlen sollte man nicht mit einer zufälligen Methode erzeugen.

Das gilt auch für die Untersuchungen von π. Nachzutragen ist nämlich, daß das 163-Phänomen nicht nur kein Zufall ist, sondern sogar den Hintergrund für eine der schnellsten Berechnungsmethoden von π darstellt. Die Gebrüder Chudnovsky haben aus der zugrundeliegenden Theorie ihre berühmte, vorzügliche „Chudnovsky-Reihe" (8.7) entwickelt, mit der sie 1989 erstmals die Grenze von einer Milliarde Stellen von π durchbrachen.

2.5 Weitere statistische Ergebnisse

Natürlich sind die π-Stellen mit Computern in vielerlei Hinsicht aus-gezählt worden. Yasumasa Kanada hat zum Beispiel in seinem State-ment über seinen 51.5-Milliarden-Weltrekord vom Juli 1997 gleich die Verteilung der ersten 50 Milliarden π-Stellen mitgeliefert. Sie lautet:

Ziffer	Vorkommen
0	5 000 012 647
1	4 999 986 263
2	5 000 020 237
3	4 999 914 405
4	5 000 023 598
5	4 999 991 499
6	4 999 928 368
7	5 000 014 860
8	5 000 117 637
9	5 000 990 486
alle	50 000 000 000

Man sieht: Die Ziffern sind hübsch gleich verteilt. Noch am stärk-sten fällt die Ziffer 9 aus dem Rahmen, aber auch sie weicht nur um 0.002 % vom Durchschnitt ab. Der χ^2-Test liefert für die Zufälligkeit dieser Verteilung eine Wahrscheinlichkeit von etwa 76%, also die Aus-sage „unauffällig".

Yasumasa Kanada hat sein Rekord-π auch nach interessanten Mu-stern durchsucht. Er berichtet zum Beispiel, daß die Folge 0123456789 genau 6mal unter den 51.5 Milliarden Stellen auftaucht, dagegen die umgekehrte Folge 9876543210 nur 5mal. Die erwartete Anzahl für bei-de Fälle beträgt 5.15, so daß das Ergebnis keine Auffälligkeit zeigt. Weniger gut paßt zur Theorie, daß diese beiden Folgen zum ersten Mal ziemlich weit hinten in π auftreten, nämlich erst an den Posi-tionen 17 387 594 880 bzw. 21 981 157 633, obwohl man sie schon mit 50% Wahrscheinlichkeit unter den ersten 6.9 Milliarden Stellen hätte erwarten können. Dies ergibt sich durch Einsetzen von $w = 0.5$ und $k = 10$ in die folgende Formel, die die Wahrscheinlichkeit für das Nicht-auftreten einer k-stelligen Zahl in einer n-stelligen Zahl angibt:

$$n = \frac{\log w}{\log(1 - 10^{-k})} \tag{2.5}$$

$$w = (1 - 10^{-k})^n \tag{2.6}$$

Nach der dazu inversen Formel beträgt die Wahrscheinlichkeit für das von Kanada ermittelte Faktum (so problematisch eine solche Aussage ist) nur 18% bzw. sogar nur 11%. Diese Zahlen machen trotzdem keinen Statistiker argwöhnisch.

Wenn man die Stellen von π in Blöcke von 10 Dezimalen aufteilt, wie groß ist dann die Wahrscheinlichkeit, daß ein bestimmter solcher Block aus lauter verschiedenen Ziffern besteht? Ein solcher Block könnte z.B. die Folge 0123456789 sein.

Dazu gibt es drei Aussagen:

Erstens ist die Wahrscheinlichkeit für diesen Fall größer als man denkt. Gesucht wird nach 10! Treffern unter 10^{10} Möglichkeiten. Mit dem Taschenrechner kann man diesen Bruch leicht ausrechnen, und findet den erstaunlich großen Wert von etwa 0.036 % = 1/2755..... Mit anderen Worten: Unter *nur* 2755 Blöcken kommt durchschnittlich ein Block vor, dessen zehn Ziffern verschieden sind.

Zweitens, in der Realität tritt dieser Fall noch sehr viel früher auf, als die ohnehin große Wahrscheinlichkeit besagt. Tatsächlich ist schon der siebte Block ein Treffer, wie das folgende Bild zeigt:

$$
\begin{array}{l}
3.\,1415926535 \\
8979323846 \\
2643383279 \\
5028841971 \\
6939937510 \\
5820974944 \\
5923078164 \quad <<<<
\end{array}
$$

Drittens ist dieses Ergebnis unabhängig davon, ob man die Blockbildung vor oder nach dem Dezimalpunkt von π beginnt, weil vor und hinter dem Block dieselbe Ziffer 4 steht.

2.6 Die Intuitionisten und π

Die Kanadasche Rechenleistung hat eine interessante historische Assoziation. Darauf hat Jonathan Borwein [28] hingewiesen:

Zu Anfang des 20. Jahrhunderts entwickelte L.E.J. Brouwer eine Theorie, die den Namen „Intuitionismus" trägt. Verkürzt gesagt, bezweifelte Brouwer das „Gesetz vom ausgeschlossenen Dritten", das seit Aristoteles den Mathematikern sakrosankt war: Eine Aussage ist wahr oder ist falsch, „tertium non datur" – ein Drittes gibt es nicht. Brouwer argumentierte, daß man dieses Gesetz nicht generell verwenden dürfe. Zum Beleg fragte er z.B., ob es wahr oder falsch sei, daß die Folge 123456789 in π auftrete. Er nahm an und konnte das beim seinerzeitigen Stand der π-Forschung auch beruhigt tun, daß diese Frage niemals beantwortet werden würde, weil man dazu „wahrscheinlich" die schon genannten 6.9 Milliarden Stellen von π kennen muß, aber damals (1908) nur 707 Stellen tatsächlich kannte. Wenn man also von dieser Aussage nicht sagen kann, ob sie wahr oder falsch ist, dann ist, so Brouwer, auch niemand berechtigt, für diese Aussage das Gesetz vom ausgeschlossenen Dritten zu beanspruchen.

Nun, heute *ist* die Frage beantwortet (dank Kanada), und mit ihr sind eine Reihe von Beispielen wertlos geworden, die Brouwer und seine Epigonen zum Beleg ihrer Theorie vorbrachten. Eines davon war das folgende:

Eine der Implikationen des tertium non datur ist, daß der Beweis der Unmöglichkeit einer unmöglichen Eigenschaft gleichzeitig ein Beweis für die Eigenschaft selbst ist. Brouwer hielt folgendermaßen dagegen: Ich schreibe die Folge der Dezimalziffern von π hin und darunter den Dezimalbruch $\rho = 0.33333\ldots$, den ich abbreche, sobald erstmals die Ziffernfolge 0123456789 in π auftritt. Wenn die 9 aus dieser Folge die k-te Nachkommastelle ist, dann beträgt $\rho = (10^k - 1)/(3 \cdot 10^k)$.

Nun nehmen wir an, ρ sei nicht rational; dann dürfte ρ auch nicht $= (10^k - 1)/(3 \cdot 10^k)$ werden, denn das wäre ja ein Bruch und mithin eine rationale Zahl, und also dürfte es auch die besagte Ziffernfolge in π nicht geben. Wenn es sie aber nicht gibt, dann wäre $\rho = 1/3$, was wiederum ein Bruch ist, im Gegensatz zur Hypothese.

Die Annahme, daß ρ keine rationale Zahl sei, führt also zu einem Widerspruch. Trotzdem können wir nicht behaupten, ρ sei rational. Dies würde nämlich bedeuten, daß wir zwei ganze Zahlen p und q für den Zähler und Nenner von ρ angeben können müßten, und dazu müßten wir entweder eine Folge 0123456789 in π lokalisieren oder beweisen, daß es keine solche Folge gibt.

Dieses und andere Beispiele brachten also die Intuitionisten für ihre These vor, das Gesetz vom ausgeschlossenen Dritten sei nicht von vornherein und immer richtig. Nicht nur dieses, sondern viele Beispiele basierten darauf, daß es niemals gelingen würde zu entscheiden, ob die Ziffernfolge 0123456789 in π auftritt oder nicht.

Zum Pech für die Theorie ist diese Entscheidung nun aber doch gefallen, und so stellt sich die Frage, ob damit auch die Theorie widerlegt ist. Das ist sie nicht. Die Verfechter der Theorie hätten ja nur in ihren Beispielen eine viel längere Folge wählen müssen, und sie können es jetzt noch immer tun, etwa eine Folge aus 100 Milliarden Nullen in π insinuieren, und alles wäre wie zuvor. Nicht nur ist der Intuitionismus nicht widerlegt, sondern in gewisser Weise sogar bestätigt, und zwar genau durch die experimentelle Mathematik, die die π-Forschung zum Teil darstellt.

2.7 Kettenbruchdarstellung

Die Dezimalfolge von π zeigt wenig, was auf die Nichtzufälligkeit der Ziffern von π schließen läßt. Gibt es dann vielleicht andere Darstellungen mit mehr Aussagekraft? Die Fragestellung ist keineswegs unbegründet, denn jede andere, etwa die hexadezimale Darstellung von π, ergibt sich ja aus ganz anderen Berechnungsbäumen, und dies könnte dann durchaus zu einem anderen Erscheinungsbild der Stellen führen.

Ganz besondere Hoffnung kann man dabei auf den sog. einfachen Kettenbruch von π setzen[1]. Wie schon im Kapitel 1 erwähnt, zeigt nämlich bei dieser Art von Darstellung die „verwandte" transzendente Zahl e einen deutlichen Unterschied zu ihrer dezimalen Darstellung. Während, dezimal betrachtet, e mit $2.71828\,18284\,590\ldots$ beginnt, fängt diese Zahl als Kettenbruch folgendermaßen an:

$$e = 2 + \cfrac{1}{1 + \cfrac{1}{2 + \cfrac{1}{1 + \cfrac{1}{1 + \cfrac{1}{4 + \cfrac{1}{1 + \cfrac{1}{1 + \cfrac{1}{6 + \cfrac{1}{1 + \cfrac{1}{1 + \cfrac{1}{8 + \cfrac{1}{1 + \cdots}}}}}}}}}}} \tag{2.7}$$

Die Dezimaldarstellung von e besitzt also keine, die Darstellung als Kettenbruch jedoch sehr wohl eine Gesetzmäßigkeit: Es wiederholen sich Dreierfolgen der Art $1\,n\,1$, in denen jedes n stets um 2 größer ist als das n der vorhergehenden Dreierfolge.

Eine solche Eigenschaft besitzt die Zahl π nicht. Bei ihr hat auch der Kettenbruch (anscheinend) kein Bildungsgesetz:

$$\pi = 3 + \cfrac{1}{7 + \cfrac{1}{15 + \cfrac{1}{1 + \cfrac{1}{292 + \cfrac{1}{1 + \cfrac{1}{1 + \cfrac{1}{1 + \cfrac{1}{2 + \cfrac{1}{1 + \cfrac{1}{3 + \cfrac{1}{1 + \cfrac{1}{14 + \cdots}}}}}}}}}}}}$$

Man kann vielleicht daraus schließen, daß π noch zufälliger gebaut ist als e.

---

[1] Wir gehen im Abschnitt 4.4 näher auf Kettenbrüche ein.

Nun hat im Jahre 1985 William R. Gosper 17 Millionen Kettenbruchstellen von π berechnet, und so kann man auch statistische Analysen über sie durchführen.

Ein Ergebnis der ersten 8192 Elemente (3, 7, 15 usw.) ist zum Beispiel das folgende:

Mittelwert der ersten 2048 Elemente	27.5
dito der zweiten 2048 Elemente	15.3
dito der dritten 2048 Elemente	8.2
dito der letzten 2048 Elemente	10.4

Ist da nicht was? Der Mittelwert der ersten 2048 Elemente fällt aus dem Rahmen. Er ist fast doppelt so groß wie der Mittelwert aller Elemente und auch deutlich größer als die Mittelwerte der nachfolgenden gleich großen Abschnitte. Das Bild ändert sich nicht, wenn man feiner oder anders aufteilt: Jedesmal ist der erste oder sind zumindest die weiter vorne liegenden Mittelwerte größer als die folgenden.

Bei näherem Hinsehen erweist sich jedoch auch diese Entdeckung als kein Treffer. Es ist nämlich so, daß an der frühen Stelle 431 der Kettenbruchentwicklung von π ein besonders großes Element, nämlich 20776, auftritt; dieses Element verschmutzt gewissermaßen die Statistik. Im Falle der obigen Abschnittsbildung von je 2048 Elementen schlägt es allein mit 10.14 im ersten Abschnitt zu Buche. Wenn man diesen Effekt herausrechnet, wird auch dieser Abschnitt zur grauen Maus.

Es ist also leider so, daß auch der einfache Kettenbruch von π keine andere Botschaft wie die dezimale (und jede andere) Darstellung liefert als die, daß es in π so regelmäßig unregelmäßg wie nur möglich zugeht.

Übrigens gibt es andere Kettenbruchdarstellungen als den einfachen Kettenbruch, und bei einigen davon herrscht denn doch eine gewisse Regelmäßigkeit. Ein Beispiel dafür ist der elegante neue Kettenbruch für π von L.J. Lange aus dem Jahre 1999:

$$\pi = 3 + \cfrac{1^2}{6 + } \cfrac{3^2}{6 + } \cfrac{5^2}{6 + } \cfrac{7^2}{6 + } \cdots \tag{2.8}$$

Lange, 1999 [80]

Bei ihnen folgen alle Elemente dem einfachen Bildungsgesetz $\frac{(2n-1)^2}{6}$.

Die bekannten π-Stellen bestehen alle Zufallszahlen-Tests hervorragend. Deshalb kann man π als Zufallszahlen-Generator verwenden, aber man darf „dem Gegner" nicht verraten, woher man seine Zufallszahlen geholt hat. Eine Lottogesellschaft sollte nicht auf die Idee kommen, jede Woche einfach die jeweils nächsten 7 Stellen von π als Treffer auszuwählen.

Gibt es wenigstens einen Funken Hoffnung auf eine Sensation in den Stellen von π? Vielleicht. Die schon erwähnten Brüder Chudnovsky, die Bedeutendes zu π beigetragen haben und über den Verdacht erhaben sind, um der Sensation willen irgendwelche Gerüchte in die Welt zu setzen, haben in einem Interview vor einigen Jahren (1992) angedeutet, sie hätten vielleicht etwas gefunden: „Noch ist es nicht statistisch relevant. Aber es ist kurz davor". Sie bräuchten viele Milliarden Stellen, sagten sie dem Interviewer Richard Preston, um Genaueres sagen zu können [94]. Dabei scheinen die Brüder eine Eigenschaft zu meinen, die durch die gängigen Statistik-Tests nicht recht erfaßt wird, nämlich mögliche „Wellen" in der Dezimalfolge. Wenn zum Beispiel *regelmäßig* die erste, dritte, fünfte Milliarde aus weniger als der erwarteten Zahl einer bestimmten Ziffer besteht und die zweite, vierte und sechste Milliarde aus mehr als der erwarteten Anzahl dieser Ziffer bestünde, so würde das vielleicht der χ^2-Test nicht merken, aber es wäre dennoch eine Riesensache zum Nachdenken.

Seit April 1999 haben nun die Brüder Chudnovsky ihre „vielen Milliarden Stellen". Ihr oftmaliger Konkurrent im Weltrekordrechnen hat sie ihnen geliefert. Sie können also ihren Verdacht jetzt erhärten oder verwerfen. Wir tippen auf letzteres, aber gespannt sind wir dennoch.

3. Leichte Wege zu π

Der fraglos leichteste Weg zu π führt über den Umschlag dieses Buchs,
wo die ersten paar Dutzend Dezimalstellen abgebildet sind. 2500 Stellen stehen auf Seite 228f und 400 Millionen Stellen enthält unsere
CD-ROM. Sehr leicht läßt sich π auch berechnen, etwa mit einem
Computeralgebra-System oder mit speziellen π-Programmen, von denen es einige auf der CD-ROM und Dutzende im Internet gibt.

In diesem Kapitel suchen wir allerdings Wege zu π, bei denen etwas
Eigeninitiative gefragt ist.

3.1 Kannitverstahn

Wenn man von einem Kreis die Fläche A und den Durchmesser d
kennt, dann ergibt sich π zu $4A/d^2$. Genau dieses Verfahren ist in
dem folgenden kuriosen C-Programm von Brian Westley gewählt. Es
berechnet π auf 4 Stellen.

```
#define _ 00>00?0:--00,--F;
int F,00;
main(){F_00();printf("%1.3f\n",-4.*F/00/00);}F_00()
{
                  _ _ _ _
               _ _ _ _ _ _ _
             _ _ _ _ _ _ _ _ _ _
           _ _ _ _ _ _ _ _ _ _ _ _
          _ _ _ _ _ _ _ _ _ _ _ _ _
         _ _ _ _ _ _ _ _ _ _ _ _ _ _
        _ _ _ _ _ _ _ _ _ _ _ _ _ _ _
       _ _ _ _ _ _ _ _ _ _ _ _ _ _ _ _
       _ _ _ _ _ _ _ _ _ _ _ _ _ _ _ _
      _ _ _ _ _ _ _ _ _ _ _ _ _ _ _ _ _
       _ _ _ _ _ _ _ _ _ _ _ _ _ _ _ _
       _ _ _ _ _ _ _ _ _ _ _ _ _ _ _ _
        _ _ _ _ _ _ _ _ _ _ _ _ _ _ _
         _ _ _ _ _ _ _ _ _ _ _ _ _ _
          _ _ _ _ _ _ _ _ _ _ _ _ _
           _ _ _ _ _ _ _ _ _ _ _ _
             _ _ _ _ _ _ _ _ _ _
               _ _ _ _ _ _ _
                  _ _ _ _
}
```

36   3. Leichte Wege zu π

Der „Kreis" hat hier die Fläche 201 (gemessen in Zeichen _ und -_) sowie den Durchmesser 16 (gemessen in Zeilen aus solchen Zeichen), so daß sich „π" zu 3.141 ergibt. Für mehr Stellen brauchen Sie den Kreis nur größer zu machen, pro weitere Stelle allerdings um ca. das Zehnfache.

Das Programm sieht so gar nicht wie ein C-Programm aus, aber es erfüllt sogar die ANSI C-Sprachnorm. Westley gehörte damit 1988 zu den Siegern beim *International Obfuscated C Code Contest*, abgekürzt IOCCC. Dieser „Internationale Wettbewerb um das irrste C-Programm" findet seit 1984 alljährlich über das Internet statt. Sieger wird, wer das unverständlichste und kreativste C-Programm erstellt, das aber lauffähig sein muß. Spielwiese dafür sind die knappe C-Syntax und vor allem der C-Präprozessor (wie hier). Die Resultate sind meist gleichzeitig gekünstelt und künstlerisch. In jedem Falle sind sie aber Beispiele dafür, wie man nicht programmieren soll.

Noch ein weiteres Beispiel für solche Programmierung gefällig?

```
                                                                   char
                                                      _3141592654[3141
           ],__3141[3141];_314159[31415],_3141[31415];main(){register char*
     _3_141,*_3_1415, *_3__1415; register int _314,_31415,__31415,*_31,
     _3_14159,__3_1415;*_3141592654=__31415=2,_3141592654[0][_3141592654
    -1]=1[__3141]=5;__3_1415=1;do{_3_14159=_314=0,__31415++;for( _31415
   =0;_31415<(3,14-4)*__31415;_31415++)_31415[_3141]=_314159[_31415]= -
 1;_3141[*_314159=_3_14159]=_314;_3_141=_3141592654+__3_1415;_3_1415=
__3_1415    +__3141;for                 (_31415 = 3141-
      __3_1415   ;                       _31415;_31415--
      ,_3_141 ++,                        _3_1415++){_314
      +=_314<<2 ;                        _314<<=1;_314+=
     *_3_1415;_31                        =_314159+_314;
     if(!(*_31+1)                        )* _31 =_314 /
     __31415,_314                        [_3141]=_314 %
     __31415 ;* (                        _3__1415=_3_141
    )+= *_3_1415                         = *_31;while(*
    _3__1415 >=                          31415/3141 ) *
    _3__1415+= -                         10,(*--_3__1415
   )++;_314=_314                         [_3141]; if ( !
   _3_14159 && *                         _3_1415)_3_14159
   =1,__3_1415 =                         3141-_31415;}if(
   _314+(__31415                         >>1)>=__31415 )
   while ( ++ *                          _3_141==3141/314
  )*_3_141--=0                           ;}while(_3_14159
  ) ; { char *                           __3_14= "3.1415";
  write((3,1),                           (--*__3_14,__3_14
  ),(_3_14159                            ++,++_3_14159))+
 3.1415926; }                            for ( _31415 = 1;
 _31415<3141-                            1;_31415++)write(
 31415% 314-(                            3,14),_3141592654[
 _31415    ] +                           "0123456789","314"
[ 3]+1)-_314;                            puts((*_3141592654=0
,_3141592654))                           ;_314= *"3.141592";}
```

Dieses Kunst-Stück von Roemer B. Lievaart druckt nicht weniger als 3141 Stellen aus, die mit 2.7128... beginnen. Wie bitte?! Jawohl, obwohl sich nur schwer ein π-haltigeres Programm denken läßt – dieses hier berechnet *nicht* die Zahl π, sondern ihre Freundin, die Zahl e.

An anderer Stelle werden wir verraten, welcher Algorithmus dabei im Spiele ist.

3.2 In der Kürze liegt die Würze

Als nächstes präsentieren wir ein Mini-Programm aus nur 139 Zeichen, wiederum in ANSI C, von dem wir denken, daß es überhaupt das kürzeste C-Programm der Welt zur Berechnung von π ist[1].

```
long a[52514],b,c=52514,d,e,f=1e4,g,h;
main(){for(;b=c-=14;h=printf("%04ld",e+d/f))
for(e=d%=f;g=--b*2;d/=g)d=d*b+f*(h?a[b]:f/5),a[b]=d%--g;}
```

Trotz seiner Kürze ist dieses Programmchen für 15 000 Dezimalstellen von π gut.

Die zugrundeliegende Berechnungsmethode ist der sog. Tröpfel-Algorithmus; mit ihm „tröpfeln" die Dezimalstellen fortlaufend aus dem Programm heraus, in dem Sinne, daß die ersten Stellen schon erscheinen, wenn die nächsten Stellen noch gar nicht berechnet sind. Sie können das Verfahren in Aktion erleben, wenn Sie unser Java-Applet `spigot/pispigot.htm` auf unserer CD-ROM ablaufen lassen. Wir besprechen den Tröpfel-Algorithmus und das kleine Programm noch im Detail (Kap. 6 ab Seite 77).

Der Entdecker dieses Algorithmus heißt Stanley Rabinowitz, der ihn 1991 in einer winzigen Veröffentlichung in Form eines in FORTRAN geschriebenen Programms vorstellte [97]. Der Autor gab nahezu keine Erläuterungen oder gar Beweise, statt dessen vertröstete er seine Leser auf einen späteren Hauptartikel. Dieser erschien – kaum waren vier Jahre ins Land gegangen – 1995 [98] (zusammen mit Stanley Wagon). Man kann daher sagen, daß der Tröpfel-Algorithmus schon vor seiner Begründung programmiert wurde.

Unsere obige Version ist in einem mehrstufigen Evolutionsprozeß entstanden, an dem sich mehrere Autoren (Dik T. Winter, Achim Flammenkamp u.a.) beteiligt haben.

---

[1] natürlich nur solange, bis uns jemand übertrumpft.

3.3 π und der Zufall (Monte-Carlo-Verfahren)

Das Nadelproblem des Grafen de Buffon

Während des amerikanischen Bürgerkriegs erholte sich der Captain C.O. Fox in einem Lazarett von einer Verwundung. Zum Zeitvertreib warf er gleich lange Nadeln *in zufälliger Weise* auf ein Brett, auf das er zuvor parallele Linien im Abstand der Länge seiner Nadeln gezeichnet hatte. Er zählte die Anzahl der Würfe und die Anzahl der Treffer, d.h. der Fälle, bei denen eine geworfene Nadel eine Linie berührt oder geschnitten hatte.

Nach 1100 Würfen hatte der Captain π bis auf zwei Stellen nach dem Komma bestimmt. Wie das?

Zuerst war es wohl der Graf de Buffon (1707–1788), der diese Art von Experiment untersuchte und dem zu Ehren es jetzt das *Buffonsche Nadelproblem* heißt. Buffon zeigte, daß sich das Verhältnis von Treffern zu Würfen ungefähr wie 2 zu π verhält, oder, anders formuliert, daß die *Wahrscheinlichkeit* dafür, daß eine Nadel eine Linie „zufällig" trifft, $\frac{2}{\pi} \approx 63.7\%$ beträgt. Mit diesem Wissen konnte Fox sein π berechnen, indem er die doppelte Wurfzahl durch die Anzahl der Treffer dividierte.

Das Interessante an dem Nadelproblem ist, daß es eine Brücke vom „geometrischen" π zu dem ganz anderen Gebiet der Wahrscheinlichkeiten schlägt. Es gibt noch andere solcher Beziehungen zwischen π und Zufall und daraus folgende weitere Berechnungsmethoden für π. Sie werden einleuchtenderweise *Monte-Carlo-Verfahren* genannt.

Der Dartboard-Algorithmus

Man stelle sich einen Kreis mit Radius $r = 1$ und das umbeschriebene Quadrat mit der Seitenlänge $2r = 2$ vor. Auf dieses Quadrat werden – zufällig verteilt – „Pfeile" geworfen, wobei als „Treffer" die Fälle zählen, bei denen der Pfeil im Kreis landet. Die Anordnung ähnelt grob dem bekannten Dart-Spiel mit dem Unterschied, daß hier das „Schwarze" viel größer ist als bei einem üblichen Dartboard.

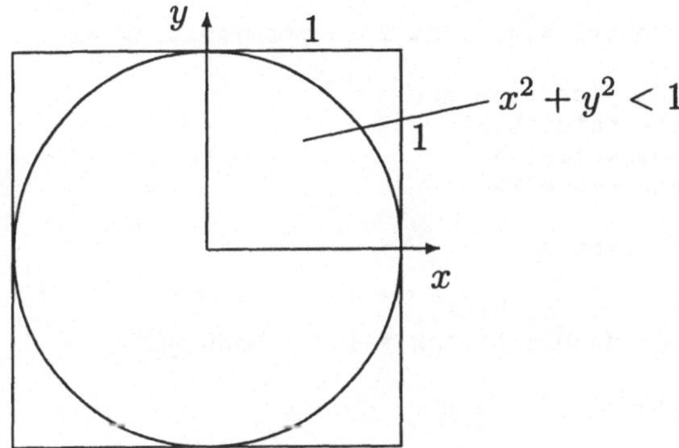

Wir vereinfachen die Konstellation, indem wir nur den ersten Quadranten berücksichtigen.

Mit zunehmender Zahl der Würfe (n) nähert sich der Anteil der Treffer (t) dem Flächenverhältnis von Kreis-Quadrant zu Brett-Quadrant.

$$\lim_{n\to\infty} \frac{t}{n} = \frac{A(\text{Kreis-Quadrant})}{A(\text{Brett-Quadrant})} = \frac{\pi r^2/4}{r^2} = \frac{\pi}{4} \tag{3.1}$$

$$\pi \approx \frac{4t}{n} \tag{3.2}$$

Daraus ergibt sich ein netter Algorithmus zur Approximation von π. Man braucht nur eine (möglichst große) Zahl von Würfen zu simulieren und bei jedem Wurf zu testen, ob der Landepunkt innerhalb des Kreises liegt. Dieser Test ist besonders einfach: Wenn x und y die Koordinaten des Landepunkts ($0 \leq x, y \leq 1$) sind, befindet sich der Punkt genau dann innerhalb des Kreises, wenn sein Abstand vom Ursprung $\sqrt{x^2 + y^2} < 1$, also auch $x^2 + y^2 < 1$ ist.

Im folgenden C++-Programm werden die Zufallskoordinaten x und y mit der Standardfunktion **rand()** von C++ erzeugt; da diese Funktion (Pseudo-)Zufallszahlen im Bereich von 0 bis (zur systemabhängigen Größe) **RAND_MAX** liefert, müssen sie noch durch **RAND_MAX** dividiert werden, um Koordinaten im Bereich von 0 bis 1 zu erhalten. Der Zufallszahlengenerator wird durch die Standardfunktion **srand()** mit einem zeitabhängigen, also variablen Wert, initialisiert:

```
// Dartboard-Algorithm for approximating pi

#include <iostream.h>
#include <stdlib.h>
#include <time.h>
#include <math.h>

int main(void)
{
   long   k, n, hits;
   const double factor = 1.0 / RAND_MAX;

   while (1)
   {
      cout << "Enter the no of tosses (or 0 to exit): ";
      cin >> n;
      if ( n <= 0) // input <= 0 means end-of-job
         break;
      // Initialize the random generator
      srand((int)clock());

      // Throw n tosses
      for (k=hits=0; k < n; ++k)
      {
         // Find two random numbers within 0..1
         double x = rand() * factor;
         double y = rand() * factor;
         if (x*x + y*y < 1.0) // Within circle ?
            ++hits;           // yes: hits += 1
      }
      double pi_approx = 4.0 * hits / n;
      cout  << "Approximation of pi after "
            << n << " tosses: " << pi_approx
            << " (error="
            << fabs(M_PI - pi_approx)*100/M_PI
            << "%)\n";
   }
   return 0;
}
```

π und Teilerfremdheit

Die Wahrscheinlichkeit dafür, daß zwei zufällig gewählte ganze Zahlen zueinander teilerfremd sind, beträgt $\frac{6}{\pi^2}$. Diese Eigenschaft läßt sich für ein weiteres π-Approximationsverfahren nutzen: Man ermittle genügend viele Paare von Zufallszahlen und untersuche diese auf Teilerfremdheit. Aus dem Verhältnis der Anzahl von teilerfremden Paaren t zur Gesamtzahl der Versuche n ergibt sich dann eine Näherung für π folgendermaßen:

$$\lim_{n \to \infty} \frac{t}{n} = \frac{6}{\pi^2} \tag{3.3}$$

$$\pi \approx \sqrt{\frac{6n}{t}} \tag{3.4}$$

Ball [12] berichtet von einem Feldversuch, in dem 50 Studenten je 5 Paare von Zufallszahlen hinschreiben sollten. Es erwiesen sich davon 154 als teilerfremd. Dies führte zu $6/\pi^2 = 154/250$, mithin zu $\pi = 3.12$.

Statt mit Studenten sollte man dieses Spiel mit einem Computer spielen. Das einzige Problem eines solchen Programms ist die Untersuchung auf Teilerfremdheit. Glücklicherweise gibt es dafür schon seit 2300 Jahren einen Algorithmus, den man durchaus als den Großvater aller Algorithmen bezeichnen kann. Er ist erstmals von dem griechischen Mathematiker Euklid (geb. um 350 v.Chr.) aufgeschrieben worden und steht in Buch VII der 13 Bücher seiner *Elemente*. Dieses Werk ist das erfolgreichste Mathematikbuch der Geschichte geworden, mit mehr als 1000 Herausgaben von der Antike bis zur Moderne.

Der *Euklidische Algorithmus* kann in nur drei Quellzeilen hingeschrieben werden (vgl. das nachfolgende Programm-Listing), während seine verbale Beschreibung länger ist: er ermittelt aus zwei ganzen Zahlen $A > 0$ und $B > 0$ die größte ganze Zahl, die sowohl A als auch B ohne Rest teilt. Wenn dieser „größte gemeinsame Teiler" (ggT) $= 1$ ist, dann sind A und B zueinander teilerfremd. Der Algorithmus nützt die Eigenschaft aus, daß $A = \lfloor \frac{A}{B} \rfloor B + C$ ist, mit $0 \leq C < B$. Beispiel: $A = 78$ und $B = 21$: Da $78 = 3 \cdot 21 + 15$ ist, ist die größte Zahl, die sowohl 78 als auch 21 teilt, gleichzeitig auch die größte Zahl, die 21 und 15 teilt. Durch Iteration erhält man:

$$78 = 3 \cdot 21 + 15$$
$$21 = 1 \cdot 15 + 6$$
$$15 = 2 \cdot 6 + 3$$
$$6 = 2 \cdot 3 + 0$$

Also ist 3 der größte gemeinsame Teiler von 78 und 21.

In dem folgenden kleinen Programm simulieren wir das Studentenexperiment und kommen so zu einem Näherungswert für π.

```
// Approximation for pi by a Monte-Carlo-Method:
//
// The program finds pairs of random integers.  It determines
// whether they are relatively prime. The theoretical frequency
// of these events is 6 / pi^2.

#include <iostream.h>
#include <stdlib.h>
#include <math.h>
```

```
int euclid(int u, int v)
{
    int r;
    while ( (r = u % v) != 0 )
    {
        u    = v;
        v    = r;
    }
    return v;
}


int main(void)
{
    while (1)
    {
        int     n, nTries, nHits;

        cout << "Enter no of tries (or 0 to exit): ";
        cin >> n;
        if (n <= 0) break;
        srand((int)clock());
        for (nTries=nHits=0; nTries < n; ++nTries)
        {
            int A = rand() + 1;
            int C = rand() + 1;
            if (euclid(A, C) == 1) // A and C are relative prim
                ++nHits;
        }
        double f  = nHits * 1.0 / nTries;
        double pi = sqrt(6.0 / f);
        cout << "After " << nTries
             << " tries is pi " << pi << endl;
    }
    return 0;
}
```

Einige Programmläufe haben folgende Näherungen erbracht:

Anzahl Versuche	Näherungswert für π	Fehler
10	3.464102	+0.322509...
100	3.273268	+0.131675...
1 000	3.194383	+0.052790...
10 000	3.142438	+0.000845...
100 000	3.143913	+0.002320...
1 000 000	3.141554	−0.000038...

Obwohl hübsch und interessant und einfach zu realisieren, sind
Monte-Carlo-Verfahren zur Berechnung von π leider nur wenig geeignet. Sie konvergieren nämlich schlecht. Selbst nach 1 Million Versuchen
werden kaum mehr als vier Nachkommastellen von π korrekt sein. Und
es kann sehr wohl vorkommen, daß eine größere Zahl von Versuchen
einen schlechteren Näherungswert von π ergibt als eine kleinere, wie

in der obigen Tabelle zu sehen ist. Wahrscheinlich sind die auf Zufallszahlen basierenden Methoden überhaupt die ineffizientesten aller systematischen Verfahren zur Berechnung von π.

Hinzu kommen noch zwei prinzipielle Probleme: Erstens können Computerprogramme keine echten Zufallszahlen erzeugen – sie zeigen zwingend eine Periode, indem die schon einmal dagewesenen Zahlen erneut und in derselben Reihenfolge wiederkommen. Zweitens liegen die vom Computer erzeugten „Pseudo"-Zufallszahlen unvermeidlicherweise zwischen bestimmten Schranken, so daß die Zahlen schon von daher nicht wirklich zufällig sind. Daraus folgt, daß alle Monte-Carlo-Verfahren genaugenommen nicht gegen π konvergieren, sondern um π herum oszillieren. Wegen der prinzipiell schwachen Konvergenz sind dies aber fast schon esoterische Gedanken.

3.4 Memorabilia

Ein anderer Weg, um zu den Dezimalen von π zu kommen, besteht darin, sie auswendig zu lernen.

Dazu gibt es *Merkverse*. Immer wieder haben sich Sprachkünstler Texte einfallen lassen, in denen die Reihe der aufeinanderfolgenden Wörter durch ihre Buchstabenzahl die Ziffernfolge von π wiedergibt. Ein deutsches Lehrgedicht (von Weinmeister, 1878) für die ersten 23 Stellen lautet so:

Wie,	o	dies	π		
3,	1	4	1		
Macht	ernstlich	so	vielen	viele	Müh'
5	9	2	6	5	3
Lernt	immerhin,	Jünglinge,	leichte	Verselein,	
5	8	9	7	9	
Wie	so	zum	Beispiel	dies	dürfte	zu	merken	sein!
3	2	3	8	4	6	2	6	4

Wie so zum Beispiel auch der folgende Text dürfte zu merken sein, der von dem englischen Astrophysiker Sir James Jeans (1877–1946) stammt und eine Stelle mehr produziert:

How I want a drink, alcoholic of course, after the heavy chapters involving quantum mechanics. All of thy geometry, Herr Planck, is fairly hard...

Solche Texte gibt es in vielen Sprachen. Castellanos [40, pp. 152–153] nennt zum Beispiel zwei französische, einen spanischen und einen griechischen Merkvers sowie einen weiteren, allerdings fürchterlichen, deutschen („Dir, o Held, o alter Philosoph, du Riesen Genie... "), bei dem sich Archimedes jedesmal im Grabe umdreht.

Im Jahre 1717 berechnete der Franzose Fautet De Lagny (1660–1734) π auf 127 Stellen. Daraufhin machte sich P. Decerf ans Kunst-Werk und dichtete ein gewaltiges π-Poem aus 127 Wörtern. Nach einigen Jahren entdeckte man, daß das „π" von Lagny einen Schreibfehler enthielt und an der 112. Nachkommastelle statt einer 7 eine 8 zu stehen hatte. So mußte man das Decerfsche Gedicht ändern und einen „Update" herausgeben, was sonst in der Dichtkunst eher selten vorkommt [40, p. 153].

Das wohl längste Merkgedicht der Welt hat Michael Keith [73] gebraut. Er hat die berühmte Ballade *The Raven* (Der Rabe) von Edgar Allen Poe so modifiziert, daß sie nicht weniger als 740 Stellen von π liefert. Das neue Opus hat dabei den doppelsinnigen Titel *Near A Raven* (Fast ein Rabe) bekommen. Es besteht aus 18 Strophen und beginnt so:

Poe, E.   3.1
Near A Raven   415

Midnights so dreary, tired and weary.	926535
Silently pondering volumes extolling all by-now obsolete lore.	89793238
During my rather long nap – the weirdest tap!	62643383
An ominous vibrating sound disturbing my chamber's antedoor.	27950288
„This", I whispered quietly, „I ignore".	419716
Perfectly, the intellect remembers: the ghostly fires, a glittering ember	93993751
Inflamed by lightning's outbursts,	8209
windows cast penumbras upon this floor.	749445
Sorrowful, as one mistreated, unhappy thoughts I heeded:	92307816
That inimitable lesson in elegance – Lenore –	406286
Is delighting, exciting ... nevermore.	2089

...

Die Überschrift und diese ersten zwei Strophen ergeben schon 80 Stellen von π. Danach folgen noch 16 weitere solcher Strophen sowie eine Unterschrift für die anderen 660 Stellen.

Keith hat hart gearbeitet, um vom Original soviel wie möglich an Metrik, Handlung, Melodie und Rhythmus zu erhalten. So gelang es ihm z.B., den wohlklingenden dunklen Refrain am Ende jedes Verses bestehen zu lassen.

π-Texte haben ihren ersten kritischen Punkt an der 32. Nachkommastelle, wenn in der Dezimalfolge von π erstmals eine Null vorkommt. Da es keine Null-Wörter gibt, müssen sich die Autoren von Merkgedichten etwas Besonderes einfallen lassen. Keith löst das Problem mit Wörtern aus 10 Buchstaben, wie man am Beispiel von „disturbing" sieht. Andere Autoren verlangen von ihren Lesern, daß sie ein Satzzeichen als Ziffer 0 interpretieren. Ein in dieser Hinsicht schwieriges Problem ist die π-Stelle 601, wo gleich 3 Nullen aufeinanderfolgen.

Inzwischen hat Keith seine 740 Stellen auf sagenhafte 3865 Stellen erweitert und eine „Cadae-ische Kadenz" geschrieben. Cadae ist ein Kunstwort und besteht aus den Buchstaben, die den ersten π-Ziffern 3 1 4 1 5 entsprechen. Diese Kadenz besteht aus 14 Kapiteln, wovon das erste Kapitel das obige Poe-Poem ist. In Kapitel 3 findet man ein Gedicht von Lewis Caroll, dem Autor von „Alice im Wunderland" (und bekanntem π-Fan), das in ähnlicher Weise an π angepaßt ist, und in Kapitel 11 sogar ein Opus von William Shakespeare (dem Autor von: to π or not to π).

Gleich nach den anfänglichen 740 Stellen mußte Keith eine besonders knifflige Dezimalfolge in π lösen, den schon genannten Feynman-Punkt. An der Stelle 762 stehen nämlich hintereinander die sieben teuflischen Ziffern 9999998! Das ist zwar schön für π-Ästheten, aber schlecht für den armen Mike, der einen Text finden mußte, in dem sechs 9stellige Wörter und ein 8stelliges Wort aufeinanderfolgen. Dennoch hat er es geschafft[2].

Am Beispiel π lassen sich verschiedene Methoden des Gedächtnistrainings exemplifizieren, als da sind: Ausnutzen von wiederkehrenden Mustern, Bilden von Blöcken fester oder variabler Länge, Assoziieren von bildhaften, rhythmischen, musikalischen oder farblichen Darstellungen, Repetieren in abwechselnden Abständen und Situationen. Artikel dazu finden sich im Internet, etwa `http://www.informatik.uni-ulm.de/pm/mitarbeiter/mark/PiStrategy.html`.

Wer viele Stellen von π auswendig weiß, kann es weit bringen. Beispielsweise kann er bei einem π-Rezitationswettbewerb teilnehmen oder gar Mitglied in einem π-Verein werden, denn die verlangen als Eingangstest meist π-Festigkeit. Wir haben vorne schon den österrei-

---

[2] `http://users.aol.com/s6sj7gt/cadenza.htm`

chischen Klub der „Freunde der Zahl pi" erwähnt, dessen Beitrittskandidaten 100 Stellen auf einem öffentlichen Platz vor einem π-Notar aufsagen müssen. Der schwedische „1000-Club"[3] verlangt sogar 1000 Stellen.

Es sind nicht nur Spinner, die ihren Kopf mit den Stellen von π belasten. Auch seriöse Wissenschaftler scheinen daran Freude zu haben. Einer davon ist Simon Plouffe, der vor kurzem ein neuartiges π-Verfahren, den sog. BBP-Algorithmus, (mit-)erfunden hat (vgl. Seite 117). Plouffe hat sich 1977 in das (französische) Guiness Buch der Weltrekorde eingeschrieben mit dem Memorieren von 4096 Stellen von π. Eigentlich, so sagt er, könne er 4400 Stellen auswendig, aber 4096, also 2^{12}, sei eine nettere Zahl.

Als Weltmeister im Rezitieren von π gilt seit 1995 Hiryuku Goto, damals 21, der – in 9 Stunden – 42000 Stellen auswendig aufsagte. Nach diesem Rekord ist sogleich vermutet worden, daß sich Japanisch besser zum Merken von Ziffernfolgen eignen würde als andere Sprachen. Vielleicht hat Goto aber auch nichts mehr Vernünftiges zu tun gehabt, nachdem man ihn aus allen Programmen eliminiert hatte.

3.5 Bit für Bit

Der Kehrwert von π, $1/\pi$, beträgt nicht nur $= 0.3183\ldots$, sondern auch $= 0.01010\,00101\,11110\ldots$. Das ist kein Widerspruch, der zweite Wert ist nur eben die binäre Darstellung, in der ausschließlich Nullen und Einsen auftreten.

Die Nachkommastellen der binären Darstellung von $1/\pi$ lassen sich aus denen der dezimalen Darstellung gewinnen, indem man den dezimalen Bruch fortlaufend mit 2 multipliziert und die jeweils errechnete Stelle vor dem Komma als nächste binäre Ziffer hinschreibt, während man den Bruchteil für die nächste Multiplikation aufbewahrt. Aus 0.3183×2 wird 0.6366, also ist 0 die erste binäre Nachkommastelle. 0.6366×2 ergibt 1.2732, so daß die zweite binäre Nachkommastelle 1 lautet. Fortgesetzt wird jetzt mit dem Bruchteil des letzten Resultats, d.h. mit $0.2732 \times 2 = 0.5464$, woraus als dritte binäre Nachkommastelle wieder eine 0 resultiert. So schreitet das Verfahren fort. Natürlich ist die Genauigkeit der binären Darstellung nicht höher als die der Dezimaldarstellung, so daß man aus n genauen dezimalen Stellen höchstens $1/\log_{10} 2 \approx 3.3$ mal soviele genaue binäre Stellen gewinnen kann.

---

[3] `http://www.ts.umu.se/~olleg/pi/club_1000.html`

Eine ganz andere Methode zur Berechnung der binären Darstellung von $1/\pi$ hat Simon Plouffe von der Universität Bordeaux entdeckt. Sein Verfahren wurde 1995 von Jonathan Borwein und Roland Girgensohn bewiesen und dabei verallgemeinert [35].

Bei Plouffes Bit-Rekursionsmethode wird mit $a_0 = \tan(1) = 1.5574\ldots$ begonnen. Daraus werden Folgewerte $a_1, a_2, a_3, \ldots$ nach folgender Vorschrift berechnet:

$$a_{k+1} = \frac{2a_k}{1 - a_k^2} \tag{3.5}$$

Jedes a_k wird nur daraufhin geprüft, ob es negativ ist oder nicht. Wenn es negativ ist, dann ist die nächste Binärstelle eine 1, andernfalls eine 0.

Die ersten 10 a_k und die daraus resultierenden Binärstellen lauten so:

k	a_k	Binärstelle von $1/\pi$
0	+1.5574	0
1	−2.1850	1
2	+1.1578	0
3	−6.7997	1
4	+0.3006	0
5	+0.6610	0
6	+2.3478	0
7	−1.0406	1
8	+25.111	0
9	−0.0797	1

So interessant und unerwartet dieser Algorithmus ist – in ihm ist eine Falle verborgen. Um nämlich $1/\pi$ auf diese Weise zu berechnen, braucht man erst einmal den Anfangswert $\tan(1)$, und dessen Berechnung ist aufwendiger als die direkte Berechnung von $1/\pi$.

3.6 Verbesserungen

Manchmal hat man schon einige π-Stellen und fragt sich, ob man nicht auf ihnen aufbauen kann. Man kann. Eine hübsche Methode dazu ist Daniel Shanks[4] eingefallen [111].

---

[4] Shanks hat 1961 zusammen mit Wrench in einer π-Berechnung die 100 000er-Marke überschritten [109].

Wenn p_0 ein Näherungswert für π ist, der n genaue Stellen hat, dann ergibt der folgende Rechenschritt einen verbesserten Näherungswert p_1, der auf etwa dreimal soviele Stellen genau ist:

$$p_1 = p_0 + \sin p_0 \tag{3.6}$$

Beispiel: Mit $p_0 = 3.14$, also $n = 3$, liefert $p_1 = p_0 + \sin p_0$ den neuen Näherungswert $P_1 = 3.14159\,265\ldots$. Der neue Wert hat 9 genaue Stellen.

Die Herleitung ist einfach, wenn man die Reihenformel für $\sin \varepsilon$ heranzieht und berücksichtigt, daß $\sin(\pi + x) = -\sin x$ ist. ε sei im folgenden der Fehler des bisherigen Wertes p_0:

$$
\begin{aligned}
p_0 &= \pi + \varepsilon \\
p_1 &= p_0 + \sin p_0 \\
&= \pi + \varepsilon + \sin(\pi + \varepsilon) \\
&= \pi + \varepsilon - \sin \varepsilon \\
&= \pi + \varepsilon - \left(\frac{\varepsilon}{1!} - \frac{\varepsilon^3}{3!} + \frac{\varepsilon^5}{5!} - \cdots \right) \\
&= \pi + \frac{\varepsilon^3}{6} - \cdots
\end{aligned}
$$

Bei n genauen Stellen des Ausgangswerts p_0 beträgt $\varepsilon < 10^{-n}$. Folglich beträgt die Genauigkeit der neuen Näherung $\varepsilon^3/6 < 0.2 \cdot 10^{-3n}$, also mindestens $3n$ Nachkommastellen.

Shanks zeigt, daß man noch genauere Näherungen mit einem Schritt erreichen kann. So verbessert:

$$p_2 = p_0 + \frac{2\sin p_0 - \tan p_0}{3} \tag{3.7}$$

$$= \pi + \frac{\varepsilon^5}{20} + \cdots \tag{3.8}$$

den Näherungswert p_0 von π sogar um mehr als die fünffache Zahl genauer Stellen. Diesen Trick hat Shanks möglicherweise bei Wildebrod Snellius (1581–1626) gelernt, vgl. Seite 176.

3.7 Der π-Saal in Paris

Das einzige Museum auf der Welt, das einen π-Saal besitzt, ist das *Palais de la Découverte* in Paris, Av. Franklin Roosevelt. Sie werden das Museum auch ohne Hausnummer finden, denn es ist sehr groß und gehört zum Gebäudekomplex des *Grand Palais*.

Am Eingang folgen wir dem Schild *salle pi* sowie einem schönen Artikel aus dem *Mathematical Intelligencer* [68]. Beide führen uns in den kreisrunden Saal 31 (sic!). Dort können wir einige (hauptsächlich französische) Fakten über π kennenlernen und zu unseren Köpfen, rundum in drei Spiralumdrehungen, die ersten 707 Stellen von π bewundern.

Diese 707 Stellen hat 1874 William Shanks errechnet (vgl. Seite 188). Unglücklicherweise waren sie ab der 527. Stelle fehlerhaft, was man aber lange nicht wußte. So prangte zur großen Weltausstellung 1937, als das Museum eröffnet wurde, ausgerechnet im π-Saal ein falsches π.

Als durch die Berechnung von Ferguson im Jahre 1945 der Fehler entdeckt wurde, korrigierte das Museum unverzüglich seine Ziffernfolge.

Ohne Erfolg. Es hält sich das Gerücht, daß in dem π ein Fehler steckt. Noch heute präsentiert eine Enzyklopädie der Mathematik ein Foto des π-Saales in seinem heutigen Aussehen, also mit dem richtigen π, aber mit der Unterschrift:

„In der Kuppel des Palais de la Découverte in Paris sind die ersten 627 Dezimalstellen der transzendenten Zahl π dargestellt; allerdings sind anscheinend einige davon falsch.“

Man sieht, daß die Wahrheit schwierig ist.

4. Näherungen für π und Kettenbrüche

4.1 Rationale Näherungen

Die kürzeste Näherung für π lautet einfach 3. Sie unterscheidet sich von π um 4.5%, und war der Bibel immerhin zwei Zitate wert (vgl. Seite 162). Die längste Näherung ist 68,7 Milliarden Stellen lang und trotzdem nicht genau. Nur wenn wir „π" für π schreiben[1], haben wir π exakt – alles andere ist länger und mehr oder minder approximativ.

Im folgenden bezeichnen wir zur Vereinfachung eine π-Näherung auf s genaue Nachkommastellen mit $\pi(s)$. Die Näherung 3 der Bibel beschreiben wir also mit $\pi(0)$. In Babylon fand mehr als ein Jahrtausend zuvor die Näherung $\pi(1) = 3\frac{1}{8} = 3.125$ Verwendung.

Die Aussage, daß $\pi(s)$ eine π-Näherung auf s genaue Nachkommastellen ist, besagt, daß sie dem Betrage nach um weniger als 10^{-s} 'falsch' ist: $|\pi - \pi(s)| < 10^{-s}$. Der Umkehrschluß gilt aber nicht; ein absoluter Fehler von $< 10^{-s}$ sichert nicht immer auch s genaue Nachkommastellen. Zum Beispiel unterscheidet sich die gute Näherung 3.1416 von $\pi = 3.14159265\ldots$ nur um $0.000007\ldots$ und das ist kleiner als 10^{-5}, aber sie ist trotzdem auf nur 3 Nachkommastellen genau. Das Problem kann allerdings nur dann auftreten, wenn die Näherung größer ist als π.

In den alten Zeiten, wo man mit unendlichen Dezimalbrüchen noch nicht souverän umgehen konnte, lag es nahe, ein „Verhältnis" wie das von Kreisumfang zu Kreisdurchmesser durch ein Verhältnis, d.h. durch einen Bruch aus Zähler und Nenner, anzunähern. Die klassische derartige Näherung von π ist die des Archimedes aus der Zeit um 250 v. Chr.:

$$\pi(2) = \frac{223}{71} < \pi < \frac{22}{7} = \pi(2) \tag{4.1}$$

---

[1] oder eine der – vielen – mathematischen Identitäten, siehe die Sammlung ab Seite 213.

An dieser Näherung besticht – außer der Art, mit der sie gefunden wurde, genaueres dazu auf Seite 165 – die Angabe eines Intervalls. Die Intervallschreibweise macht klar, daß π weder gleich der linken noch gleich der rechten Schranke ist – nicht immer waren und sind die Darstellungen für π so redlich. So war der Chinese Tsu Chhung-Chih, der etwa 480 n. Chr. den vorzüglichen Näherungsbruch

$$\pi(6) = \frac{355}{113} \tag{4.2}$$

gefunden hat, überzeugt, daß dieser Bruch *genau gleich* π sei.

Eine Näherung heißt „rational", wenn sie durch einen Bruch aus ganzzahligem Zähler und Nenner dargestellt werden kann. Solche Darstellungen sind allgegenwärtig. Alle dezimalen, hexadezimalen, binären ... Ziffernfolgen von π sind rationale Näherungen, denn z.B. bedeutet 3.14 ja den Bruch aus 314 und 100. Weil wir bei bestimmten Basen wie 10, 16 oder 2 übereingekommen sind, uns die Nenner nur zu denken und nicht zu schreiben, erscheinen diese Näherungen als knapp und effektiv. „Eigentlich" bedeutet aber die Näherung $\pi(2) = 3.14$ nicht nur 4 Tastenanschläge aus Punkt und drei Ziffern, sondern deren 7 aus Bruchstrich und zweimal dreistelligem Zähler und Nenner. Wenn man aber 7 Tastenanschläge verwenden darf, kommt man mit einem anderen Bruch, z.B. dem schon genannten Bruch $355/113 = \pi(6)$, um ganze 4 Nachkommastellen genauer an π heran.

Gute rationale Näherungen für π sind solche, bei denen das Verhältnis aus Anzahl genauer Nachkommastellen zur Ziffernzahl von Zähler und Nenner besonders groß ist. Wie wir gleich sehen werden, erreichen die besten rationalen Näherungen in dieser Hinsicht den Wert 1.

Die beste Quelle für gute Näherungen einer (irrationalen oder transzendenten) Zahl ist ihr sogenannter Kettenbruch. Bei dieser merkwürdigen, aber sehr interessanten Darstellung sind die Nenner nicht wie bei der Dezimaldarstellung die Potenzen einer festen Basiszahl, sondern eine Kombination aus ganzer Zahl und einem Bruch.

Im Falle π beginnt der Kettenbruch so:

$$\pi = 3 + \cfrac{1}{7 + \cfrac{1}{15 + \cfrac{1}{1 + \cfrac{1}{292 + \cfrac{1}{1 + \cdots}}}}} \tag{4.3}$$

oder in tabellarischer Darstellung seiner Elemente[2]:

b_i	.0	.1	.2	.3	.4	.5	.6	.7	.8	.9
0.	3	7	15	1	292	1	1	1	2	1
1.	3	1	14	2	1	1	2	2	2	2
2.	1	84	2	1	1	15	3	13	1	4
3.	2	6	6	99	1	2	2	6	3	5

Um zu einer rationalen Näherung für π zu kommen, braucht man ihren Kettenbruch nur an beliebiger Stelle abzubrechen und auszurechnen. (Dabei braucht man übrigens niemals zu kürzen.) Nach dem Abbruch an der 7 ergibt sich z.B. die Näherung $3 + 1/7 = 22/7$, die wir von Archimedes kennen, der sie allerdings auf völlig andere Weise fand.

Besonders gute Näherungen ergeben sich, wenn man den Kettenbruch für π unmittelbar vor einem der großen Elemente abbricht. Der Verlauf des relativen Fehlers in Abhängigkeit vom Abbruchelement sieht nämlich so aus:

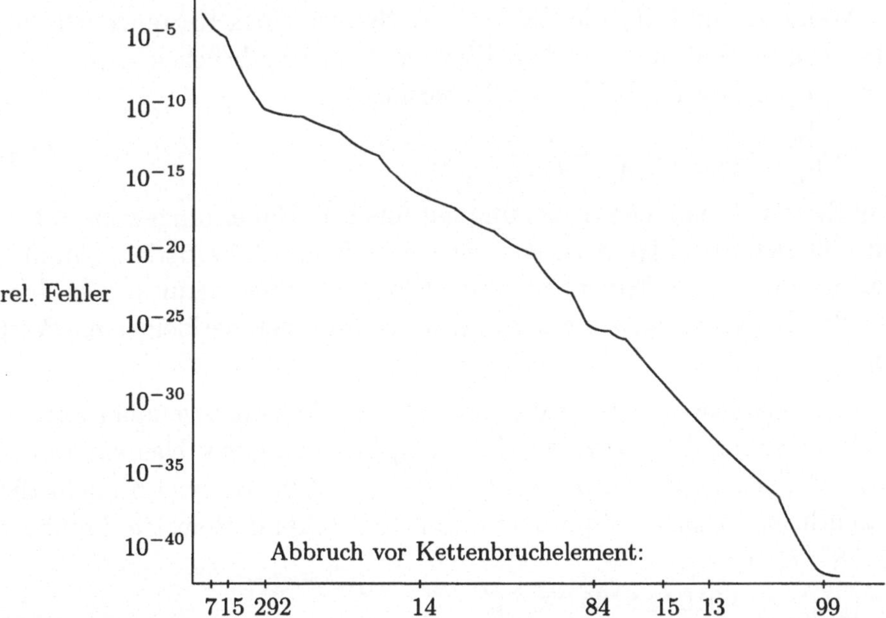

Ersichtlich fällt vor den großen Elementen wie 15, 292, 84 oder 99 der relative Fehler besonders steil nach unten, so daß an diesen Stellen vorzügliche Approximationen zu finden sind:

---

[2] Die ersten 2000 Elemente finden sich auch auf Seite 232f.

Abbruchstelle		Näherung
vor	$b_2{=}15$	$\pi(2) = \frac{22}{7}$
vor	$b_4{=}292$	$\pi(6) = \frac{355}{113}$
vor	$b_{12}{=}14$	$\pi(12) = \frac{5\,419\,351}{1\,725\,033}$
vor	$b_{21}{=}84$	$\pi(21) = \frac{21\,053\,343\,141}{6\,701\,487\,259}$
vor	$b_{25}{=}15$	$\pi(25) = \frac{8\,958\,937\,768\,937}{2\,851\,718\,461\,558}$
vor	$b_{27}{=}13$	$\pi(29) = \frac{428\,224\,593\,349\,304}{136\,308\,121\,570\,117}$
vor	$b_{33}{=}99$	$\pi(37) = \frac{2\,646\,693\,125\,139\,304\,345}{842\,468\,587\,426\,513\,207}$

In günstigen Fällen ist die Anzahl genauer Nachkommastellen nahezu gleich der Anzahl der Ziffern in Zähler und Nenner. Wenn man vor $b_4 = 292$, $b_{21} = 84$ oder $b_{33} = 99$ (den größten Elementen) abbricht, gilt dies sogar genau. Auch danach gibt es noch solche Fälle, z.B. vor $b_{77} = 16$, $b_{79} = 161$ oder $b_{80} = 45$. Andererseits liefert der Abbruch vor $b_5 = 1$ den Wert $\frac{103993}{33102} = \pi(9)$, also 2 Nachkommastellen weniger als die Anzahl der Ziffern in Zähler und Nenner.

Wenn A_n und B_n die Zähler und Nenner eines Kettenbruchs für eine Zahl κ sind, der vor dem Element b_{n+1} abgebrochen wird, dann beträgt der relative Fehler der Näherung

$$|(\frac{A_n}{B_n} - \kappa)|/\kappa < \frac{1}{A_n \cdot B_n \cdot b_{n+1}} \tag{4.4}$$

Auf diese sehr einfache Beziehung hat uns F.L. Bauer hingewiesen. Mit ihr läßt sich die obige Aussage belegen, daß es sich besonders „lohnt", vor einem großen Element abzubrechen, weil dieses dann in den Nenner der Fehlerabschätzung kommt, wo es für einen verkleinerten Wert sorgt.

Übrigens lassen sich für die angegebenen Anzahlen genauer Stellen keine besseren, d.h. kürzeren Näherungsbrüche finden. Das kann man aus der Theorie der Kettenbrüche beweisen. Zum Beispiel braucht die beachtliche rationale Approximation von Johann Heinrich Lambert (1728–1777)

$$\pi(25) = \frac{1\,019\,514\,486\,099\,146}{324\,521\,540\,032\,945} \tag{4.5}$$

gegenüber der oben, in der 5. Zeile angegebenen gleich genauen Kettenbruchnäherung 5 Tastenanschläge mehr.

In der obigen Tabelle tauchen mehrere Approximationen für π auf, die Geschichte gemacht haben. Die Herkunft von 22/7 (Archimedes) und 355/113 (Tsu Chhung-Chih) haben wir schon genannt. Die beiden Näherungen, die durch Abbruch vor den Elementen 14 und 13 entstehen, sind 1766 in Japan entdeckt worden. Das Besondere daran ist, daß zu jener Zeit dort Kettenbrüche noch unbekannt waren, und diese Entdeckungen also auf anderem Wege gefunden worden sein müssen. Wie das geschah, weiß man anscheinend nicht, und deshalb ist das Staunen darüber um so größer.

4.2 Andere Näherungen

So gut die rationalen Approximationen auch sein mögen, schön und einprägsam sind sie eher nicht. Diesem Zweck dienen andere, optisch attraktive, „künstlerische" Näherungen, mit eindrucksvollen Symbolen etwa oder feinen Symmetrien.

Der griechische Philosoph Platon (427–348 v. Chr.) soll z.B. diese Näherung gekannt haben [51, p. 102]:

$$\pi(2) = \sqrt{2} + \sqrt{3} \tag{4.6}$$

und sein Philosophenkollege in Indien, Zhang Heng (78–139 n. Chr.), arbeitete als erster mit dem Wert

$$\pi(1) = \sqrt{10} \tag{4.7}$$

Dem Schöpfer der „Göttlichen Komödie", dem auch mathematisch hochgebildeten Dante Alighieri (1265–1321), wird die folgende Näherung zugeschrieben [40, p. 68]:

$$\pi(3) = 3 + \frac{\sqrt{2}}{10} \tag{4.8}$$

Wer als erster die folgende eindrucksvolle Näherungsformel gefunden hat, haben wir nicht herausfinden können; vielleicht war es der indische Astronom Arya-Bhata, der 476 n. Chr. in Indien geboren ist:

$$\pi(4) = 512\sqrt{2 - \sqrt{2 + \sqrt{2 + \sqrt{2 + \sqrt{2 + \sqrt{2 + \sqrt{2 + \sqrt{2 + \sqrt{2}}}}}}}}} \tag{4.9}$$

Man könnte vermuten, daß das erste Minuszeichen ein Fehler sei, aber das ist es nicht. Wie man leicht mit elementarer Geometrie prüfen kann, stellt der Ausdruck $8\sqrt{2-\sqrt{2}}$ den Umfang eines 8-Ecks dar, das in einen Kreis mit dem Radius 1, also mit dem Umfang 2π einbeschrieben ist. Jede Verdoppelung der Seitenzahl bedeutet das Ersetzen der innersten $\sqrt{2}$ durch den Ausdruck $\sqrt{2+\sqrt{2}}$ und das Verdoppeln des Faktors vor der äußersten Wurzel. So beschreibt die obige Näherung den halben Umfang eines einbeschriebenen regelmäßigen 1024-Ecks.

Die Formel (4.9) ähnelt wegen ihrer vielen 2en unter den Wurzeln dem Produkt des François Viète (1.6) aus dem Jahre 1593. Tatsächlich sind die beiden Formeln verwandt und konvergieren in gleicher Weise. Beide nähern die Zahl π durch einbeschriebene 2^n-Ecke an, und zwar das Vieta-Produkt durch ihren Flächeninhalt, die obige Formel jedoch durch ihren Umfang.

Kochansky (1631–1700) fand

$$\pi(4) = \sqrt{\frac{40}{3} - \sqrt{12}} \tag{4.10}$$

und Carl Friedrich Gauß (1777–1855) berechnete als 14jähriger [82, p. 8]:

$$\pi(13) = \frac{22}{7} \cdot \frac{2484}{2485} \cdot \frac{12983009}{12983008} \tag{4.11}$$

Der Knabe Friedrich ging von der bekannten Näherung $\frac{22}{7}$ aus, und dividierte sie durch 3.14159265.... Den Quotienten subtrahierte er von 1 und verwandelte den Rest in einen Bruch mit dem Zähler 1. Der Nenner ist rund 2485. Nun verfuhr er in gleicher Weise mit $\frac{22}{7} \cdot \frac{2484}{2485}$.

Adrien-Marie Legendre (1752–1833) wies auf die folgende Näherung hin: [75]

$$\pi(9) = \ln\frac{1}{x} - 2x^4 \quad \text{worin} \quad x = \frac{1}{2}(2^{\frac{1}{4}} - 1)/(2^{\frac{1}{4}} + 1) \tag{4.12}$$

Ein großer Meister im Finden von Näherungen war Srinivasa Ramanujan (1887–1920). Wir berichten an anderer Stelle (Kapitel 8) genauer über diesen bedeutenden indischen Mathematiker mit der großen Liebe zu π. In seinem Aufsatz *Modular Equations and Approximations to π* [99] aus dem Jahre 1914 hat er viele Approximationsformeln aufgestellt. Zur Eingewöhnung folgen zunächst die kleineren Näherungen, die mit einem schönen, symmetrischen Ausdruck anfangen [99, p. 34–35]:

$$\pi(3) = \frac{9}{5} + \sqrt{\frac{9}{5}} \tag{4.13}$$

$$\pi(3) = \frac{19}{16}\sqrt{7} \tag{4.14}$$

$$\pi(3) = \frac{7}{3}\left(1 + \frac{\sqrt{3}}{5}\right) \tag{4.15}$$

$$\pi(6) = \frac{99}{80}\left(\frac{7}{7 - 3\sqrt{2}}\right) \tag{4.16}$$

$$\pi(9) = \frac{63}{25}\left(\frac{17 + 15\sqrt{5}}{7 + 15\sqrt{5}}\right) \tag{4.17}$$

Diese Formeln hat Ramanujan aus modularen Gleichungen abgeleitet. Danach aber folgt in dem gleichen Aufsatz eine „kuriose" Näherung, die er „empirisch" gefunden hat [99, p. 35]

$$\pi(8) = \sqrt[4]{9^2 + \frac{19^2}{22}} \tag{4.18}$$

Man hat herauszufinden versucht, was sich hinter dem Wort „empirisch" verborgen haben mag. Die naheliegendste Erklärung ist die
folgende [24, p. 655]. Ramanujan war ein Experte in Kettenbrüchen,
und so hat er wahrscheinlich bemerkt, daß der einfache Kettenbruch
von π^4 eine besonders markante Stelle besitzt:

$$\pi^4 = 97 + \frac{1}{2} + \frac{1}{2} + \frac{1}{3} + \frac{1}{1} + \frac{1}{16539} + \frac{1}{1} + \ldots \tag{4.19}$$

Nach dieser Beobachtung lag es für ihn nahe, den Kettenbruch vor
dem auffallend großen Element 16539 abzubrechen und dadurch $\pi^4 \approx$
$97 + \frac{9}{22} = 9^2 + \frac{19^2}{22}$ zu finden.

Eine andere empirische Näherung gewann Ramanujan aus der Verbesserung des Näherungsbruchs 355/113. Er fand daraus „einfach
durch die Bildung des Kehrwerts von $1 - (113\pi/355)$":

$$\pi(14) = \frac{355}{113}\left(1 - \frac{0.0003}{3533}\right) \tag{4.20}$$

In einem eigenen Aufsatz [100] (aus nur einer Seite) veröffentlich-
te 1913 Ramanujan eine geometrische Konstruktion für die Näherung
$\frac{355}{113}$. Daran selbst ist nichts Besonderes. Besonders aber ist, daß dieses
Paper die Überschrift *Die Quadratur des Kreises* trägt, und zwar ganz

ohne Gänsefüßchen, auch nicht im Text. Seit Lindemanns Beweis von der Unmöglichkeit der Kreisquadratur im Jahre 1882, den Ramanujan unzweifelhaft kannte, kann sich eigentlich kein Mathematiker mehr einen solchen Titel leisten. Es zeugt von Ramanujans mathematischem Selbstbewußtsein, daß er es tat.

Auf seinem eigentlichen Feld der π-Approximation waren die bisherigen Näherungen aber nur Fingerübungen. Ramanujan fand nämlich noch erheblich genauere Formeln [99, p. 31]:

$$\pi(15) = \frac{24}{\sqrt{142}} \ln\left(\sqrt{\frac{10+11\sqrt{2}}{4}} + \sqrt{\frac{10+7\sqrt{2}}{4}}\right) \tag{4.21}$$

$$\pi(18) = \frac{12}{\sqrt{190}} \ln\left((2\sqrt{2}+\sqrt{10})(3+\sqrt{10})\right) \tag{4.22}$$

$$\pi(22) = \frac{12}{\sqrt{310}} \ln\left[\frac{1}{4}(3+\sqrt{5})(2+\sqrt{2})\left((5+2\sqrt{10})+\right.\right.$$
$$\left.\left. + \sqrt{61+20\sqrt{10}}\right)\right] \tag{4.23}$$

und als krönenden Abschluß

$$\pi(31) = \frac{4}{\sqrt{522}} \ln\left[\left(\frac{5+\sqrt{29}}{\sqrt{2}}\right)^3 (5\sqrt{29}+11\sqrt{6})\times\right.$$
$$\left.\times \left(\sqrt{\frac{9+3\sqrt{6}}{4}} + \sqrt{\frac{5+3\sqrt{6}}{4}}\right)^6\right] \tag{4.24}$$

Auch diese Näherungen stammen aus modularen Gleichungen. Ramanujan belegt damit seine Souveränität im Umgang mit dieser Art von Gleichungen und Funktionen.

In Verfolg des Weges von Ramanujan haben die Gebrüder Borwein weitere Approximationen der Ramanujanschen Art abgeleitet [31, p. 194]:

$$\pi(2) = \frac{3(3\sqrt{13}+7)}{17} \tag{4.25}$$

$$\pi(5) = \frac{103\sqrt{13}+125}{158} \tag{4.26}$$

$$\pi(7) = \frac{66\sqrt{2}}{33\sqrt{29} - 148} \tag{4.27}$$

$$\pi(8) = \frac{4}{\sqrt{58}}\ln(396) \tag{4.28}$$

$$\pi(9) = \frac{180 + 52\sqrt{3}}{45\sqrt{93} + 39\sqrt{31} - 201\sqrt{3} - 217} \tag{4.29}$$

$$\pi(9) = \frac{12}{\sqrt{58}}\ln\left(\frac{\sqrt{29} + 5}{\sqrt{2}}\right) \tag{4.30}$$

Ein anderer π-Fan ist Dario Castellanos, der 1988 in einer wissenschaftlichen Arbeit über „das allgegenwärtige π" auch allerhand Folklore und schöne Näherungen [40, p. 79] von eigener Hand unterbrachte.

Zunächst verwandelte er die oben gezeigte Ramanujansche Näherung (4.18) in eine noch hübschere Form:

$$\pi(8) = \sqrt[4]{102 - \frac{2222}{22^2}} \tag{4.31}$$

und dann setzte er auch noch eins drauf. Indem er Ramanujans Verfahren in die fünfte Potenz fortsetzte, fand er:

$$\pi(8) = \sqrt[5]{\frac{77729}{254}} \tag{4.32}$$

und wunderte sich, daß Ramanujan nicht selbst darauf gestoßen ist.

Darüber hinaus fand Castellanos auch noch folgende Näherungen [40, p. 79–80, 83]:

$$\pi(6) = \frac{47^3 + 20^3}{30^3} - 1 \tag{4.33}$$

$$\pi(6) = 1.09999901 \cdot 1.19999911 \cdot 1.39999931 \cdot 1.69999961 \tag{4.34}$$

$$\pi(7) = 2 + \sqrt{1 + \left(\frac{413}{750}\right)^2} \tag{4.35}$$

$$\pi(10) = \left(95 + \frac{93^4 + 34^4 + 17^4 + 88}{75^4}\right)^{1/4} \tag{4.36}$$

$$\pi(11) = \frac{1700^3 + 82^3 - 10^3 - 9^3 - 6^3 - 3^3}{69^5} \tag{4.37}$$

$$\pi(13) = \left(100 - \frac{2125^3 + 214^3 + 30^3 + 37^2}{82^5}\right)^{1/4} \tag{4.38}$$

Unermüdlich sucht auch Simon Plouffe, der uns in diesem Buch schon einige Male begegnet ist, nach Näherungen. Belohnt kann er sich vom folgenden Ergebnis fühlen:

$$\pi(6) = \left(\frac{689}{396}\right) \Big/ \ln\left(\frac{689}{396}\right) \tag{4.39}$$

oder auch von:

$$\pi(8) = \ln(5280) \Big/ \sqrt{\frac{67}{9}} \tag{4.40}$$

Eine Verbindung von π und dem „Goldenen Schnitt" $\phi = \frac{\sqrt{5}+1}{2}$ wird durch folgende Approximation geschaffen:

$$\pi(3) = \frac{6}{5}\phi^2 \tag{4.41}$$

während e und π so verbunden sind:

$$\pi(2) = \frac{9 - e}{2} \tag{4.42}$$

$$\pi(3) = \sqrt[7]{2e^3 + e^8} \tag{4.43}$$

$$e(3) = \sqrt[\pi]{20 + \pi} \tag{4.44}$$

$$e(7) = \sqrt[6]{\pi^4 + \pi^5} \tag{4.45}$$

Diese Näherungen lassen sich zu noch eindrucksvolleren Gebilden umformen. So wird aus der letzten Näherung (4.45) der attraktive und leicht zu merkende Ausdruck

$$\pi^4 + \pi^5 \approx e^6 \tag{4.46}$$

bei dem links und rechts beachtliche 7 Stellen (403.4287) gleich sind.

π und e sind auch durch die Näherungsformel von James Stirling (1692–1770) zur Berechnung von nFakultät, d.h. dem Produkt $1 \cdot 2 \cdot 3 \cdot \ldots \cdot n$ verbunden:

$$n! \approx \left(\frac{n}{e}\right)^n \sqrt{2\pi n} \tag{4.47}$$

Stirling, 1730

Einmal abgesehen von der guten Näherungsqualität — der relative Fehler beträgt ab $n \geq 9$ weniger als 1% und ab $n \geq 84$ weniger als 0.1% — kann man sich bei dieser Formel einmal mehr darüber wundern, wo überall uns dieses π begegnet. Hier tritt es bei einem Problem mit ausschließlich ganzen Zahlen auf.

Unseres Erachtens gehört die Stirlingsche Formel wegen ihrer Schönheit, ihrer Nützlichkeit und wegen ihres Alters genauso in die „ewige" Liste der größten Formeln wie die schon erwähnte Eulersche Formel (1.10).

Übrigens erzielt eine kleine Korrektur, die sich aus der asymptotischen Entwicklung ergibt, eine bedeutende Verbesserung:

$$n! \approx \left(\frac{n}{e}\right)^n \sqrt{2\pi \cdot (n + \frac{1}{6})} \tag{4.48}$$

Der relative Fehler liegt jetzt schon ab $n \geq 3$ unter 1% bzw. ab $n \geq 9$ unter 0.1%.

Für den ähnlichen Fall des Produkts aller *ungeraden* Zahlen $< 2n$ hat F.L. Bauer [15, p. 49] die folgende Näherung verwendet:

$$(2n - 1)!! = (2n - 1) \cdot (2n - 3) \cdot \ldots \cdot 5 \cdot 3 \cdot 1 \approx \frac{\sqrt{(2n)!}}{\sqrt[4]{\pi \cdot (n + \frac{1}{4})}} \tag{4.49}$$

Diese Approximation folgt aus der guten π-Formel von Bauer (16.53), die deutlich besser zu π als die Wallis-Formel bzw. ihr Derivat (16.52) konvergiert, obwohl sie sich nur um ein winziges Viertel im Nenner von ihr unterscheidet.

Um eine Größenordnung besser sind die π-Approximationen, die 1982 Daniel Shanks aus der Untersuchung imaginärer biquadratischer Zahlenkörper abgeleitet hat. Das Glanzstück ist die folgende erstaunlich einfache Formel, die π auf 80 Nachkommastellen ergibt [110, p. 398]:

Mit

$$D := \frac{1}{2}(1071 + 184\sqrt{34}) \tag{4.50}$$

$$E := \frac{1}{2}(1533 + 266\sqrt{34}) \tag{4.51}$$

$$F := 429 + 304\sqrt{2} \tag{4.52}$$

$$G := \frac{1}{2}(627 + 442\sqrt{2}) \tag{4.53}$$

und danach:

$$d = D + \sqrt{D^2 - 1} \tag{4.54}$$

$$e = E + \sqrt{E^2 - 1} \tag{4.55}$$

$$f = F + \sqrt{F^2 - 1} \tag{4.56}$$

$$g = G + \sqrt{G^2 - 1} \tag{4.57}$$

so ergibt sich:

$$\pi(80) = \frac{6}{\sqrt{3502}} \ln(2 \cdot d \cdot e \cdot f \cdot g) \tag{4.58}$$

Shanks beweist in seinem Aufsatz die Existenz einer noch besseren Näherung dieser Art, welche für π sogar 109 genaue Nachkommastellen liefert. Er hat sie allerdings aus Aufwandsgründen nicht berechnet. Aber, so schreibt er, „It could be done."

Natürlich lassen sich beliebig gute Näherungen für π dadurch gewinnen, daß man unendliche π-Reihen an geeigneter Stelle abbricht. Zum Beispiel ergibt die Ramanujansche Reihe (1.9) von Seite 13, die pro Glied 8 genaue Stellen liefert, eine Approximation von π auf 80 Stellen, wenn man sie nach dem 10. Glied abbricht.

Diese Methode wäre sozusagen ohne Beschränkung der Allgemeinheit trivial. Nicht trivial dagegen wäre eine unendliche Reihe, die *fast* π ergibt, die also nur in die Nähe von π konvergiert. Soviele Glieder man von einer solchen Reihe auch berechnen würde, ihre Summe würde *niemals* π erreichen.

Tatsächlich gibt es solche Reihen und was für welche! Von den zwei nachfolgend dargestellten Reihen ergibt die erste π auf über 18000 und die zweite sogar auf über 42 Milliarden Stellen:

$$\pi(18000) = \frac{\ln 10}{100^2} \left(\sum_{n=-\infty}^{+\infty} \frac{1}{10^{(n/100)^2}} \right)^2 \tag{4.59}$$

J. und P. Borwein, 1992 [33]

$$\pi(42 \text{ Milliarden}) = \frac{1}{10^{10}} \left(\sum_{n=-\infty}^{+\infty} e^{-(n^2/10^{10})} \right)^2 \tag{4.60}$$

J. und P. Borwein, 1992 [33]

Diese Reihen konvergieren also zu Zahlen, die – selbst theoretisch – nicht gleich π sind, die aber „zufällig" in den ersten 18000 bzw. 42 Milliarden Stellen mit π übereinstimmen.

Die Gebrüder Borwein haben diese Formeln aus sog. modularen Identitäten abgeleitet; der Weg von dort zu ihnen ist überraschend kurz [33]. Die Reihen sind wahrhaft trügerisch. Man denke nur, daß jemand diese Reihen irgendwie zufällig gefunden hätte, ohne die zugrundeliegende Theorie zu beherrschen. Er wäre sicher überzeugt, damit *exakte* π-Reihen gefunden zu haben. Die Borweins sagen denn auch, daß die Reihen ein Beispiel für „caveat computat" seien.

Übrigens kann man diese Formeln zu beliebig besseren Näherungen für π bringen, indem man in ihnen die Werte 100 bzw. 10^{10} durch größere Zehnerpotenzen ersetzt.

Die Reihen eignen sich leider nicht für reale π-Berechnungen. Zwar lassen sie sich leicht aus dem Bereich $-\infty\ldots+\infty$ in den Bereich $0\ldots+\infty$ transformieren, und es ist auch so, daß die Glieder der ersten Reihe aus einfachen Dezimalshifts hervorgehen. Bei der ersten Formel braucht man aber den Wert $\ln 10$, der aufwendiger zu berechnen ist als π selbst, und bei der zweiten Reihe müßte man etwa 30 Milliarden e^x-Werte ermitteln.

4.3 Jugend nähert

In dem alle Jahre in Deutschland ausgetragenen Wettbewerb *Jugend forscht* hat 1998 Sven Kabus in Schleswig-Holstein einen ersten Preis mit einem π-Programm erzielt, das von der „Arya-Bhata"-Näherung (4.9) ausgeht. Kabus [70] ermittelt zunächst die zu (4.9) analoge Formel für den Umfang *umbeschriebener* 8-, 16-, 32-, …Ecke und beobachtet, daß in ihr (4.9) selbst auftritt, z.B. beim 16-Eck

$$U_{U3} = \frac{2U_{E3}}{\sqrt{2 + \sqrt{2 + \sqrt{2}}}} \tag{4.61}$$

worin U_{Un} und U_{En} den Umfang um- bzw. einbeschriebener 2^{n+1}-Ecke bedeuten. Sodann macht Kabus die numerisch interessante Beobachtung, daß die Umfänge der umbeschriebenen Polygone stets etwa doppelt so weit vom Kreisumfang entfernt sind wie die der einbeschriebenen 2^n-Ecke. Er beweist

$$\lim_{n\to\infty} \frac{\frac{1}{2}U_{Un} - \pi}{\pi - \frac{1}{2}U_{En}} = 2 \tag{4.62}$$

Aus beiden Beobachtungen leitet Kabus dann folgenden iterativen Algorithmus für π ab:

Algorithmus 4.1 (Kabus).

Initialisiere:

$$a_1 := \sqrt{\frac{1}{2} + \frac{1}{4}\sqrt{2}}$$

Wiederhole:

$$a_{n+1} = \sqrt{\frac{1}{2} + \frac{1}{2}a_n} \qquad (n \geq 1)$$

bis zu einem geeigneten $n = K$

Sodann:

$$p_K = \frac{2^{K+2}}{3} \frac{\sqrt{2 - 2a_K} + \sqrt{2 - 2a_{K+1}}}{\sqrt{2 + 2a_{K+1}}} \xrightarrow{\ 1\ } \pi$$

Jeder Iterationsschritt verbessert die π-Näherung um 1.2 Stellen, während z.B. die Archimedische Methode nur 0.6 Stellen pro Polygon-Verdopplung erbringt. Zusammen mit verschiedenen pfiffigen Verbesserungen in der Arithmetik stößt Kabus auf diese Weise mit einem PASCAL-Programm auf 2000 Dezimalstellen von π vor.

4.4 Über Kettenbrüche

Ein paarmal sprechen wir in diesem Buch über Kettenbrüche und wollen deshalb einige Worte dazu sagen.

Kettenbrüche sind die verlorenen Söhne des Mathematikunterrichts. Sie gelten als zu hoch für die höheren Schulen und als zu elementar für die Hochschulen, weshalb sie meist durch die Ritzen der Lehrpläne beider fallen [16, p. 129]. Ihre historischen Wurzeln liegen im 17. Jahrhundert bei Cataldi, Wallis und Huygens und ihre Theorie geht auf Leonhard Euler zurück, der sie (1748) in seiner *Introductio in analysin infinitorum* [52, Seiten 303 ff] darlegte. Das klassische Lehrbuch über dieses schöne Gebiet ist von Oskar Perron [90] geschrieben worden, ein jüngeres Lehrbuch von C. D. Olds [87].

Ein Kettenbruch ist ein Bruch, dessen Zähler eine ganze Zahl ist und dessen Nenner die Summe aus einer ganzen Zahl und einem Bruch darstellt, der wiederum diese gleiche Form besitzt:

$$b_0 + \cfrac{a_1}{b_1 + \cfrac{a_2}{b_2 + \cfrac{a_3}{b_3 + \cfrac{\ddots \; a_{n-1}}{b_{n-1} + \cfrac{a_n}{b_n}}}}} \tag{4.63}$$

$$= b_0 + a_1/\left(b_1 + a_2/\left(b_2 + a_3/\left(b_3 + \cdots + a_n/b_n\right)\right)\right) \tag{4.64}$$

Diese schnell zu großflächig werdende Darstellung findet man oft ersetzt durch:

$$b_0 + \frac{a_1|}{|b_1} + \frac{a_2|}{|b_2} + \frac{a_3|}{|b_3} + \cdots + \frac{a_n|}{|b_n} \tag{4.65}$$

A. Pringsheim, 1898

oder durch

$$b_0 + \frac{a_1}{b_1} + \frac{a_2}{b_2} + \frac{a_3}{b_3} + \cdots \frac{a_n}{b_n} \tag{4.66}$$

L.J. Rogers, 1907

Regelmäßige (Perron) oder *einfache* (Olds) Kettenbrüche [90][87] sind solche, bei denen alle Zähler $a_i = 1$ sind. Sie lassen sich noch kürzer schreiben:

$$[b_0, b_1, b_2, \ldots b_n] \tag{4.67}$$

Die Elemente a_i und b_i eines Kettenbruchs heißen auch „Teilzähler" bzw. „Teilnenner".

Jede reelle Zahl läßt sich eindeutig durch einen Kettenbruch darstellen. Auch ist eine Zahl immer rational, wenn ihr Kettenbruch endlich ist; sie ist irrational, wenn er unendlich ist.

Der zweite Satz beweist zum Beispiel sofort, daß alle in der folgenden Liste gezeigten Zahlen irrational sind, weil ihre Kettenbrüche unendlich sind. Auch der Beweis von Johann Heinrich Lambert zur Irrationalität von π aus dem Jahre 1766 basiert auf diesem Satz. Lambert zeigte nämlich, daß der Kettenbruch von $\arctan 1 = \pi/4$ unendlich ist, folglich $\pi/4$ und somit π irrational sein müssen, vgl. Seite 184.

Die Umrechnung einer Zahl aus der Dezimaldarstellung in ihren einfachen Kettenbruch, und umgekehrt, ist durchaus einfach. Sie kann mit jedem Taschenrechner ausgeführt werden, der über die Kehrwertoperation $1/x$ verfügt. Die beiden Algorithmen sehen so aus:

```
// cf[] : array with the elements of the continued fraction
procedure NumberToCf(number, n, cf[0..n-1])
{
    for k:=0 to n-1
    {
        x      := floor(number)
        cf[k] := x
        number:= 1/(number-x)
    }
}
```

und der umgekehrte Vorgang zur Berechnung einer Zahl aus den Elementen ihres einfachen Kettenbruchs verläuft so:

```
function CfToNumber(n, cf[0..n-1])
{
    number := cf[n-1]

    for k:=n-2 to 0 step -1
    {
        number := 1/number + cf[k]
    }
    return number
}
```

Es folgen die einfachen Kettenbrüche einiger prominenter Konstanten[3]:

$$\phi = \frac{\sqrt{5}+1}{2} \quad \text{(Goldener Schnitt)} \tag{4.68}$$
$$= 1.61803\,39887\,49894\,84820\ldots$$
$$= [1,1,1,1,1,1,1,1,1,1,1,1,1,1,1,1,1,1,1,1,1,1,\ldots]$$

$$\sqrt{2} = 1.41421\,35623\,73095\,04880\ldots \tag{4.69}$$
$$= [1,2,2,2,2,2,2,2,2,2,2,2,2,2,2,2,2,2,2,2,2,2,\ldots]$$

$$\sqrt{3} = 1.73205\,08075\,68877\,29352\ldots \tag{4.70}$$
$$= [1,1,2,1,2,1,2,1,2,1,2,1,2,1,2,1,2,1,2,1,2,1,\ldots]$$

$$e = 2.71828\,18284\,59045\,23536\ldots \tag{4.71}$$
$$= [2,1,2,1,1,4,1,1,6,1,1,8,1,1,10,1,1,12,1,1,14,1,\ldots]$$
$$\text{\small Euler, 1737}$$

---

[3] Da wir uns in diesem Buch fast ausschließlich im Transzendenten, zumindest aber im Irrationalen bewegen, haben wir es natürlich auch nur mit *unendlichen* Kettenbrüchen zu tun.

$$e^2 = 7.38905\,60989\,30650\,22723\ldots \tag{4.72}$$
$$= [7, 2, 1, 1, 3, 18, 5, 1, 1, 6, 30, 8, 1, 1, 9, 42, 11, 1, 1, 12, 54, \ldots]$$

Stieltjes, ca. 1890 [90]

$$\sqrt{e} = 1.64872\,12707\,00128\,14684\ldots \tag{4.73}$$

Sundman, 1895

$$= [1, 1, 1, 1, 5, 1, 1, 9, 1, 1, 13, 1, 1, 17, 1, 1, 21, 1, 1, 25, 1, 1, \ldots]$$

$$\pi = 3.14159\,26535\,89793\,23846\ldots \tag{4.74}$$
$$= [3, 7, 15, 1, 292, 1, 1, 1, 2, 1, 3, 1, 14, 2, 1, 1, 2, 2, 2, 2, 1, 84, \ldots]$$

$$\sqrt{\pi} = 1.77245\,38509\,05516\,02729\ldots \tag{4.75}$$
$$= [1, 1, 3, 2, 1, 1, 6, 1, 28, 13, 1, 1, 2, 18, 1, 1, 1, 83, 1, 4, \ldots]$$

$$\pi^e = 22.45915\,77183\,61045\,47343\ldots \tag{4.76}$$
$$= [22, 2, 5, 1, 1, 1, 1, 1, 3, 2, 1, 1, 3, 9, 15, 25, 1, 1, 5, 4, 1, \ldots]$$

$$\sqrt[3]{2} = 1.25992\,10498\,94873\,16476\ldots \tag{4.77}$$
$$= [1, 3, 1, 5, 1, 1, 4, 1, 1, 8, 1, 14, 1, 10, 2, 1, 4, 12, 2, 3, 2, 1, \ldots]$$

$$\gamma = \lim_{n \to \infty} \sum_{k=1}^{n} \frac{1}{k} - \ln(n+1) \quad \text{(Eulersche Konstante)} \tag{4.78}$$
$$= 0.57721\,56649\,01532\,86060\ldots$$
$$= [0, 1, 1, 2, 1, 2, 1, 4, 3, 13, 5, 1, 1, 8, 1, 2, 4, 1, 1, 40, 1, 11, 3, \ldots]$$

Euler, 1734

Bei genauerem Hinsehen zeigt sich in den Kettenbrüchen der ersten 6 Konstanten ein wiederkehrendes Muster, z.B. bei $\sqrt{e}$ das Muster $1, 1, 4n + 1$, während dies in den zweiten 5 Fällen, angefangen bei π, nicht zutrifft.

Man darf daraus nicht schließen, als würden die einfachen Kettenbrüche vieler oder gar der überwiegenden Zahl der landläufigen Konstanten ein regelmäßiges Muster besitzen. Dies gilt in Wirklichkeit nur für eine kleine Minderheit, nämlich für die sog. quadratischen Irrationalitäten wie den 'Goldenen Schnitt' ($\phi = \frac{1+\sqrt{5}}{2}$) sowie für einige wenige bekannte transzendente Zahlen, wie die Konstante e selbst und einzelne algebraische Ausdrücke mit e, etwa e^2 oder $e^{1/q}$, wenn q eine ganze Zahl ist.

Interessanterweise konvergiert bei fast allen irrationalen oder transzendenten Zahlen, darunter π, das geometrische Mittel ihrer ersten n Kettenbruchelemente gegen einen festen Grenzwert; es ist schwer zu glauben, aber *bei allen solchen Zahlen ist dieser Grenzwert derselbe.* Diese erstaunliche Erkenntnis hat im Jahre 1935 Alexander Khintchine gefunden [74]:

$$\lim_{n\to\infty} \sqrt[n]{b_1 \cdot b_2 \cdot \ldots \cdot b_n} = 2.68545\,20010\ldots = K_0 \qquad (4.79)$$

Der Grenzwert K_0 ist definiert als $\prod_{k=1}^{\infty}[1 + \frac{1}{k(k+2)}]^{\log_2 k}$ und ist eine berühmte, eben die *Khintchinesche Konstante* geworden. Die Zahl ist schwierig zu berechnen [10], und liegt bloß auf bescheidene 110 000 Stellen vor.

Für die Zahl π beträgt das geometrische Mittel der ersten 17 001 303 Elemente ihres einfachen Kettenbruchs 2.686393 [10, p. 423], was einigermaßen nahe an der Khintchinschen Konstanten liegt. Demgegenüber läuft für die Zahl e, der großen Ausnahme, das geometrische Mittel mit zunehmendem n davon, und bei einer anderen Ausnahme, der Konstanten ϕ (Goldener Schnitt), deren Kettenbruch aus lauter Einsen besteht, konvergiert zwar das geometrische Mittel, aber gegen 1 und nicht gegen K_0.

Wenn man auf Seite 54 die Tabelle mit den Näherungsbrüchen für π so anschaut, könnte man zu der Meinung kommen, Kettenbrüche würden eine kompaktere Darstellung von π liefern als die dezimale Darstellung. Denn dort wird ja z.B. gezeigt, daß durch 3 Kettenbruchelemente π genausogut approximiert wird wie durch 6 Nachkommadezimalen. Das ist allerdings nur an einzelnen Stellen so, und dies sind genau die Stellen, an denen es sich besonders lohnt, einen Kettenbruch abzubrechen. Im weiteren Verlauf beider Darstellungen verflüchtigt sich der Vorteil des Kettenbruchs immer wieder, und im allgemeinen Fall „braucht" der einfache Kettenbruch einer irrationalen Zahl fast genauso viele Elemente wie ihr gleichgenauer Dezimalbruch Nachkommastellen besitzt. Der Quotient aus der Anzahl genauer Nachkommadezimalen des Näherungsbruchs und der Anzahl der Kettenbruchelemente konvergiert nämlich, wie Alexander Khintchine 1935 ebenfalls bewiesen hat [74], gegen einen fixen Grenzwert, der nahe bei 1 liegt. Den genauen Wert $1.03064\ldots = 2\log_{10}(e^{\frac{\pi^2}{12\cdot\ln 2}})$ hat etwas später, 1937, Paul Lévy angegeben.

5. Arcus Tangens

5.1 Die arctan-Formel von John Machin

Bereits 2000 Jahre v. Chr. haben Babylonier und Ägypter Kreise *gemessen* und sind damit der Zahl π bis auf eine Dezimale nahegekommen. Ab 250 v. Chr. haben Archimedes und seine Epigonen π *geometrisch* approximiert und mit ihrer Polygon-Methode bis zum Jahre 1630 immerhin 39 Stellen gefunden.

In der zweiten Hälfte des 17. Jahrhunderts wurde die Infinitesimalrechnung entwickelt. Mit ihrer Hilfe ließen sich unendliche Reihen für π aufstellen. Man besaß damit eine *analytische* Berechnungsmethode, über die man sehr viel tiefer in π hineinkam. Unter den unendlichen Reihen für π hat eine Subspezies das Rennen gemacht, und zwar die, die auf der Arcus-Tangens-Funktion basieren.

Die Arcus-Funktionen sind die Umkehrfunktionen der trigonometrischen Funktionen sin, cos, tan etc. Wie ihr Name sagt, stellen sie Kreisbogen(stücke) dar. Wenn $x = \tan y$ ist, dann ist, wenn y zwischen $-\pi/2$ und $+\pi/2$ liegt, $\arctan x = y$. Für unsere Zwecke ist besonders der Spezialfall $x = 1$ interessant, denn für ihn ergibt die arctan-Funktion den Wert $\pi/4$ (im Bogenmaß 45 Grad).

$$\tan \frac{\pi}{4} = 1 \qquad \text{also:} \qquad \frac{\pi}{4} = \arctan 1 \tag{5.1}$$

Die arctan-Funktion besitzt eine gut berechenbare Reihe, die James Gregory (1638–1675) entdeckte. Er fand für die Fläche unter der Kurve $y = \frac{1}{1+x^2}$ im Intervall $[0, x]$:

$$\arctan x = \int_0^x \frac{dt}{1 + t^2} \tag{5.2}$$

Daraus leitete er 1671 die *Gregory-Reihe* ab:

$$\arctan x = \int_0^x 1 - t^2 + t^4 - t^6 + \dots \tag{5.3}$$

$$= t - \frac{t^3}{3} + \frac{t^5}{5} - \frac{t^7}{7} + \dots \Big|_0^x \tag{5.4}$$

$$= x - \frac{x^3}{3} + \frac{x^5}{5} - \frac{x^7}{7} + \dots \tag{5.5}$$

Gregory, 1671

Um mit dieser Reihe (5.5) eine Formel für π zu erhalten, braucht man nur $x = 1$ setzen, weil – wie erwähnt – $\arctan 1 = \frac{\pi}{4}$ ist. Die resultierende Reihe heißt *Leibniz-Reihe*:

$$\frac{\pi}{4} = 1 - \frac{1}{3} + \frac{1}{5} - \frac{1}{7} + \frac{1}{9} - \dots \quad = \quad \sum_{n=0}^{\infty} (-1)^n \frac{1}{2n+1} \tag{5.6}$$

Leibniz, 1674

Wohl wegen ihrer Einfachheit kennt die Leibniz-Reihe „jedes Kind". Sie eignet sich jedoch nicht für numerische π-Berechnungen, weil ihre Glieder nur sehr langsam kleiner werden. Wenn man die Reihe nach dem n-ten Term abbricht, beträgt der absolute Fehler, also die Differenz zwischen Reihensumme und dem wahren Wert von π erst $\approx 1/n$. Deshalb erreicht man zum Beispiel selbst mit 2 Milliarden Termen nur 9 genaue Nachkommastellen von π.

Die schlechte Konvergenz der Leibniz-Reihe (5.6) rührt daher, daß sie sozusagen zuviel auf einmal will. Sie ermittelt $\pi/4$ durch Berechnung eines einzelnen Arcus Tangens, d.h. eines einzelnen Kreisbogens. Wenn man statt dessen $\pi/4$ in geeigneter Weise aus kürzeren Kreisbogenstücken zusammensetzt, also aus mehreren Arcus-Tangens-Werten, kommt man zu wesentlich schnelleren Formeln für π.

Die einfachste solcher zusammengesetzter arctan-Formeln stammt von Leonhard Euler (1707–1783). Sie lautet:

$$\frac{\pi}{4} = \arctan \frac{1}{2} + \arctan \frac{1}{3} \tag{5.7}$$

Die Formel läßt sich über die bekannte trigonometrische Identität

$$\tan(\alpha + \beta) = \frac{\tan \alpha + \tan \beta}{1 - \tan \alpha \tan \beta} \tag{5.8}$$

beweisen, wenn man für

$$\alpha = \arctan \frac{1}{2} \qquad \text{also} \qquad \tan \alpha = \frac{1}{2}$$

und

$$\beta = \arctan \frac{1}{3} \qquad \text{also} \qquad \tan \beta = \frac{1}{3}$$

einsetzt.

Eine geometrische Interpretation dieser Formel zeigt dieses Bild:

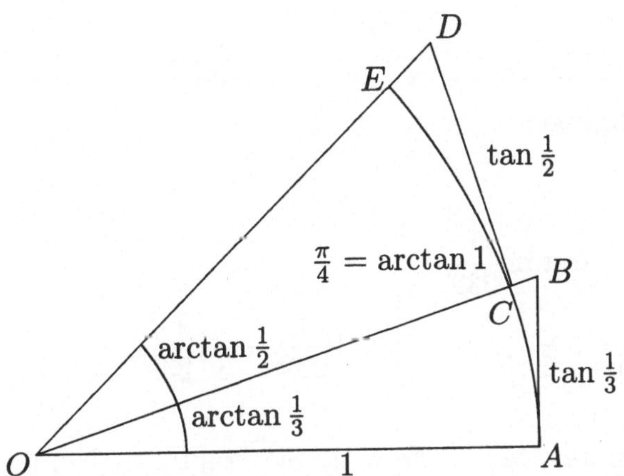

Die Summe der Kreisbögen $AC = \arctan\frac{1}{3}$ und $CE = \arctan\frac{1}{2}$ ergibt den Kreisbogen $AE = \arctan 1 = \frac{\pi}{4}$.

Wenn man in der Eulerschen Formel (5.7) jede der arctan-Ausdrücke durch ihre Gregory-Reihen (5.5) ersetzt, so sieht man, daß *deren* Glieder sehr viel schneller kleiner werden als die der Leibniz-Reihe. Beispielsweise hat das 100. Glied der Leibniz-Reihe (16.50) (= $\arctan 1$) erst 2 führende Nullen nach dem Komma, aber das 100. Glied von $\arctan\frac{1}{2}$ schon 62 und das von $\arctan\frac{1}{3}$ sogar 98 Nachkomma-Nullen. Diese Konvergenzverbesserung wiegt bei weitem den Nachteil auf, daß jetzt zwei Reihen zu berechnen sind.

Eine noch bessere Formel aus zwei Kreisbogenstücken läßt sich so gewinnen [76, p. 246]:

Die Zahl

$$\alpha = \arctan\frac{1}{5} = \frac{1}{5} - \frac{1}{3\cdot 5^3} + \frac{1}{5\cdot 5^5} - \frac{1}{7\cdot 5^7} + \cdots \qquad (5.9)$$

ergibt sich aus der Gregory-Reihe (5.5) durch Einsetzen von $x = \frac{1}{5}$. Für sie ist $\tan\alpha = \frac{1}{5}$. Deshalb ist

$$\tan 2\alpha = \frac{2\tan\alpha}{1 - \tan^2\alpha} = \frac{5}{12} \quad \text{und} \qquad (5.10)$$

$$\tan 4\alpha = \frac{120}{119} \qquad (5.11)$$

Man erkennt, daß 4α nur wenig größer ist als $\frac{\pi}{4}$. Wenn wir einen zweiten Winkel β mit $\beta = 4\alpha - \frac{\pi}{4}$ einführen, so ist

$$\tan \beta = \frac{\tan 4\alpha - \tan \frac{\pi}{4}}{1 + \tan 4\alpha \cdot \tan \frac{\pi}{4}} = \frac{1}{239} \tag{5.12}$$

β ist sehr bequem zu berechnen:

$$\beta = \arctan \frac{1}{239} = \frac{1}{239} - \frac{1}{3 \cdot 239^3} + \frac{1}{5 \cdot 239^5} - \cdots \tag{5.13}$$

α und β liefern zusammen

$$\frac{\pi}{4} = 4\alpha - \beta \tag{5.14}$$

$$= 4 \arctan \frac{1}{5} - \arctan \frac{1}{239} \tag{5.15}$$

$$= 4 \left[\frac{1}{5} - \frac{1}{3 \cdot 5^3} + \frac{1}{5 \cdot 5^5} - \cdots \right] - \left[\frac{1}{239} - \frac{1}{3 \cdot 239^3} + \cdots \right] \tag{5.16}$$

Machin, 1706

Dies ist die sogenannte *Machin-Formel*. Sie trägt den Namen ihres Entdeckers John Machin (1680–1752). Er benutzte sie im Jahre 1706 zur Berechnung von π und fand damit 100 Nachkommastellen.

Die aufeinanderfolgenden Glieder der Reihe des ersten Summanden in der Machin-Formel nehmen mit etwa 1/25 ab. Die Reihe konvergiert daher mit $log_{10}25 = 1.39\ldots$ Dezimalstellen pro Reihenglied. Wegen der 5 im Nenner läßt sie sich auch gut mit Bleistift und Papier umsetzen. Die Reihe des zweiten Summanden macht wegen der „krummen" 239 mehr Mühe, aber konvergiert dafür besser mit etwa 4.76 Stellen $(= \log_{10}(239^2))$ pro Term.

5.2 Weitere arctan-Formeln

Über die zwei genannten Beispiele hinaus sind im Laufe der Zeit noch mehr arctan-Formeln für das Resultat $\frac{\pi}{4}$ entdeckt worden, insbesondere solche, in denen mehr als zwei arctan-Ausdrücke auftreten. Hier ist eine Auswahl davon:

$$\frac{\pi}{4} = \arctan \frac{1}{2} + \arctan \frac{1}{3} \tag{5.17}$$

Euler, Performance Index=5.42

$$= 4 \arctan \frac{1}{5} - \arctan \frac{1}{239} \tag{5.18}$$

Machin, 1706, PI=1.85

$$= 8 \arctan \frac{1}{10} - 4 \arctan \frac{1}{515} - \arctan \frac{1}{239} \tag{5.19}$$

Klingenstierna ca. 1730, PI=1.79 [116, p. 296]

$$= 12 \arctan \frac{1}{18} + 8 \arctan \frac{1}{57} - 5 \arctan \frac{1}{239} \tag{5.20}$$

Gauß [56, II, p. 524], PI=1,79

$$= 22 \arctan \frac{1}{28} + 2 \arctan \frac{1}{443} - 5 \arctan \frac{1}{1393} -$$

$$- 10 \arctan \frac{1}{11018} \tag{5.21}$$

Escott, PI=1.63

$$= 44 \arctan \frac{1}{57} + 7 \arctan \frac{1}{239} - 12 \arctan \frac{1}{682} +$$

$$+ 24 \arctan \frac{1}{12943} \tag{5.22}$$

Størmer, 1896, PI=1.50

Diese Liste enthält einige der arctan-Formeln, bei denen sich noch ihr Urheber angeben läßt. Es gibt noch viele weitere solcher Formeln mit und ohne Stammvater. Auf unserer CD-ROM befindet sich im Verzeichnis arith eine umfangreiche Sammlung davon, darunter auch einige „Monster" mit 11, 12 oder gar 13 Termen, und darüber hinaus noch ein Algorithmus zum automatischen Auffinden weiterer.

Außer den Urhebern enthält die Liste zu jeder Formel einen „Performance-Index" (PI). Je kleiner der Wert, desto besser, da dann um so weniger Aufwand zur Berechnung von π nötig ist. Als Index für diese Performance dient der Ausdruck $1/\log a_1 + 1/\log a_2 + \cdots + 1/\log a_n$.

Man sieht, daß die Machin-Formel dabei im Vorderfeld liegt. Sie ist außerdem die beste der vier möglichen [31, p. 345] arctan-Formeln, die nur zwei Terme besitzen. Das macht es verständlich, daß sie über 250 Jahre der Hit der Stellenjäger war.

Dennoch haben auch andere arctan-Formeln Karriere gemacht. Interessant sind zwei Formeln von Euler und Gauß, weil sie besonders gut in Dezimalarithmetik berechenbar sind. Das war ja in der fürchterlichen Zeit vor der Erfindung der Computer sehr wichtig.

Leonhard Euler verwendete 1779 die folgende arctan-Formel zusammen mit einer anderen Reihenentwicklung für $\arctan x$, um in weniger als einer Stunde 20 Stellen von π zu berechnen [31, p. 340]:

$$\frac{\pi}{4} = 5 \arctan \frac{1}{7} + 2 \arctan \frac{3}{79} \tag{5.23}$$

Euler, PI=1.89

$$\arctan x = \frac{y}{x} \left(1 + \frac{2}{3} y + \frac{2 \cdot 4}{3 \cdot 5} y^2 + \frac{2 \cdot 4 \cdot 6}{3 \cdot 5 \cdot 7} y^3 + \cdots \right) \tag{5.24}$$

worin $y = x^2/(1 + x^2)$ ist.

Die Formel scheint komplizierter als andere. Bei genauerem Hinsehen zeigt sich aber, daß das y des ersten Arguments $2 \cdot 10^{-2}$ und das y des zweiten Arguments $144 \cdot 10^{-5}$ beträgt, so daß ein Großteil der Rechenarbeit durch Dezimalshifts erledigt werden kann.

Eine ähnliche nützliche Eigenschaft haben die Argumente $1/18$ und $1/57$ in der erwähnten arctan-Formel von Gauß (5.20):

$$\arctan \frac{1}{18} = 18 \left(\frac{1}{325} + \frac{2}{3 \cdot 325^2} + \frac{2 \cdot 4}{3 \cdot 5 \cdot 325^3} + \cdots \right) \qquad (5.25)$$

sowie

$$\arctan \frac{1}{57} = 57 \left(\frac{1}{3250} + \frac{2}{3 \cdot 3250^2} + \frac{2 \cdot 4}{3 \cdot 3250^3} + \cdots \right) \qquad (5.26)$$

Auch hier erleichtern Dezimalshifts die Arbeit, mit denen die Glieder der zweiten Reihe aus denen der ersten Reihe gewonnen werden können. Aus diesem Grunde ist die Gaußsche arctan-Formel (5.20) in der Vor-Computerära zur besten Formel für π-Berechnungen bis zu 1000 Stellen befördert worden [14].

Eine π-Berechnung mittels arctan-Formeln bedeutet eine durchaus einfache Programmieraufgabe. Auf unserer CD-ROM befindet sich ein ganz elementares C-Programm dafür.

Einer der Autoren (JA) hat vor einigen Jahren intensiv die Suche nach arctan-Formeln betrieben und dabei schöne Entdeckungen gemacht (s. die Formeln (16.105) bis (16.113) in unserer Formelsammlung ab Seite 221). Seine Suche ging nach Ausdrücken, in denen der erste Term den größtmöglichen Nenner aufweist. Besonders gefreut hat er sich, als sein Computer ihm die folgende arctan-Formel aus 11 Termen ausgespuckt hatte:

$$\frac{\pi}{4} = 36462 \arctan \frac{1}{390112} + 135908 \arctan \frac{1}{485298} + \qquad (5.27)$$

$$+ 274509 \arctan \frac{1}{683982} - 39581 \arctan \frac{1}{1984933} +$$

$$+ 178477 \arctan \frac{1}{2478328} - 114569 \arctan \frac{1}{3449051} -$$

$$- 146571 \arctan \frac{1}{18975991} + 61914 \arctan \frac{1}{22709274} -$$

$$- 6044 \arctan \frac{1}{24208144} - 89431 \arctan \frac{1}{201229582} -$$

$$- 43938 \arctan \frac{1}{2189376182}$$

Arndt [5], 1993

Die folgenden zwei arctan-Formeln verdienen aus einem ganz anderen Grunde besondere Erwähnung:

$$\frac{\pi}{4} = \arctan\frac{1}{2} + \arctan\frac{1}{5} + \arctan\frac{1}{13} + \arctan\frac{1}{34} + \cdots \tag{5.28}$$

$$= \sum_{n=1}^{\infty} \arctan\frac{1}{F_{2n+1}} \tag{5.29}$$

und

$$\frac{\pi}{4} = \frac{3\sqrt{5}-5}{2} - \sum_{n=1}^{\infty} F_{2n} \arctan\left(\frac{2}{3F_{2n+2}+F_{2n+2}^3}\right) \tag{5.30}$$

Arndt, 1994

Diese Reihen haben unendlich viele arctan-Summanden und kommen daher für eine effektive π-Berechnung kaum in Frage. Aber sie zeichnen sich dadurch aus, daß in ihnen die berühmten *Fibonacci-Zahlen* F_n auftreten. Fibonacci-Zahlen sind nach ihrem Erfinder Fibonacci, eigentlich Leonardo von Pisa (1180–1240), benannt und lauten $F_n = 0, 1, 1, 2, 3, 5, 8, 13, 21, 34, \ldots$ Jede nachfolgende Zahl ist die Summe ihrer beiden Vorgänger $F_{n+2} = F_{n+1} + F_n$ ($n \geq 2$).

Fibonacci-Zahlen haben verschiedene schöne Eigenschaften und kommen vielfach in der Natur vor. Insbesondere schlagen sie eine Brücke von der Mathematik zur Kunst, weil das Verhältnis aufeinanderfolgender Fibonacci-Zahlen gegen den „Goldenen Schnitt"$\phi = \frac{1}{2}(\sqrt{5}+1) = 1.61803\ldots$ konvergiert. Dieser Goldene Schnitt ϕ gilt seit der Antike bei Skulpturen, Gemälden und Bauwerken als besonders ästhetisch und kommt folgerichtig auch in der Arndtschen Formel (5.30) vor. Zumindest über Fibonacci-Zahlen streift der Mantel der Kunst also auch unser π.

6. Tröpfel-Algorithmen

Eine junge und elegante Methode zur Berechnung von π stellt der *Tröpfel-Algorithmus* von Stanley Rabinowitz und Stanley Wagon [98] dar. Der Algorithmus ist wie gemacht für Personal Computer[1].

1. Der Tröpfel-Algorithmus beginnt mit der Ablieferung seiner π-Stellen gleich nach dem Start und produziert sie danach gleichmäßig weiter. Bei allen anderen Methoden wird das π zunächst im Speicher fertig berechnet und erst am Schluß auf einmal ausgegeben. Der Tröpfel-Algorithmus „tröpfelt" dagegen die π-Ziffern einzeln heraus. Man kann ihm bei der Arbeit zuschauen, wodurch er sich z.B. sehr gut für Online-Vorführungen im Internet eignet. Auf der CD-ROM zu diesem Buch befindet sich das JAVA-Applet `spigot/pispigot.htm`, das den Algorithmus in Aktion zeigt. Sie brauchen es nur in einen üblichen JAVA-fähigen Browser zu laden.

2. Der Algorithmus arbeitet mit angenehm kleinen ganzen Zahlen; auch für 15.000 π-Stellen steigen seine Variablenwerte nicht über 32-Bit-Größen (einschließlich Vorzeichen) hinweg, so daß der C-Datentyp `long` bei üblichen 16- und 32-Bit-Compilern ausreicht. Dadurch gibt es keine Probleme mit Rundung, Auslöschung oder Abschneiden, die einem bei anderen Algorithmen das Leben sauer machen können.

3. Zur Implementierung des Tröpfel-Algorithmus ist keine Fremdsoftware wie zum Beispiel eine Langzahl-Bibliothek notwendig. Alles was man braucht, findet man in jedem Standard-C-Compiler.

4. Der Tröpfel-Algorithmus ist überraschend schnell. Zwar ist sein Zeitbedarf von quadratischer Ordnung und kann sich daher nicht mit Hochleistungs-Algorithmen wie dem Gauß-AGM-Algorithmus

---

[1] Eine sehr gute Beschreibung hat auch der große Meister in allgemeinverständlicher Mathematik, Ian Stewart, verfaßt [115]

(vgl. Seite 90) messen, aber er ist regelmäßig schneller als die Algorithmen, die auf arctan-Reihen (vgl. Seite 69) basieren.

5. Die Mathematik hinter dem Tröpfel-Algorithmus ist einfach.

6. Der Tröpfel-Algorithmus kann in wenigen Quellprogramm-Zeilen formuliert werden. Er ist die Basis für die kürzesten π-Programme. Einen Beleg dafür haben wir schon weiter vorne auf Seite 37 geliefert.

6.1 Der Tröpfel-Algorithmus im Detail

Ausgangspunkt ist die folgende einfach gebaute Reihe für π:

$$\pi = 2 + \frac{1}{3}\left(2 + \frac{2}{5}\left(2 + \frac{3}{7}(2 + \cdots)\right)\right) \tag{6.1}$$

Sie läßt sich ohne große Mühe aus der Leibniz-Reihe (16.50) herleiten, wenn man nur die Euler-Transformation [76, p. 255] verwendet. Diesen Schritt gehen wir jetzt aber nicht.

Die Reihe (6.1) läßt sich auffassen als eine Zahl in einem Stellensystem mit variabler Basis. Normalerweise begegnen uns nur Zahlen mit fester Basis, etwa der Basis 10; jede Stelle einer solchen Zahl ist mit einem Wert zu multiplizieren, der um einen konstanten Faktor, Basis genannt, größer ist als der Wert der rechts daneben stehenden Stelle.

Gelegentlich laufen uns aber auch Zahlen über den Weg, bei denen dieser Faktor nicht konstant ist, z.B. die Zahl, die dem Ausdruck 2 Wochen, 3 Tage, 4 Stunden und 5 Minuten entspricht. Weil Wochen sich zu Tagen wie 1 : 7, Tage zu Stunden wie 1 : 24 und Stunden zu Minuten wie 1 : 60 verhalten, sind bei der Umrechnung dieser Zahl in eine Dezimalzzahl (mit der Einheit „Wochen") 3 verschiedene Faktoren zu berücksichtigen, nämlich 1/7, 1/24 und 1/60. Für die Antwort auf die Frage, wieviele Wochen das Beispiel hat, müssen wir so rechnen:

$$2 + \frac{1}{7}\left(3 + \frac{1}{24}\left(4 + \frac{1}{60}(5)\right)\right) \tag{6.2}$$

Vergleichen Sie bitte diesen Ausdruck mit der rechten Seite der π-Reihe (6.1). Sie sehen den gleichen Klammernaufbau und ebenso die unterschiedlichen Basen. Anders dagegen ist, daß in der π-Reihe alle Stellen gleich groß, nämlich = 2 sind, während sie in dem Wochen-Beispiel unterschiedlich, nämlich = 2, 3, 4 und 5 sind; auch ist die π-Reihe unendlich, während das Beispiel nach der vierten Stelle zu Ende ist.

Zurück zu π. Die Aufgabe, die der Tröpfel-Algorithmus löst, besteht einfach darin, die π-Reihe (6.1) umzurechnen in unser Zahlensystem zur Basis 10, also in die Darstellung

$$\pi = 3.1415\ldots = 3 + \frac{1}{10}(1 + \frac{1}{10}(4 + \frac{1}{10}(1 + \frac{1}{10}(5 + \cdots)))) \qquad (6.3)$$

Eine solche Aufgabe heißt in der Arithmetik *Radix-Konvertierung* und funktioniert – angewendet auf den hier vorliegenden Fall – so:

In jedem Schritt wird eine π-Dezimalstelle berechnet. Dazu werden zuerst in der umzurechnenden Zahl alle Stellen mit 10 (der neuen Basis) multipliziert. Dann wird von rechts her jede Stelle durch die bisherige Basis $(2i + 1)/i$ dividiert, die für diese Stelle gilt. Bei jeder Division bleibt der Rest stehen, und der ganzzahlige Quotient wird auf die nächste Stelle übertragen. Der zuletzt errechnete Übertrag ist die neue Stelle von π.

Die Frage stellt sich, wieviele Glieder der π-Reihe (6.1) eigentlich mitgeführt werden müssen, um n Stellen von π, einschließlich der Ziffer 3 vor dem Komma, zu erhalten? In ihrem Aufsatz geben Rabinowitz und Wagon dafür den Wert $\lfloor 10n/3 \rfloor$ an, worin die Schreibweise $\lfloor x \rfloor$ wie üblich die größte Ganzzahl $\leq x$ bezeichnet, also z.B. $\lfloor 10/3 \rfloor = 3$ und $\lfloor 3 \rfloor = 3$ meint. Sie „beweisen" diesen Wert sogar als „korrekt". Unglücklicherweise ist er dies aber nicht, wie die Herren bei den Werten $n = 1$ und $n = 32$ hätten entdecken können. Wir erlauben uns zu korrigieren und nehmen eine Stelle mehr, also $\lfloor 10n/3 + 1 \rfloor$ Stellen, in der (getesteten) Vermutung, daß wir damit in allen Fällen richtig liegen.

Bevor wir anfangen können zu programmieren, müssen wir auf die einzige wirkliche Komplikation des Algorithmus eingehen.

Bei der Umbasierung der π-Reihe (6.1) kann es vorkommen, daß eine errechnete Dezimalstelle = 10 wird. Es kann also passieren, daß an irgendeiner Stelle auf eine Stelle p eine 10 folgt: $3.1415\ldots(p)(10)$. Die 1 von der 10 ist ein nicht aufgelöster Übertrag und muß auf die vorige Stelle addiert werden: $3.1415\ldots(p+1)0$. Es kann sogar vorkommen, daß vor einer solchen 10 eine oder mehrere Stellen 9 berechnet wurden, so daß diese Stellen auch noch korrigiert werden müssen: Aus $3.1415\ldots(p)99\ldots9(10)$ muß dann $3.1415\ldots(p+1)00\ldots00$ gemacht werden.

Diese Komplikation bedeutet, daß das π-Programm berechnete Stellen nicht gleich ausgeben darf, sondern zwischenlagern und erst die nächste(n) Stelle(n) abwarten muß. Wenn eine neue Stelle ankommt, stehen im Zwischenlager noch eine oder mehrere Stellen, von denen die erste bestimmt < 9 ist und die anderen genau $= 9$ sind, falls sie vorkommen. Wir haben also folgende Situation im Zwischenlager, wenn die neue Stelle q eintrifft:

$$p\underbrace{99\ldots9} \longleftarrow q$$

Es gibt jetzt drei Fälle:

1. $q < 9$: Die Zwischenlagerung war unnötig. p und etwa folgende $99\ldots9$ können so, wie sie sind, ausgegeben werden. q tritt an die Stelle von p.

2. $q = 9$: Nichts ist entschieden, q erhöht die Anzahl der zwischengelagerten 9en um 1.

3. $q = 10$: Die Aufbewahrung war nötig, weil jetzt auf die Folge der zwischengelagerten Stellen eine Eins addiert werden muß. Dadurch wird p um 1 erhöht, und alle zwischengelagerten 9en werden zu 0. Alle diese Stellen sind jetzt fertig und können ausgegeben werden, aber die Einerstelle der 10 wird zwischengelagert, d.h., es wird $p = 0$ gesetzt.

Die Komplikation tritt deshalb auf, weil die π-Reihe (6.1) bezüglich der Stellen 2 nicht eindeutig ist. Es ist zum Beispiel so, daß $\frac{2}{3}$ auf zwei Arten dargestellt werden kann, nämlich durch $0+\frac{1}{3}(0+\frac{2}{5}(2+\frac{3}{7}(3+\cdots)))$ und durch $0+\frac{1}{3}(2)$. Es gibt zwar Reihen für π, die eindeutig sind, aber ihr Berechnungsaufwand ist viel größer als (6.1).

6.2 Ablauf

Wir haben jetzt alle Elemente für eine Ablaufbeschreibung des Tröpfel-Algorithmus beisammen:

Der Tröpfel-Algorithmus berechnet die ersten n Dezimalstellen von π. Er arbeitet mit einem Feld $a[0], a[1], \ldots, a[N]$ aus $N + 1 = \lfloor(10n)/3\rfloor + 1$ ganzen Zahlen. Darin bedeutet $\lfloor x \rfloor$ die größte ganze Zahl $\leq x$. Außerdem werden zwei Variablen p und q zur Aufnahme der ersten und der momentanen vorläufigen Stelle gebraucht, sowie ein Zähler *nines* für die Anzahl vorläufiger Neunen.

Initialisierung: Setze $p = 0$ und *nines* $= 0$.
    Für $i = 0, 1, 2, \ldots, N$: Setze $a[i] = 2$.

Iteration: Wiederhole, bis n Stellen ausgegeben sind:

- *Multipliziere mit der neuen Basis:* Multipliziere jedes $a[i]$ mit 10.
- *Normalisiere:* Beginnend von rechts, von $i = N$ bis $i = 1$, dividiere $a[i]$ durch $(2i + 1)$, um einen Quotienten q und einen Rest r zu erhalten. Ersetze $a[i]$ durch r. Multipliziere q mit i und addiere das Ergebnis (den Übertrag) zum Element $a[i - 1]$.
- *Ermittlung der nächsten vorläufigen π-Stelle:* Die linkeste Stelle $a[0]$ erhält eine Nachbehandlung. Sie wird durch 10 dividiert. Der Divisionsrest ersetzt $a[0]$, während der Quotient q die nächste vorläufige Stelle von π ergibt.
- *Korrigiere die bisherigen vorläufigen Stellen:* Wenn q weder 9 noch 10 ist, sind die bisherige erste vorläufige Stelle p und die nachfolgenden *nines* Neunen endgültig und werden ausgegeben. Neue erste vorläufige Stelle p wird $= q$, *nines* wird auf $= 0$ gesetzt.

  Wenn $q = 9$ ist, wird lediglich die Anzahl *nines* der vorläufigen Neunen um 1 erhöht; es werden keine Stellen ausgegeben.

  Wenn $q = 10$ ist, wird die bisherige erste vorläufige Stelle p um 1 erhöht und ausgegeben. Aus den vorläufigen *nines* Neunen werden Nullen; sie werden ebenfalls ausgegeben. Neue erste vorläufige Stelle p wird $= 0$ (das ist die Einerstelle von q). *nines* wird auf 0 zurückgesetzt.

Eine kleine Verschönerung ergibt sich, wenn man die erste vorläufige Stelle p mit einem negativen Wert initialisiert und diesen Wert bei der Stellenausgabe abfängt. Dadurch wird erreicht, daß die Ausgabe gleich mit 314... beginnt statt zunächst mit einer Null.

Die folgende C-Funktion `spigot()` folgt in etwa dieser Ablauf-Beschreibung.

```c
/*
 * function
 *      void spigot(digits)
 * Troepfel-(Spigot-) program for pi
 * 1 digit per loop
 */

#include <stdio.h>
#include <stdlib.h>

void spigot(int digits)
{
    int   i, nines = 0;
    int   q,                    /* next prelim. digit         */
          p = -1;               /* previous prelim. digit     */
    int   len = 10*digits+3+1;  /* len: One more than R+W     */
```

```c
    int   *a;                       /* array pointer                   */

    a = malloc(len*sizeof(*a));
    for (i=0; i < len; ++i)         /* Init a[] with 2's               */
        a[i] = 2;
    while (digits >= 0)
    {                               /* Compensate for the very first digit */
        q = 0;
        for(i=len; --i >= 1; )
        {
            q += 10L * a[i];        /* q = carry + 10*a[i]             */
            a[i] = q % (i+i+1);     /* a[i] := q % (2i+1)              */
            q /= (i+i+1);           /* carry := floor(q,2i+1)*i        */
            q *= i;
        }
                                    /* first digit                     */
        q += 10L * a[0];            /* q := carry + 10 * a[0]          */
        a[0] = q % 10;             /* a[0] = q mod 10                 */
        q /= 10;                    /* q : next prelim digit           */
        if (q == 9)
            ++nines;                /* q == 9: increment no of 9's     */
        else
        {                           /* q != 9: print prelim. digits    */
            if (p >= 0)
                printf("%01ld", p + q/10);    /* p : prev. prel. digit */
            if (digits < nines)     /* adjust digits to print          */
                nines = digits;
            digits -= (nines+1);
            while (--nines >= 0)    /* print 9's or 0's                */
                printf(q == 10? "0" : "9");
            nines = 0;
            p = (q == 10 ? 0 : q);  /* set previous prelim. digit      */
        }
    }
    free(a);
    return;
}
```

Am Ende des vielzitierten Aufsatzes [98] von Rabinowitz und Wagon ist ein PASCAL-Programm dargestellt, das die Verfasser offenbar nicht selbst geschrieben haben, sondern von einem Studenten stammt, dem sie auch dafür danken. Dieses Programm haben auch einige Leser dieses Buchs abgetippt und getestet. Dabei sind ihnen verschiedene Probleme aufgefallen. So versagt auf 16-Bit-PASCAL-Compilern das Programm ab $n > 262$ seinen Dienst, weil dann ein Integer-Überlauf passiert, oder es druckt bei $n = 1$ und $n = 32$ eine falsche letzte Ziffer, weil die Kettenlänge zu kurz ist, oder es gibt in vielen Fällen von n weniger als n Stellen aus, weil die Variable nines am Programmende noch nicht Null ist. Unser obiges Programm versucht, diese Schwächen zu vermeiden.

6.3 Eine schnellere Variante

Am Tröpfel-Algorithmus lassen sich zwei Verbesserungen vornehmen, die die Sache erheblich kürzer und schneller machen.

Als erstes wird nicht π, sondern 1000π berechnet und deshalb die Reihe

$$1000\pi = 2000 + \frac{1}{3}\left(2000 + \frac{2}{5}\left(2000 + \frac{3}{7}\left(2000 + \cdots\right)\right)\right) \tag{6.4}$$

verwendet. Es wird also nicht in die Basis 10, sondern 10000 umgerechnet, so daß in jedem Schritt statt einer Stelle vier Dezimalstellen produziert werden.

Dieser Trick hat nicht nur den Effekt, daß das ganze Programm $4\times$ schneller wird. Die noch wichtigere Wirkung besteht darin, daß die besagte „Komplikation" deutlich vereinfacht wird. Die schnellere Variante wartet stets nur genau eine Stelle (aus 4 Ziffern) ab und nicht eine variable Anzahl von Stellen. Das genügt für die ersten ungefähr 50 000 π-Ziffern, weil bis dahin nirgends ein Fall vorkommt, bei dem mehr als eine solche Vierer-Kette zwischengelagert werden müßte. Damit dies nötig ist, müssen nämlich 4 aufeinanderfolgende Nullen an einer durch 4 teilbaren Position auftreten, und dies geschieht erstmals an der Ziffernposition 54 936 in π.

Die zweite Verbesserung ist eigentlich eine Lehrbuchweisheit, die aber bei der Formulierung des Tröpfel-Algorithmus offenbar vergessen wurde. Man darf nämlich bei einer Radix-Konvertierung nach jeder Ergebnisstelle die Restfolge, die noch zu konvertieren ist, verkürzen, und zwar um die Bitzahl der Ergebnisstelle. Hier kann daher nach jeder Berechnung einer Stelle aus 4 Dezimalen die Länge des Feldes f[] um $\lfloor 10 \cdot 4/3 + 1 \rfloor = 14$ Stellen vermindert werden. Diese Verbesserung verschnellert das Programm nochmals um den Faktor 2.

Hier ist ein C-Programm für die schnellere Variante: Es handelt sich um die expandierte Fassung des Mini-Programms von Seite 37.

```c
/*
 * Troepfel-(Spigot-) program for pi to NDIGITS decimals
 * 4 digits per loop
 * Expanded version
 * Thanks to Dik T. Winter and Achim Flammenkamp.
 */

#include <stdio.h>
#include <stdlib.h>

#define NDIGITS 15000            /* max. digits to compute  */
#define LEN     (NDIGITS/4+1)*14 /* nec. array length       */

long a[LEN];                     /* array of 4 digit-decimals*/
long b;                          /* nominator prev. base    */
long c = LEN;                    /* index                   */
long d;                          /* accumulator and carry   */
long e = 0;                      /* save prev. 4 digits     */
long f = 10000;                  /* new base, 4 dec. digits */
long g;                          /* denom prev. base        */
long h = 0;                      /* init switch             */

int main(void)
{
   for ( ; (b=c-=14) > 0; )      /* outer loop:4 digits/loop*/
   {
      for (; --b > 0; )          /* inner loop: radix conv  */
      {
         d *= b;                 /* acc *= nom. prev base   */
         if (h == 0)
            d += 2000 * f;       /* first outer loop        */
         else
            d += a[b] * f;       /* non-first outer loop    */
         g=b+b-1;                /* denom prev. base        */
         a[b] = d % g;
         d /= g;                 /* save carry              */
      }
      h = printf("%04ld", e+d/f);   /* print prev 4 digits */
      d = e = d % f;             /* save current 4 digits   */
                                 /* assure a small enough d */
   }
   return 0;
}
```

Aufgrund der NDIGITS-Definition berechnet dieses Programm genau 15 000 Dezimalstellen von π. Dabei muß es aber nicht bleiben, sofern man auf Portatiblität des Programms und ANSI C-Übereinstimmung verzichtet. Da die meisten C-Compiler dieser Welt einen *Überlauf* bei der Auswertung von vorzeichenbehafteten Integer-Ausdrücken ignorieren und in der Array-Länge eine hinreichende „Luft" herrscht, läßt sich dieses Programm meist auf mehr als die doppelte Anzahl von π-Stellen (mittels #define NDIGITS 32500) erweitern. Diese Anzahl war vor 40 Jahren noch Weltrekord. Noch höhere Stellenzahlen lassen sich mit Gleitkomma-Variablen und -Arithmetik berechnen.

Aber: Wie groß auch immer Sie die Datenbereiche wählen, Sie werden mit dieser Variante des Tröpfel-Algorithmus, d.h. mit Stellen aus nur vier π-Ziffern und nur einer solchen Stelle im Zwischenspeicher nicht über die π-Ziffernposition 54932 hinauskommen. Dies gelingt erst durch Beseitigung von mindestens einer dieser Randbedingungen, am leichtesten wohl der ersten.

6.4 Tröpfel-Algorithmus für e

Der Tröpfel-Algorithmus ist erkennbar nicht auf die Berechnung von π spezialisiert.

Nehmen wir die transzendente Zahl $e = 2.7182\ldots$. Deren zur obigen π-Reihe (6.1) analoge Reihenentwicklung lautet:

$$e = 1 + \frac{1}{1}(1 + \frac{1}{2}(1 + \frac{1}{3}(1 + \cdots))) \tag{6.5}$$

Hier wie dort treten unterschiedliche Basen auf, nur sind diese diesmal alle von der Art, daß ihr Zähler $= 1$ ist. Deshalb kann bei der Berechnung des Übertrags eine Multiplikation entfallen.

Wichtiger ist aber, daß die e-Reihe (6.5) eindeutig ist, so daß die Komplikation, die bei π auftritt, hier nicht vorkommt. Ein Tröpfel-Programm für die Dezimalstellen von e ist daher einfacher.

Hier ist ein 138 Zeichen langes Programm zur Berechnung von e auf 15 000 Stellen im Stile des Mini-π-Programms von Seite 37:

```
/* note: N=15000, LEN=87700 >= 1.4*N/log10(N), 84700=LEN-N/5 */
long a[87700],b,c=87700,d,e=1e4,f=1e5,h;
main(){for(;b=c--,b>84700;h=printf("%05ld",e+d/f),e=d%=f)
for(;--b;d+=f*(h?a[b]:e),a[b]=d%b,d/=b);}
```

Nota bene und zwecks Einlösung unseres Versprechens: Das auf Seite 36 vorgestellte „obfuscated" Programm von Lievaart arbeitet ebenfalls mit dem Tröpfel-Algorithmus für e.

7. Gauß und π

Eine der schnellsten modernen π-Berechnungsmethoden beruht auf einer Formel, die fast 200 Jahre alt ist. Sie wurde von dem deutschen Mathematiker Carl Friedrich Gauß (1777–1855) um das Jahr 1800 herum aufgestellt. Danach ruhte die Formel im Verborgenen. Erst 1976 wurde sie von Eugene Salamin [103] und Richard Brent [36] unabhängig voneinander erneut gefunden, und ist jetzt die Basis für superschnelle π-Berechnungen.

Die Berechnungsmethode hat mehrere Väter, und diese treten in den verschiedenen Namen auf, unter denen das Verfahren in der Literatur segelt. Man kann die Bezeichnungen „Brent-Salamin-Iteration" oder „Gauß-Legendre-Methode" finden und auch Legierungen zwischen diesen. Wir nennen die Methode hier den *Gauß-AGM-Algorithmus*, weil sie besonders durch das arithmetisch-geometrische Mittel (AGM) charakterisiert ist.

7.1 Die π-AGM-Formel

Die für die π-Numerik so wichtige Formel von Gauß lautet in moderner Schreibweise:

$$\pi = \frac{2\,\mathrm{AGM}^2(1, \frac{1}{\sqrt{2}})}{\frac{1}{2} - \sum_{j=1}^{\infty} 2^j c_j^2} \tag{7.1}$$

Gauß, 1809, Salamin, Brent, 1976

Das wesentliche Element darin ist die Funktion $\mathrm{AGM}(a, b)$; sie erbringt das *arithmetisch-geometrische Mittel* (AGM) zweier Zahlen. Das AGM ist eine Kombination aus dem arithmetischen und dem geometrischen Mittel.

Das arithmetische Mittel $(a + b)/2$ von a und b ist ein alltägliches Werkzeug und dient zum Beispiel zur Ermittlung der Durchschnittsnote aus zwei Zeugnisnoten. Demgegenüber braucht man das geometrische Mittel $\sqrt{a \cdot b}$ zur Durchschnittsberechnung multiplikativ verbundener Größen, etwa dazu, aus zwei Zinssätzen den mittleren Zinssatz zu finden. In beiden Fällen bedeutet das Wort „Mittel" eine Größe, die „in der Mitte" zwischen zwei Eingangswerten liegt.

Auch das AGM bedeutet einen Mittelwert von zwei Größen a und b. Dieser wird allerdings nicht direkt berechnet, sondern in aufeinanderfolgenden Schritten, die ihn immer besser annähern. Die Rechenvorschrift ist „iterativ", indem sie in jedem Schritt die Ergebnisse des vorhergegangenen Schrittes benutzt und verbessert:

Algorithmus 7.1 (AGM-Vorschrift).

Initialisiere:

$$a_0 = a$$
$$b_0 = b$$

Iteriere: $(k = 0, 1, 2, \ldots)$

$$a_{k+1} := \frac{a_k + b_k}{2}$$
$$b_{k+1} := \sqrt{a_k \cdot b_k}$$

Dann konvergieren a_k und b_k zum selben Grenzwert AGM(a, b).

Erkennbar werden die a_{k+1} durch arithmetische und die b_{k+1} durch geometrische Mittelwertbildung ihrer jeweiligen Vorgänger berechnet. Es ist nützlich und üblich, eine Hilfsgröße c einzuführen:

$$c_{k+1} = \frac{1}{2}(a_k - b_k) \tag{7.2}$$

gleichbedeutend mit:

$$c_{k+1}^2 = a_{k+1}^2 - b_{k+1}^2 \quad = \quad (a_{k+1} - a_k)^2 \tag{7.3}$$

die offensichtlich gegen 0 konvergiert.

Um sich das numerische Verhalten des AGM klarzumachen, rechnete Gauß mehrere Fälle „händisch" auf viele Stellen durch. Eines von vier Zahlenbeispielen, die noch überliefert sind, beginnt mit den Eingangswerten $a = \sqrt{2}$ und $b = 1$, und schreitet nach der Vorschrift (7.1) so voran: [56, III, p. 364][1]

---

[1] Mit solchen Zahlenkolonnen hat Gauß gezeigt, daß auch er, der große Mathematiker, nicht vor mühsamen numerischen Berechnungen zurückgeschreckt ist. Dafür küssen ihm die heutigen Numeriker noch die Füße.

arithmetisches Mittel	geometrisches Mittel	genaue Stellen
$a\ \ = 1.41421\,35623\,73095\,04880\,2$	$b\ \ = 1.00000\,00000\,00000\,00000\,0$	0
$a_1 = 1.20710\,67811\,86547\,52440\,1$	$b_1 = 1.18920\,71150\,02721\,06671\,7$	0
$a_2 = 1.19815\,69480\,94634\,29555\,9$	$b_2 = 1.19812\,35214\,93120\,12260\,7$	4
$a_3 = 1.19814\,02347\,93877\,20908\,3$	$b_3 = 1.19814\,02346\,77307\,20579\,8$	9
$a_4 = 1.19814\,02347\,35592\,20744\,1$	$b_4 = 1.19814\,02347\,35592\,20743\,9$	19

In den aufeinanderfolgenden Iterationsschritten laufen die a_k und b_k aufeinander zu; die a_k kommen von oben und die b_k von unten (sie würden es auch tun, wenn zu Anfang $a < b$ gewesen wäre). Der Wert, zu dem sie konvergieren, ihr Grenzwert also, ist das, was man das „AGM von a und b" nennt und als $AGM(a,b)$ schreibt. Im Falle von $a = \sqrt{2}$ und $b = 1$ beträgt es offenbar $1.19814\ldots$.

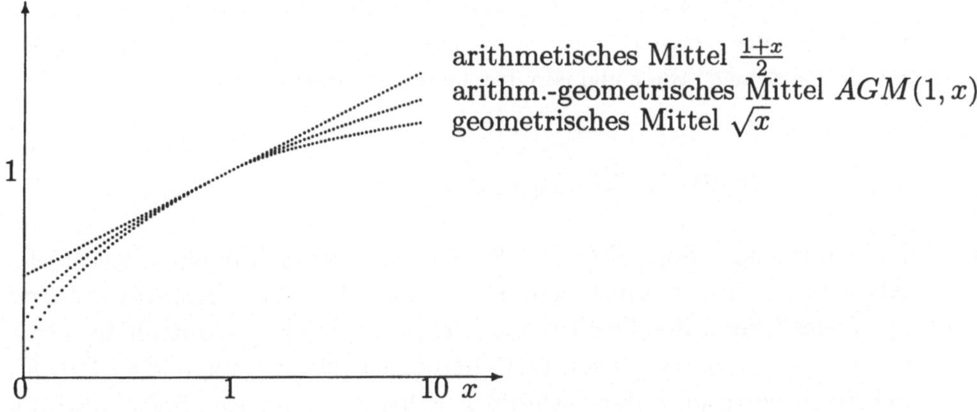

Das AGM liegt stets zwischen dem geometrischen Mittel und dem arithmetischen Mittel der Eingangswerte.

Das Gaußsche Zahlenbeispiel zeigt auch und vor allem, daß sich die a_k und b_k sehr schnell näher kommen. Die letzte Spalte weist die Anzahl der Nachkommastellen aus, in denen die beiden übereinstimmen. Nach nur vier Schritten ist das $AGM(\sqrt{2}, 1)$ bereits auf 19 Nachkommastellen genau.

In jedem Schritt verdoppelt sich in etwa die Anzahl genauer Stellen. Diese *quadratische Konvergenz* ist die herausragende Qualität des AGM und macht es für die Numeriker so interessant. In unserer π-Formel (7.1) „vererbt" die AGM-Funktion (im Zähler) diese quadratische Konvergenz gewissermaßen an die Berechnungsgeschwindigkeit von π weiter.

Einige Basiseigenschaften des AGM sind die folgenden: Mit reellen Argumenten a_0 und b_0 und mit $0 < b_0 \leq a_0$ sowie der Hilfsvariablen $c_{k+1} := (a_k - b_k)/2$ gilt [31, p. 1–4]:

$$a_k = a_{k+1} + c_{k+1}$$
$$b_k = a_{k+1} - c_{k+1}$$
$$c_k^2 = a_k^2 - b_k^2 = (a_k - a_{k-1})^2$$
$$c_k = c_{k-1}^2/(4a_k)$$
$$0 \leq a_{k+1} - b_{k+1} = (a_k - b_k)^2/(2(\sqrt{a_k} + \sqrt{b_k})^2)$$
$$\mathrm{AGM}(\lambda \cdot a, \lambda \cdot b) = \lambda \cdot \mathrm{AGM}(a,b)$$

Außerdem:

$$b_k \leq b_{k+1} \leq a_{k+1} \leq a_k$$

und:

$$\mathrm{AGM}(a_k, b_k) = \mathrm{AGM}(a_{k+1}, b_{k+1}) = \mathrm{AGM}(a,b)$$

Das AGM ist auch für negative Indizes k definiert: $a_{-k} = 2^k a_k^*$, $b_{-k} = 2^k c_k^*$ und $c_{-k} = 2^k b_k^*$; darin sind a_k^*, b_k^* und c_k^* mittels des Algorithmus 7.1 (AGM-Vorschrift) aus den Anfangswerten $a_0^* := a_0$, $b_0^* := c_0$ und $c_0^* := b_0$ zu berechnen; man beachte die „Vertauschung" von b und c in den letzten Ausdrücken.

7.2 Der Gauß-AGM-Algorithmus

Die Gaußsche π-Formel (7.1) läßt sich recht einfach in einen iterativen Algorithmus für π umsetzen. Darin wird in jedem Iterationsschritt ein neues Tripel der Größen a_{k+1}, b_{k+1} sowie c_{k+1}^2 ermittelt und mit diesen der Nenner s_{k+1} von (7.1) berechnet. Nach genügend vielen, K, Schritten wird dann der gesamte Ausdruck der rechten Seite, also die gewünschte Approximation von π ermittelt, wobei statt des „wahren" Werts von $\mathrm{AGM}(1, 1/\sqrt{2})$ der arithmetische Mittelwert $(a_K + b_K)/2$ der zuletzt berechneten a_K und b_K verwendet wird:

Algorithmus 7.2 (Gauß-AGM, Quadratisch).

Initialisiere:

$$a_0 := 1$$
$$b_0 := 1/\sqrt{2}$$
$$s_0 := 1/2$$

Iteriere ($k = 0, 1, 2, \dots, K-1$)

$$a_{k+1} = (a_k + b_k)/2 \tag{7.4}$$
$$b_{k+1} = \sqrt{a_k b_k} \tag{7.5}$$

$$c_{k+1}^2 = (a_{k+1} - a_k)^2 \tag{7.6}$$

$$s_{k+1} = s_k - 2^{k+1} c_{k+1}^2 \tag{7.7}$$

Berechne als Näherungswert für π:

$$p_K = \frac{(a_K + b_K)^2}{2s_K} \tag{7.8}$$

Diese wenigen Zeilen beschreiben also einen der besten Algorithmen zur Berechnung von π. Bereits die ersten drei Iterationsschritte ergeben 19 genaue Stellen:

Schritt	p_K	Genaue Stellen
1	3.14...	3
2	3.14159 26...	8
3	3.14159 26535 89793 238...	19

Jeder weitere Schritt liefert mehr als doppelt soviele Stellen wie sein Vorgänger. Der Fehler beträgt

$$\pi - p_K = \frac{\pi^2 2^{K+4} e^{-\pi 2^{K+1}}}{\text{AGM}^2(1, 1/\sqrt{2})} \tag{7.9}$$

Darin bewirkt der Ausdruck 2^{K+1} im Exponenten von e die quadratische Konvergenz des Algorithmus. So sind zum Beispiel nur 36 Schritte nötig, um π auf 68,7 Milliarden Stellen zu berechnen.

Die Umsetzung des Gauß-AGM-Algorithmus in ein Programm ist sehr einfach:

```
a:=1.0
b:=1.0/sqrt(2.0)
s:=0.5
k:=1
do
    y := a
    a := (a+b)*0.5
    b := sqrt(y*b)
    t := (a-y)^2
    if (t = 0) then break
    t := t * (2 ** k)
    s := s - t
    k := k + 1
od;
p := (a+b)^2/(2.0*s)
```

Für die ersten paar Stellen von π läßt sich dieses Programm problemlos mit normaler Gleitkommaarithmetik oder mit einem Computeralgebrasystem implementieren. Für große Stellenzahlen müssen allerdings die folgenden zwei Aspekte berücksichtigt werden:

Die Variablen a, b, s und t müssen von Anfang an so groß wie das Ergebnis dimensioniert werden; im Falle von x Milliarden π-Stellen reichen dafür selbst die Hauptspeicher der größten Computer nicht aus. So muß erst einiger Aufwand in das Speichermanagement dieser Variablen gesteckt werden, bevor es losgehen kann.

In jedem Schritt kommen Operationen mit langen Zahlen vor, nämlich je eine Multiplikation, eine Quadrierung und eine Quadratwurzelberechnung sowie lange Shifts und Vergleiche. Diese langen Operationen müssen aus kurzen Operationen zusammengesetzt werden. Wenn man sie nicht selbst programmieren will, muß man sie aus einer „Langzahl-Bibliothek" (wie zum Beispiel unserer hfloat-Bibliothek) aufrufen und muß dazu diese Bibliothek geeignet einbinden.

7.3 Historie einer Formel

Das AGM

Die Gaußsche π-Formel (7.1) sieht vergleichsweise harmlos aus, hat es jedoch in sich. Nicht nur ihre Effektivität, sondern auch ihr mathematischer Hintergrund und die Historie ihrer Entstehung sind höchst bemerkenswert.

Das arithmetisch-geometrische Mittel (AGM) und seine Rechenvorschrift sind weniger alt als man angesichts seiner Einfachheit vermuten könnte. Erst vor knapp 200 Jahren wurden beide gefunden. Überraschenderweise ist sogar die Rechenvorschrift für das AGM älter als das AGM selbst [46]. Der französische Mathematiker Joseph-Louis Lagrange (1736–1813) hat 1785 nämlich als erster zwar die Vorschrift (7.1) zur Näherungsberechnung von elliptischen Integralen verwendet, nicht aber das AGM selbst und dessen Beziehung zu elliptischen Integralen gefunden. Diese Entdeckungen gelangen erst Gauß. David Cox schreibt: „So haben wir die amüsante Situation, daß Gauß, der so vieles von Abel, Jacobi und anderen antizipiert hat, seinerseits von Lagrange antizipiert wurde" [45, p. 315].

Gauß fand das AGM im Jahre 1791, im zarten Alter von 14 Jahren. Sein Fund hat einen so großen Reiz auf ihn ausgeübt, daß er während der folgenden zehn Jahre fast ohne Unterbrechung an der Ausgestaltung einer Theorie des AGM arbeitete und sie zu einer Höhe trieb, die seither nicht überschritten worden ist [57, p. 186].

Als er dann 22 oder 23 Jahre alt war, verfaßte Gauß einen Aufsatz (in Lateinisch) über seine Erkenntnisse zum AGM: *de origine proprietatibusque generalibus numerorum arithmetico-geometricorum* (Über den Ursprung und die allgemeinen Eigenschaften der arithmetisch-geometrischen Mittelzahlen) [56, III,pp. 361–374]. Allerdings veröffentlichte er diesen Aufsatz nicht, so daß er erst als Teil seines Nachlasses 1866 gedruckt wurde. Gauß hat zu Lebzeiten nur einmal etwas zum AGM publiziert, und zwar 1818 in der Arbeit *Determinatio attractionis* (Über die Anziehung des elliptischen Rings) [56, III, p. 352–353], in dem der dritte Beweis der grundlegenden Identität (7.15) steht. Andere Quellen sind informelle Aufzeichnungen.

Die Details von Gauß' Jugend-Forschung des AGM sind unbekannt. Sicherlich besaß er aber sehr früh die oben zitierten Basiskenntnisse, und offenbar wußte er aus seinen Forschungen über die Lemniskate, daß dem Argumentpaar $\sqrt{2}$ und 1 eine besondere Bedeutung zukommt. Man hat auch Indizien dafür, daß er bereits 1794 den Zusammenhang von AGM zu den von ihm so genannten „summatorischen Funktionen" kannte, die wir heute Thetafunktionen[2] nennen.

Es gab in Gauß' Forschungsarbeit zum AGM zwei Phasen, die durch ein historisches Datum getrennt sind. Dieses Datum ist der 30. Mai 1799, an welchem Tage Gauß (er war 22 Jahre alt) das AGM mit einem ganz anderen Gebiet verknüpfen konnte, das er bis dahin völlig getrennt verfolgt hatte.

Die Lemniskate

Neben dem AGM enthält Gauß' π-Formel (7.1) als zweite Konstituente die sog. lemniskatischen Funktionen. Diese Funktionen haben ihren Namen von der *Lemniskate*[3], einer Kurve, die Gauß bereits als Teenager ausführlich untersuchte. Die Lemniskate, auch „Schleifenlinie" genannt, hat ihren Namen vom griechischen Lemniskos, das heißt Bändchen oder Schleife. Sie sieht wie eine liegende 8 aus:

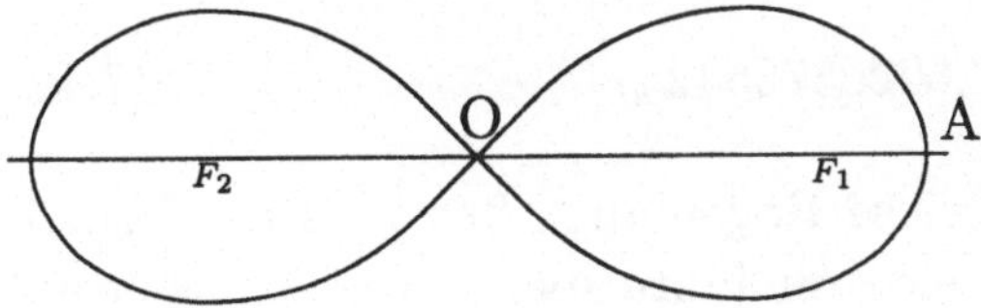

---

[2] Thetafunktionen sind Potenzreihen, deren Exponenten Quadratzahlen sind.

[3] Die Lemniskate ist die Menge aller Punkte, für welche das Produkt der Abstände von zwei festen Punkten F_1 und F_2 den Wert $(\overline{F_1 F_2}/2)^2$ besitzt.

Ihre Gleichung lautet in Polarkoordinaten:

$$r^2 = a^2 \cos 2\theta \qquad (7.10)$$

Als sich Gauß der Lemniskate zuwandte, war diese Kurve ziemlich genau 100 Jahre alt. Zwei Brüder hatten sie unabhängig voneinander im selben Jahr 1694 entdeckt. Es waren dies Jakob Bernoulli (1654–1705) und sein jüngerer Bruder Johann (1667–1748). Jakobs Veröffentlichung darüber erfolgte im September 1694 und Johanns nur einen Monat später. Nach der Veröffentlichung begannen die Brüder einen heftigen Streit um den Erstlingsanspruch [45, p. 311]. Das Zerwürfnis führte soweit, daß Johann schwor, so lange nicht nach Basel zurückzukehren, wie sein Bruder lebte[4].

Jakob Bernoulli, der die Lemniskate noch in kartesischen Koordinaten angegeben hatte ($xx + yy = a\sqrt{xx - yy}$), war zu ihr über die sog. *elastische Kurve* gekommen. Diese Kurve entsteht, wenn man eine Rute so weit durchdrückt, daß sich ihre Enden im rechten Winkel zur gedachten Verbindungslinie ihrer Endpunkte befinden.

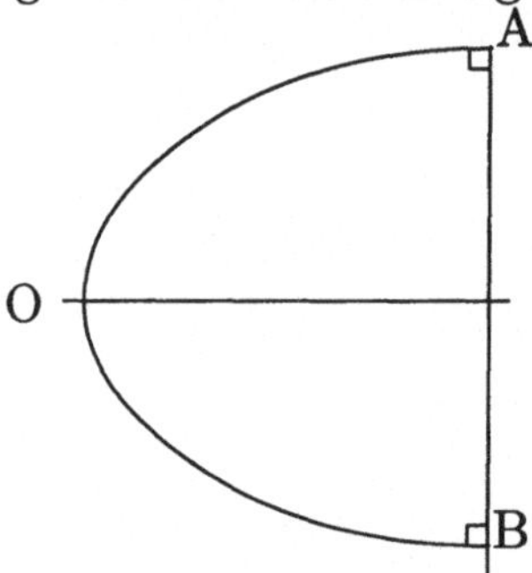

Die elastische Kurve hat die Gleichung

$$y = \int_0^x \frac{z^2\,dz}{\sqrt{1 - z^4}} \qquad (7.11)$$

Historisch wichtiger als die Gleichung für die Kurve wurde jedoch die Gleichung für ihre Bogenlänge AOB. Sie lautet

$$\varpi = 2 \int_0^1 \frac{dz}{\sqrt{1 - z^4}} = 2.6220575542\ldots \qquad (7.12)$$

Jakob Bernoulli vermochte diese Bogenlänge bereits 1691 formelmäßig anzugeben. Er benötigte sie drei Jahre später wieder, als er auf der Suche nach einer analytisch besser handhabbaren Kurve war, die

---

[4] Als Jakob im Jahre 1705 starb, übernahm Johann dessen Professur in Basel und hatte sie danach noch 43 Jahre inne [83, p. 112].

aber dieselbe Bogenlänge haben sollte. Er fand diese Kurve 1694 in der Lemniskate, deren halber Umfang in der Tat durch das Integral (7.12) gegeben ist. So kann man also sagen, daß die Bogenlänge der Lemniskate früher bekannt war als die Lemniskate selbst [45, p. 311].

Im 18. Jahrhundert, noch vor Gauß, wurden die elastische Kurve und die Lemniskate in vielen mathematischen Aufsätzen behandelt. 1730 gab zum Beispiel James Stirling (1692–1770) Näherungswerte für die Integrale (7.11) im Intervall $[0, 1]$ und für (7.12) an, die auf 17 Stellen genau waren. Giovanni Fagnano (1715–1797) fand Methoden zur Aufteilung des Lemniskaten-Bogens in n gleiche Stücke, worin $n = 2^m, 3 \cdot 2^m$ oder $5 \cdot 2^m$ sein kann [45, p. 313].

Leonhard Euler (1707–1783) entwickelte in den Jahren ab 1748, ausgehend von der Lemniskate, eine erste Stufe der Theorie der elliptischen Integrale. Euler fand insbesondere die bemerkenswerte Beziehung zwischen den beiden schon zitierten Integralen:

$$\int_0^1 \frac{dz}{\sqrt{1 - z^4}} \cdot \int_0^1 \frac{z^2 dz}{\sqrt{1 - z^4}} = \frac{\pi}{4} \tag{7.13}$$

Gauß hat sich ab Januar 1797 (als 19jähriger) mit der Lemniskate befaßt. Davon zeugt der Eintrag Nr. 51 in seinem mathematischen Tagebuch [55, p. 67]: „Curvam lemniscatam a

$$\int \frac{dx}{\sqrt{1 - x^4}}$$

pendentem perscrutari coepi." (Ich habe begonnen, die lemniskatische Kurve, die von ... abhängt, zu erforschen). Zunächst stand an dieser Stelle das Wort „elasticam", das Gauß später durchstrich und durch „lemniscatam" ersetzte. Sicherlich verwendete er sehr bald schon das Symbol ϖ wie in (7.12).

Gauß begann seine Untersuchungen mit dem schon genannten Problem von Fagnano, eine Lemniskate in gleiche Teile zu teilen. Dies brachte ihn zu den „lemniskatischen Funktionen" $\mathrm{sinlemn}(\int_0^x (1 - z^4)^{-1/2}\, dz) = x$ und $\mathrm{coslemn}(\varpi/2 - \int_0^x (1 - z^4)^{-1/2}\, dz) = x$, die er für komplexe Zahlen definierte, und zwischen denen er mehrere Beziehungen fand. Er fand auch (ein Jahr nach seiner Entdeckung des regelmäßigen 17-Ecks) eine Konstruktion allein mit Zirkel und Lineal, mit dem die Lemniskate in 5 (nicht 17) gleiche Teile teilbar ist[5]. Die

---

[5] Henrik Abel (1802–1829) dehnte das Ergebnis später aus und fand, daß bei der Lemniskate genau die gleichen Verhältnisse wie beim Kreis gelten und insbesondere auch dort eine 17-Teilung mit Zirkel und Lineal möglich ist.

ersten drei Monate des Jahres 1797 brachten eine große Zahl von Funden auf diesem Gebiet, wie vier Tagebucheinträge zeigen (Nr. 54, 59, 60, 62).

Besonders spornte Gauß die erkennbare Analogie der lemniskatischen Funktionen zu den Kreisfunktionen an, zum Beispiel die folgende:

$$\varpi/2 = \int_0^1 (1 - z^4)^{-1/2}\, dz \quad \text{und} \quad \pi/2 = \int_0^1 (1 - z^2)^{-1/2}\, dz \qquad (7.14)$$

Die Analogie wird optisch noch größer, wenn man bedenkt, daß zu Gauß' Zeiten statt des Symbols ϖ oft noch das Symbol Π verwendet wurde.

1798 begann Gauß den Ausdruck $\frac{\pi}{\varpi}$ zu untersuchen, der sich als Schlüssel zu weiteren Entdeckungen erwies. Unter anderem fand er eine Reihe für den Kehrwert dieses Ausdrucks. Mit dieser Reihe berechnete Gauß ϖ/π auf 15 Nachkommastellen.

In der hier nötigen Verkürzung darf gesagt werden, daß Gauß schon im Juli 1798 „alles" über den Quotienten π/ϖ wußte [45, p. 319]. Er schrieb unter der Nr. 92 in sein Tagebuch: „Über die Lemniskate haben wir sehr elegante Einzelheiten, die alle Erwartungen übertreffen, dazuerworben, und zwar durch Methoden, die uns ein ganz und gar neues Feld eröffnen". Er spürte, daß er einen bedeutenden Fund gemacht hatte und schrieb unter der Nr. 95 (im Oktober 1798) sogar, „ein neues Feld der Analysis hat sich uns eröffnet, nämlich die Erforschung der Funktionen usw.". Gauß war so aufgeregt, daß er den Satz nicht vollendete.

Der Zusammenschluß

Dann kam der 30. Mai 1799. Gauß notierte:

„Daß das AGM zwischen 1 und $\sqrt{2}$ gleich $\frac{\pi}{\varpi}$ ist, haben wir bis zur elften Dezimalziffer bestätigt; wenn dies bewiesen sein wird, so ist damit sicher ein wahrhaft neues Feld der Analysis erschlossen" [56, X.2, p. 43].

In Formelsprache lautet der – wir würden heute sagen, sensationelle – Fund:

$$\frac{\pi}{\varpi} = \text{AGM}(\sqrt{2}, 1) \quad (= \quad 1.19814\ldots) \qquad (7.15)$$

Gauß erkannte damit den Zusammenhang von zwei scheinbar auseinanderliegenden Gebieten, nämlich dem AGM und den lemniskatischen Funktionen, die ihrerseits eng mit den elliptischen Funktionen zusammenhängen. Er war sich auch gleich der Bedeutung seines Fundes bewußt, wie seine Folgerung („neues Feld der Analysis") zeigt. Diese Folgerung hat sich im übrigen im 19. Jahrhundert durch die Arbeiten von Riemann, Jacobi u.a. voll bestätigt.

An dem Tagebucheintrag fällt auf, daß Gauß seine Erkenntnis nicht durch mathematische Schlußfolgerung, sondern durch einen puren Vergleich zweier Zahlen gemacht hat. Gewöhnlich hüten sich Mathematiker davor, aus bloßer numerischer Übereinstimmung auf ein Gesetz zu schließen. Hier war's also anders; Gauß scheint geahnt zu haben, daß die Übereinstimmung nicht zufällig war. Es war dies übrigens nicht der einzige Fall, in dem numerische Resultate Gauß zu mathematischen Beziehungen geführt haben, aber es war zweifellos der prominenteste.

Die Tagebuch-Formulierung verrät auch, daß Gauß zu diesem Zeitpunkt noch nicht im Besitze eines Beweises war. Dieser gelang ihm erst später, wann genau, weiß man allerdings nicht. Es ist aber gesichert, daß er am 23. Dezember 1799 gleich zwei Beweise hatte, und im Jahre 1818 veröffentlichte er sogar einen dritten.

Der erste und zweite Beweis laufen über den Vergleich der Reihenentwicklungen der linken und rechten Seite von (7.15). Der dritte Beweis ist der kürzeste und eleganteste [56, III, pp. 352, 353]. Gauß betrachtet das vollständige elliptische Integral erster Gattung

$$I(a,b) = \int_0^{\pi/2} \frac{d\theta}{\sqrt{a^2 \cos^2 \theta + b^2 \sin^2 \theta}}$$

von dem der Lemniskatenumfang ein Spezialfall ist: $\varpi = 2I(\sqrt{2},1)$. Dann zeigt er, daß dieses Integral konstant bleibt, wenn a und b gemäß der AGM-Vorschrift (7.1) iteriert wird: $I(a,b) = I(a_1,b_1) = I(a_2,b_2) = \cdots$. Da die a_k und b_k auf denselben Grenzwert AGM(a,b) zulaufen, gilt letztlich $I(a,b) = \pi/(2 \cdot \mathrm{AGM}(a,b))$, womit die Relation (7.15) bewiesen ist.

Nach diesem Beweis ist man ganz nah an der π-Formel (7.1). In modernen Darstellungen, zum Beispiel von Nick Lord [81], wird der restliche Weg über folgende Schritte geführt, die nicht schwierig sind und zu Gauß' Zeiten kein Neuland mehr bedeuteten. Gebraucht wird nur noch: erstens das Hilfsintegral $L(a,b) = \int_0^{\pi/2} \cos^2 \theta d\theta / \sqrt{a^2 \cos^2 \theta + b^2 \sin^2 \theta}$, für das $L(a,b) + L(b,a) = I(a,b)$ gilt, zweitens die schon gezeigte Beziehung (7.13) von Leonhard Euler: $L(\sqrt{2},1) \cdot I(\sqrt{2},1) = \pi/4$, drittens die Beziehung $c_0^2 L(a,b) = (c_0^2 - S)I(a,b)$ mit $S = \sum_{k=0}^{\infty} 2^{k-1} c_k^2$, die man über $c_0^2 L(b,a) - 2c_1^2 L(b_1,a_1) = c_0^2 I(a,b)/2$ gewinnt. Zum Schluß wird das Resultat noch verschönert, indem aus dem Argumentpaar $(\sqrt{2}, 1)$ in das Paar $(1, 1/\sqrt{2})$ umgerechnet wird. Und dann ist man auch schon bei der Formel (7.1) und dem Gauß-AGM-Algorithmus.

Das Original

Wir haben lange suchen und warten müssen, aber jetzt haben wir sie: die Originalformel von Gauß, die dem Gauß-AGM-Algorithmus zugrunde liegt. Sie steht auf Seite 6 des „Handbuchs 6", *Kleine Aufsätze aus verschiedenen Theilen der Mathematik, Angefangen im May 1809.*

Dieses kleine Werk befindet sich im Besitz der Niedersächsischen Staats- und Universitätsbibliothek Göttingen (Signatur: Cod. Ms. C. Fr. Gauss, Handbuch 6). Als wir danach fragten, war es in einem jämmerlichen Zustand, so daß die Abteilung für Handschriften und seltene Drucke das Handbuch erst restaurieren lassen mußte, bevor wir jetzt (mit ihrer freundlichen Zustimmung) erstmals die Formel in Gauß' eigener Handschrift zeigen können:

$$Medium\ arithm.\ inter\ A\ et\ B\ =\ M$$

$$a = A \qquad b = \sqrt{(AA - BB)} = c$$

$$a' = \tfrac{1}{2}(a+b) \quad b' = \sqrt{ab}$$

$$a'' = \tfrac{1}{2}(a'+b') \quad b'' = \sqrt{a'b'}$$

$$Medium = m$$

$$M = \frac{k\pi m}{\log 16 + 2\log \frac{a'}{B} - \tfrac{1}{2}\log \frac{a'}{a''} - \tfrac{1}{2}\log \frac{a''}{a'''} - \tfrac{1}{4}\log \frac{a'''}{a^{IV}}\cdots}$$

$$= \frac{\tfrac{1}{2}k\pi m}{\log 4 + \log \frac{a'}{B} - \tfrac{1}{2}\log \frac{a'}{a''} - etc.}$$

$$\log \tfrac{1}{2}k\pi = 9.8339042$$

$$\left.\begin{array}{l} c'c' + 2c''c'' + 4c'''c''' + etc. \\ + C'C' + 2C''C'' + 4C'''C''' + etc. \end{array}\right\} = \tfrac{1}{2}aa - \frac{2mM}{\pi}$$

Die Formel in der letzten Zeile

$$\left.\begin{array}{l} c'c' + 2\,c''c'' + 4\,c'''c''' + \text{etc.} \\ + C'C' + 2\,C''C'' + 4\,C'''C''' + \text{etc.} \end{array}\right\} = \frac{1}{2}aa - \frac{2mM}{\pi} \tag{7.16}$$

also ist die Gesuchte! Sie ist sogar allgemeiner als (7.1). Man braucht in ihr lediglich $a = A = 1$ und $b = B = 1/\sqrt{2}$ zu setzen, wodurch sich $m = M$ und $c^2 = C^2 = a^2 - b^2 = 1/2$ ergibt. Wenn man dann noch statt M und m $AGM(1/\sqrt{2})$ setzt und statt jedes Strichs einen Index schreibt, also zum Beispiel c_3 statt c''', so wird die Gauß-Formel zu:

$$2\sum_{j=1}^{\infty} 2^{j-1}c_j^2 = \frac{1}{2} - \frac{2(AGM(1,1/\sqrt{2}))^2}{\pi} \tag{7.17}$$

und daraus folgt sofort die Formel (7.1).

Wie konnte es passieren ...

Mehrere Historiker haben die Urheberschaft von Gauß an der Formel (7.1) bemerkt. Insbesondere hat dies Salamin selbst getan, indem er in seinem Aufsatz *Computation of π Using Arithmetic-Geometric Mean* [103] aus dem Jahre 1976 auf die Wurzel hinweist und hinzufügt: „Es ist ziemlich überraschend, daß eine so einfach ableitbare Formel für π offenbar 155 Jahre übersehen wurde. Ich selbst habe die Entdeckung im Dezember 1973 gemacht."

Wie konnte es passieren, daß die Gaußsche Formel und mit ihr der Gauß-AGM-Algorithmus so lange verschollen waren und deshalb viele Jahre lang statt dessen nur die schwächeren arctan-Formeln zur Berechnung von π verwendet werden konnten?

Eugene Salamin hat uns gegenüber so Stellung genommen [104]:

„Ich stimme völlig zu, daß der pi-AGM-Algorithmus schon vor vielleicht 150 Jahren hätte entdeckt werden können. Seine zwei Schlüsselbegriffe sind die AGM-Formel von Gauß und die Formel von Legendre zur Verknüpfung der unterschiedlichen elliptischen Integrale. Wenn man weiß, wann diese Formeln erstmals veröffentlicht worden sind, weiß man auch, wie lang diese pi-Methode darauf gewartet hat, entdeckt zu werden.

Allerdings sollte darauf hingewiesen werden, daß zu Zeiten von Gauß und Legendre die AGM-Methode nicht sehr praktikabel war, da sie ja Multiplikationen und Quadratwurzelberechnungen mit voller Länge braucht. Erst seitdem Multiplikationstechniken entdeckt wurden, die deutlich schneller sind als die n^2-ischen (siehe Knuth, Vol. 2 [77]), ist der π-AGM-Algorithmus mehr geworden als nur eine theoretische Formel."

Wie dem auch sei. Im Jahre 1976 betrug die Zahl bekannter π-Stellen eine Million (1973 berechnet), die alle mit arctan-Reihen gefunden worden waren. Dieser Rekord wurde nach Brent und Salamin buchstäblich pulverisiert. In nur 3 Jahren durchliefen die Computer den Bereich von einer bis dreißig Millionen dezimalen Stellen (siehe Kap. 13). Die Programme verwendeten dazu ausschließlich den Gauß-AGM-Algorithmus.

8. Ramanujan und π

Die Geschichte von Srinivasa Ramanujan, dem größten indischen Mathematiker der Neuzeit, könnte aus einem Lehrbuch der Soziologie über Geniewerdung stammen. Arme Jugend, ungenügende Ausbildung, Unverständnis der Umwelt, Eigenbrötelei. Auf einmal erkennt einer den Jüngling, versteht seine Visionen, nimmt ihn bei sich auf, fördert ihn und entlockt ihm in wenigen Jahren eine unglaubliche Fülle an Erkenntnissen. Dann folgen Krankheit, Heimweh, früher Tod. In der Folgezeit ist er weitgehend verschollen, nur Eingeweihten bekannt, von der Öffentlichkeit vergessen. Aber 60 Jahre später ereignet sich eine Art Wiederauferstehung. Einige beginnen sich für ihn zu interessieren, gehen seinem Leben und Umfeld nach, und auf einmal geht ein Feuer auf, bricht ein Sturm der Begeisterung durch Indien und über die mathematisch interessierte Welt. Der Jubel kulminiert in Feiern, Kongressen, postumen Ehrungen zu Ramanujans 100. Geburtstag im Jahre 1987.

Dieser Mann hat neue mathematische Wege eröffnet, ohne selbst eine profunde mathematische Ausbildung besessen zu haben. Damit hat er die Kreativität und Phantasie bester Köpfe bewegt und sie ihrerseits zu außergewöhnlichen Erkenntnissen beflügelt.

8.1 Ramanujansche Reihen

Eine ganze Reihe von Ramanujans Erkenntnissen sind mit der Zahl π verknüpft und mit der Art, wie man sie berechnet. Ramanujan veröffentlichte im Jahre 1914, als 27jähriger, einen Aufsatz mit dem Titel *Modular Equations and Approximations to* π [99]. Darin stellt er etwa 30 π-Formeln auf, darunter die folgende [99, Formel (44)]:

$$\frac{1}{2\pi\sqrt{2}} = \frac{1103}{99^2} + \frac{27493}{99^6} \cdot \frac{1}{2} \cdot \frac{1 \cdot 3}{4^2} +$$
$$+ \frac{53883}{99^{10}} \cdot \frac{1 \cdot 3}{2 \cdot 4} \cdot \frac{1 \cdot 3 \cdot 5 \cdot 7}{4^2 \cdot 8^2} + \cdots \tag{8.1}$$

Ramanujan schrieb selbst dazu, daß diese Reihe[1] extrem konvergent sei. In der Tat liefert jeder Summand circa 8 korrekte Dezimalstellen, wie schon die ersten drei Glieder zeigen:

$$0.1125\ldots \cdot 10^0 \qquad 0.273\ldots \cdot 10^{-8} \qquad 0.229\ldots \cdot 10^{-16}$$

Mit (8.1) hatte Ramanujan eine π-Reihe vorgelegt, die deutlich besser war als die bisherigen Formeln, von denen zum Beispiel sich die arctan-Formel von John Machin nur mit 1,4 Stellen pro Summand auf π zubewegt. Die neue Reihe war dann auch die erste, mit der π-Berechnungen jenseits der Millionengrenze sinnvoll machbar wurden, und tatsächlich hat Gosper 1985 mit ihr π auf 17 Millionen Stellen berechnet.

Mancher mag sich fragen, ob die große Konvergenzgeschwindigkeit der Reihe (8.1) gar wieder aufgefressen wird durch die Tatsache, daß eigentlich nicht π berechnet wird, sondern 1 *durch* π und darüber hinaus noch eine Quadratwurzel vorkommt. Dem ist aber nicht so. Die Berechnung der Quadratwurzel und des Kehrwertes sind erstens nur einmal vorkommende Operationen, und für sie gibt es zweitens seit Isaac Newton, also seit 400 Jahren, Rechenverfahren, die sehr schnell, nämlich quadratisch konvergieren. Die beiden Abschlußoperationen können damit in der Zeit von einigen langen Multiplikationen erledigt werden und vergrößern die Gesamtzeit nur unwesentlich.

Man vergleiche die Jahreszahlen: 1914 oder gar früher fand Ramanujan die Reihe (8.1) und erst 1985 wurde sie benutzt. Dazwischen liegen nicht etwa schlichte 70 Jahre bloße „Reifezeit", sondern dazwischen liegt die Erfindung der Computer. Ein Ausdruck wie die Ramanujansche Reihe ist ohne Computer, also mit Bleistift und Papier, nicht vernünftig über viele Glieder hinweg zu benutzen. Dieses und weitere Ramanujansche Ergebnisse mußten daher auf Eis liegen, bis die Werkzeuge gefunden waren, um sie zu nutzen.

Für seine Reihe (8.1) hat Ramanujan nur spärliche Hinweise gegeben und schon gar keinen Beweis. Wie aber schon aus dem Titel seiner

---

[1] In der Literatur findet man diese Formel meist etwas kompakter dargestellt, vgl. (13.44).

Veröffentlichung hervorgeht, steht die Formel im Zusammenhang mit Modulargleichungen.

Allgemeinverständliche Beschreibungen darüber, was eine modulare Gleichung ausmacht, sind rar. Glücklicherweise gibt es jedoch eine solche Beschreibung von den Gebrüdern Borwein, also eine, die gewissermaßen von höchster Stelle autorisiert ist [32, p. 98]: „Eine Modulargleichung ist, vereinfacht gesagt, eine algebraische Beziehung zwischen einer Funktion f einer Variablen x – in mathematischer Schreibweise $f(x)$ – und derselben Funktion, in der statt x aber eine ganzzahlige Potenz von x steht, zum Beispiel $f(x^2)$, $f(x^3)$ oder $f(x^4)$. Diese ganzzahlige Potenz heißt die Ordnung der Modulargleichung. Die einfachste Modulargleichung ist die zweiter Ordnung: $f(x) = 2\sqrt{f(x^2)}/[1 + f(x^2)]$. Natürlich gehorcht nicht jede beliebige Funktion einer Modulargleichung, sondern nur eine spezielle Klasse, die sogenannten Modulfunktionen. Sie besitzen einige überraschende Symmetrieeigenschaften, die ihnen in der Mathematik eine Sonderrolle verschafft haben."

Die Ramanujansche π-Reihe (8.1) beruht auf einer Modulargleichung von immerhin 58. Ordnung [9, p. 202]. Die Historiker können lediglich vermuten, wie Ramanujan auf sie gekommen ist. Er selbst sagt nur, daß sie aus „entsprechenden Theorien" zur Standardtheorie der Theta- und Modul-Funktionen entstanden seien. Ohne Frage hat Ramanujan sehr viele Versuche gemacht, bis er zu handhabbaren Modulargleichungen fand.

In seinem π-Aufsatz führt Ramanujan außer (8.1) weitere 16 Reihen für $1/\pi$ auf, die zwar nicht so gut konvergieren, aber von denen einige aus anderen Gründen durchaus spektakulär sind. Eine dieser Reihen lautet [99, Formel (29)]:

$$\frac{1}{\pi} = \sum_{k=0}^{\infty} \binom{2n}{n}^3 \frac{42n + 5}{2^{12n+4}} \tag{8.2}$$

Die Reihe konvergiert nicht besonders gut, sondern nur mit etwa 1.8 Dezimalstellen pro Term. Aber man kann mit ihr die zweite Hälfte von n binären Stellen von $1/\pi$ berechnen, ohne die erste Hälfte berechnen zu müssen, weil die Nenner doppelt so schnell wachsen wie die Zähler. Insofern hat Ramanujan hier eine Art Vorläuferin der erst vor kurzem entdeckten sog. BBP-Reihe aufgestellt (vgl. Kapitel 10), mit der „mitten" in π binäre Stellen berechenbar sind.

8.2 Ramanujans ungewöhnliche Biographie

Das kurze Leben des Srinivasa Ramanujan ist recht genau nachgezeichnet worden, vor allem im Vorfeld seines 100. Geburtstages 1987. Die umfangreichste Biographie hat Robert Kanigel [71] geschrieben. Auch der Herausgeber von Ramanujans Notizbüchern, Bruce Berndt, hat viele biographische Details zusammengestellt [20], [21], [22]. Insbesondere konnte er Ramanujans Witwe S. Janaki Ramanujan, die ihren Mann um über 60 Jahre überlebt hat, befragen.

Srinivasa Aiyangar Ramanujan wurde in der südindischen Stadt Erode am 22. Dezember 1887 im Elternhaus der Mutter geboren. Die Verhältnisse waren eher ärmlich. Seine Mutter kehrte nach siner Geburt wieder zurück nach Kumbakonam, wo ihr Mann Angestellter in einem Bekleidungsgeschäft war. Kumbakonam liegt etwa 250 km südsüdwestlich von Madras.

Ramanujan zeigte früh Interesse und Begabung für Mathematik. Er hatte aber, anders als viele berühmte Mathematiker, keine Lehrmeister, sondern eignete sich sein mathematisches Wissen selbst an. Er hat bis zu seinem 26. Lebensjahr wohl nur fünf mathematische Bücher nutzen können. Sein erstes Buch, S.L. Loney's *Trigonometry*, das 1894 in Cambridge erschienen ist, arbeitete er als 12jähriger durch. Darin war von Logarithmen komplexer Größen, von der Berechnung von π, von der Gregory-Reihe und von Reihensummen die Rede. Ähnliche Wege ist er später selbst gegangen.

Mit fünfzehn Jahren entlieh Ramanujan aus der örtlichen Bibliothek ein Werk von George S. Carr, *A Synopsis of Elementary Results in Pure Mathematics*. Carrs Buch ist 1970 mit etwas geändertem Titel erneut erschienen [39]. Diese „Synopsis" war in der Tat eine Zusammenschau und vor allem zur Vorbereitung auf mathematische Abschlußprüfungen vorgesehen. In dem Buch sind 6165 Theoreme aufgeführt, jedoch ohne oder mit nur sehr knappen Beweisen. Jedenfalls (oder trotzdem) scheint dieses Buch Ramanujans Genius geweckt zu haben. Als Ramanujan ab 1904 seine mathematischen Entdeckungen in Notizbüchern festzuhalten begann, war Carr offenbar sein Vorbild.

In seinem letzten Jahr an der städtischen Oberschule von Kumbakonam bestand er die Eingangsprüfung der Universität von Madras und erhielt einen Studienplatz „Erster Klasse". 1903 trat er in das College von Kumbakonam ein.

Schon zu dieser Zeit, als 16jähriger, war er völlig von der Mathematik eingenommen und wollte sich mit nichts anderem befassen. Des-

halb fiel er bei den Prüfungen in anderen Fächern durch und durfte
nicht bleiben. Weitere Bemühungen um eine College-Ausbildung gingen nicht auf. „Die Universität von Kumbakonam wies den einzigen
großen Mann ab, den sie je besessen hat", schreibt sein Förderer Hardy
bitter [64, p. 7]. So arbeitete Ramanujan im Alter von 17 bis 23 Jahren in völliger Isolation. Seine Erkenntnisse vertraute er nur seinen
Notizbüchern an. Daß er in einem so wichtigen Zeitabschnitt kein mathematisches „Feedback" erhielt, ist ungemein bedauerlich.

1909 heiratete Ramanujan. Seine damals neunjährige Frau konnte
1984 (sie war da schon 64 Jahre lang Witwe) interessante Auskünf-
te [21] geben. Sie sagte insbesondere, Ramanujan sei überzeugt gewesen, daß er in England nicht erkrankt wäre, wenn sie mit ihm gefahren
wäre.

Ramanujans erste mathematische Veröffentlichung erfolgte 1911,
und erst ab 1912 begann man, seine außerordentlichen Geisteskräfte
zu verstehen. Zwei engliche Mathematiker, Sir Francis Spring und Sir
Gilbert Walker, verschafften ihm ein Stipendium. Nach langer Suche
gelang Ramanujan 1912 die Anstellung bei einer Hafengesellschaft in
Madras. Der Firmenchef und ein Manager, der selbst Mathematiker
war, nahmen großen Anteil an Ramanujans Arbeiten und bewogen ihn,
einigen englischen Mathematikern über seine Entdeckungen zu berichten. Seine erste Korrespondenz brachte keine ermutigenden Ergebnisse, aber dann schrieb er im Januar 1913 an den schon damals sehr
bekannten englischen Zahlentheoretiker Godfrey H. Hardy am Trinity
College der Universität von Cambridge. Hardy war sofort von Ramanujan überzeugt und lud ihn nach Cambridge ein. Nachdem Einwände der
Kaste und der Familie ausgeräumt waren (für orthodoxe Brahmanen
war eine Ozeanüberquerung Grund zum Ausstoß), segelte Ramanujan
am 17. März 1914 von Indien weg.

Es begann eine der bedeutendsten Kooperationen in der Geschichte
der Mathematik. Während seiner Zeit in Cambridge veröffentlichte Ramanujan mehrere Artikel, von denen einige als fundamental eingestuft
werden. Einer davon ist der schon erwähnte Aufsatz von 1914 über
Modulargleichungen und Approximationen für π, aus dem die Reihe
(8.1) stammt. Dieses paper ist Ramanujans einziges über π; allerdings
finden sich weitere Erkenntnisse zu π in seinen Notizbüchern.

Einige Aufsätze schrieb Ramanujan mit Hardy zusammen. „Hardys
methodische Meisterschaft und Ramanujans ungeschliffene Brillianz

ergänzten einander in einmaliger Weise", schreiben die Brüder Borwein [32, p. 98] dazu.

Nach drei Jahren in Cambridge wurde Ramanujan 1917 von einer unbekannten Krankheit befallen. Sie wurde als Tuberkulose diagnostiziert, war aber vielleicht auch einfach nur Vitaminmangel aufgrund der Ernährung während des Ersten Weltkriegs. Nach zwei Jahren des Aufenthalts in Sanatorien und Erholungsheimen kehrte er 1919 in seine Heimat zurück.

Bald nach seiner Rückkehr wurde ihm eine Professur an der Hindu Universität von Benares angeboten. Ramanujan lehnte mit Hinweis auf seine Krankheit für den Augenblick bedauernd ab, wollte aber das Angebot gerne annehmen, wenn seine Gesundheit wieder besser sei. Die Krankeit verging jedoch nicht, und so starb Ramanujan am 26. April 1920 im Alter von 32 Jahren in Kumbakonam.

Ramanujan hinterließ 37 Veröffentlichungen sowie eine Fülle von Problemen, die er in dem *Journal of the Indian Mathematical Society* niedergelegt hatte. Dazu kamen drei Notizbücher und verschiedene unveröffentliche Aufsätze und Manuskripte sowie 120 Theoreme in seinen Briefen an Hardy.

Eine bloße Liste der Gebiete, auf denen Ramanujan gearbeitet hat, liest sich so [24, p. 644]: Partitionen, Theta-Funktionen, statistische Mechanik, Lie-Algebren, Wahrscheinlichkeitstheorie, modulare Formen, elliptische Funktionen, komplexe Multiplikation, hypergeometrische Reihen, q-Reihen, Asymptotik, Beta-Integrale.

Auch vergleichsweise elementare Ergebnisse hat Ramanujan vollbracht. Es gibt die Anekdote mit dem Taxi Nr. 1729. Mit einem solchen fuhr Hardy zu einem Krankenbesuch bei Ramanujan (ca. 1918) und nannte diese Nummer beim Eintritt; Ramanujan kommentierte sie so: „Oh, 1729 ist sehr interessant; sie ist nämlich die kleinste Zahl, die sich als Summe zweier Kubikzahlen in zweierlei Weise ausdrücken läßt." Ramanujan meinte die Darstellung $1^3 + 12^3 = 9^3 + 10^3$, die beide 1729 ergeben. Es ist tatsächlich so, daß es keine kleinere Zahl mit dieser Eigenschaft gibt. Ramanujan fand auch Formeln zur Konstruktion höherer Potenzsummen und ermittelte mit ihnen zum Beispiel die Identität

$$4^4 + 6^4 + 8^4 + 9^4 + 14^4 = 15^4 \qquad (8.3)$$

Ramanujans Fertigkeiten im Umgang mit Kettenbrüchen sind unerreicht. Unter den Resultaten Ramanujans finden sich – ohne Beweis, wie so oft – zum Beispiel die folgenden Kettenbruch-Formeln, die dazu beitrugen, Hardy von der Genialität dieses Mannes zu überzeugen. Sie gehören zu den schönsten Hinterlassenschaften, aber auch zu denen, die sich am schwersten beweisen ließen [64, p. 8]:

$$\sqrt{\frac{5+\sqrt{5}}{2}} - \frac{\sqrt{5}+1}{2} = \cfrac{e^{-\frac{2\pi}{5}}}{1+\cfrac{e^{-2\pi}}{1+\cfrac{e^{-4\pi}}{1+\cfrac{e^{-6\pi}}{1+\cdots}}}} \tag{8.4}$$

$$\cfrac{\sqrt{5}}{1+\sqrt[5]{5^{\frac{3}{4}}\left(\frac{\sqrt{5}-1}{2}\right)^{\frac{5}{2}}-1}} - \frac{\sqrt{5}+1}{2} = \cfrac{e^{-\frac{2\pi\sqrt{5}}{5}}}{1+\cfrac{e^{-2\pi\sqrt{5}}}{1+\cfrac{e^{-4\pi\sqrt{5}}}{1+\cfrac{e^{-6\pi\sqrt{5}}}{1+\cdots}}}} \tag{8.5}$$

Hardy sagte angesichts dieser und anderer Formeln mit Kettenbrüchen [64, p. 9]: „Ich hatte noch nie im Entferntesten so etwas vorher gesehen. Ein kurzer Blick darauf genügte, um zu zeigen, daß so etwas nur von einem höchstklassigen Mathematiker geschrieben sein konnte. Sie (die Formeln) müssen einfach richtig sein, denn, wenn sie es nicht wären, dann hätte niemand die Phantasie aufgebracht, sie zu erfinden."

Einiges von Ramanujans Funden ist verlorengegangen, wenngleich 1976 G.E. Andrews wenigstens Ramanujans „Verschollenes Notizbuch" wiederfand. Ein Teil ist möglicherweise von der Universität von Madras verschlampt worden. Mrs. Ramanujan sagte jedenfalls, daß kurz nach ihres Mannes Tod der frühere Lehrer gekommen sei und alle Unterlagen für die Universität mitgenommen habe. Dort sind sie aber nicht auffindbar.

Ramanujans *Collected Papers* sind sieben Jahre nach seinem Tod erschienen. 1936 hielt Hardy „zwölf Vorlesungen über Themen aus (Ramanujans) Leben und Werk", die 1940 veröffentlicht wurden. Im Vorwort dazu schreibt Hardy über seinen Schützling [64, p. 6]: „Das wirklich Tragische an Ramanujan ist nicht sein früher Tod. Sicher, es ist ein großes Unglück, wenn ein bedeutender Mensch jung stirbt, aber ein Mathematiker ist oft schon verhältnismäßig alt, wenn er dreißig ist, und daher war sein Tod vielleicht eine kleinere Katastrophe, als es scheint. Henrik Abel (1802–1829) starb mit 26 Jahren, aber er wäre, obwohl er zweifellos noch eine große Menge mehr zur Mathematik beigetragen hätte, trotzdem kein größerer Mann geworden. Die Tragödie des Ramanujan war nicht, daß er jung starb, sondern daß sein Genius während fünf unglücklicher Jahre zwischen 18 und 23 in die falsche Richtung gelenkt, auf Abwege gebracht und bis zu einem gewissen Grade zerstört wurde."

Das Werk Ramanujans ist in den letzten Jahren durch mehrere Autoren, darunter die Gebrüder Borwein, sehr viel verständlicher und transparenter gemacht geworden. Einen wesentlichen Beitrag leistete dazu auch (und leistet noch) Bruce Berndt, der zur Zeit die Notizbücher Ramanujans mit ausführlichsten Erläuterungen herausgibt. Vor allem versieht Berndt darin die Feststellungen Ramanujans mit Beweisen (oder Falsifizierungen), die Ramanujan nicht oder nur unvollständig aufschrieb. Von den fünf Notizbüchern sind inzwischen vier erschienen [23]. Für Freunde des π sind vor allem die Notizbücher Nr. 3 und 4 wichtig.

8.3 Impulse

Der Weg, auf dem Ramanujan zu seinen π-Erkenntnissen gelangt ist, hat sich als sehr praktikabel und zielführend herausgestellt. Mehrere Forscher sind ihn weitergegangen.

Die Gebrüder Borwein haben allgemeine Formeln ableiten können, mit denen sich (durch Fixierung eines Parameters) beliebig konvergente Reihen vom Ramanujan-Typ erzeugen lassen [30]. Genaueres findet sich dazu auf unserer CD-ROM im Verzeichnis `arith`. Nach diesem Muster hat einer der Autoren (JA) die folgende Reihe erzeugt, die erstaunliche 50 korrekte Dezimalstellen pro Term liefert:

$$\frac{1}{\pi} = \frac{1}{\sqrt{-12\,J}} \sum_{n=0}^{\infty} \frac{(6n)!}{12^n\,(3n)!\,(n!)^3} \frac{A + n\,B}{J^n} \tag{8.6}$$

worin:

$A := 528041902608099965452185 +$

$\qquad + 2361475178400070170568800\,\sqrt{5} + 32\,\sqrt{5}\,\cdot$

$$\cdot \left(10891728551171178200467436212395209160385656017 + \right.$$
$$\left. + 4870929086578810225077338534541688721351255040 \sqrt{5}\right)^{1/2}$$

$$B := 654159204458052267524145750 +$$
$$+ 292548889855077669080467200 \sqrt{5} +$$
$$+ 209664 \sqrt{3110} \cdot$$
$$\cdot \left(6260208323789001636993322654444020882161 + \right.$$
$$\left. + 2799650273060444296577206890718825190235 \sqrt{5}\right)^{1/2}$$

$$J := - \left[17897749588626020 + 8004116944887336 \sqrt{5} + \right.$$
$$+ 108 \sqrt{5}\left(10985234579463550323713318473 + \right.$$
$$\left. \left. + 4912746253692362754607395912 \sqrt{5}\right)^{1/2}\right]^3$$

Arndt [5], 1994

Eine spektakuläre und dennoch praktisch brauchbare „Ramanujan"-Reihe wurde von den Gebrüdern Chudnovsky aufgestellt. Sie lautet:

$$\frac{1}{\pi} = \frac{12}{\sqrt{640320^3}} \sum_{k=0}^{\infty} (-1)^k \frac{(6k)!}{(k!)^3(3k)!} \frac{13591409 + 545140134k}{(640320^3)^k} \qquad (8.7)$$

Chudnovsky & Chudnovsky, 1987

Mit dieser Reihe, die 15 Dezimalstellen pro Reihenglied liefert, haben die Chudnovskys 1989 π auf über 1 Milliarde Stellen berechnet.

In den jüngeren Hochleistungsberechnungen von π sind die Ramanujan-artigen Reihen durch andere Verfahren abgelöst worden, insbesondere durch iterative Algorithmen, die die Borweins entwickelt haben.

Einer dieser Algorithmen ist dieser „quintische" hier:

Algorithmus 8.1 (Borwein, Quintisch).

Initialisiere:
$$s_0 = 5(\sqrt{5} - 2)$$
$$a_0 = \frac{1}{2}$$

Iteriere ($k = 0, 1, 2, \ldots$):
$$s_{k+1} = \frac{25}{s_k(z + \frac{x}{z} + 1)^2}$$

wobei
$$x = \frac{5}{s_k} - 1$$
$$y = (x - 1)^2 + 7$$
$$z = \left(\frac{1}{2}x\left(y + \sqrt{y^2 - 4x^3}\right)\right)^{1/5}$$
$$a_{k+1} = s_k^2 a_k - 5^k \left(\frac{s_k^2 - 5}{2} + \sqrt{s_k(s_k^2 - 2s_k + 5)}\right) \quad \xrightarrow{5} \quad 1/\pi$$

J. und P. Borwein, [32, p. 101]

Die a_k konvergieren mit der Ordnung 5 zu $1/\pi$, das heißt, daß sich bei jedem Iterationsschritt die Anzahl gefundener Stellen verfünffacht.

Solche Algorithmen finden sich zwar nicht bei Ramanujan, aber sie sind eng mit Ramanujans Analysis verbunden [9]. Diesem speziellen Algorithmus liegt zum Beispiel eine Modulargleichung fünfter Ordnung zugrunde (innerhalb der Beziehung s_k), die von Ramanujan stammt.

So läßt sich mit einigem Recht sagen, daß Ramanujan auch noch bei den heutigen π-Berechnungen seine Hand im Spiel hat.

9. Die Borweins und π

Wenn jemand aus der π-Forschung der letzten Jahre herausgehoben werden muß, dann sind es die Brüder Peter und Jonathan Borwein. Sie haben nahezu alle der Hochleistungsalgorithmen erarbeitet, auf denen die heutigen π-Berechnungen fußen.

Das Brüderpaar ist in St. Andrews in Schottland geboren, Jonathan 1951 und Peter 1953. Die Eltern wanderten nach Kanada aus, wo David Borwein lange Jahre Leiter des mathematischen Instituts der Universität von Western Ontario war und jetzt emeritiert ist. Die Brüder haben „natürlich" Mathematik studiert, Jonathan machte seinen Ph.D. im Jahre 1974 und Peter den seinen 1979.

Nach ihrem Studium arbeiteten sie – zusammen – an der Dalhousie Universität in Halifax, der Hauptstadt der ostkanadischen Provinz Nova Scotia. Dort stiegen sie auch zu Professoren auf. Dann zog 1992 zunächst Jonathan und ein Jahr später auch Peter vom Osten in den Westen Kanadas, wo sie jetzt an der Simon-Fraser-Universität in Burnaby (British Columbia, Kanada) lehren und forschen. Sie leiten dort das „Centre for Experimental & Constructive Mathematics" (CECM), das sie nach ihren Vorstellungen aufbauen konnten.

Das wissenschaftliche Werk der Borweins hat bereits jetzt schon einen beachtlichen Umfang angenommen. Allein die Liste der Veröffentlichungen von Peter Borwein enthält aus 14 Jahren 5 Bücher und fast 100 Fachartikel. Das Publikationsvolumen von Jonathan Borwein ist ähnlich groß.

Die Brüder forschen keineswegs nur auf dem π-Gebiet. Es ist sogar so, daß nicht einmal 20% ihrer Publikationen dieses Thema im Titel tragen. Dennoch werden ihre Namen zur Zeit vor allem mit π assoziiert.

Der Hauptgrund dafür ist, daß die Brüder seit 1984 eine große Zahl von Hochleistungsalgorithmen zur π-Berechnung entwickelt haben, die alsbald von verschiedenen Berechnern, etwa Bailey und Kanada, implementiert und ausgeführt wurden. Den Anfang machten die Borweins

1984 mit dem folgenden quadratisch konvergierenden Algorithmus [29], den sie aus dem π-AGM-Algorithmus von Gauß, Salamin und Brent (vgl. Kapitel 7) ableiteten:

Algorithmus 9.1 (π-AGM abgeleitet, Quadratisch).

Initialisiere:
$$a_0 = \sqrt{2}$$
$$b_0 = 0$$
$$p_0 = 2 + \sqrt{2}$$

Iteriere ($k = 0, 1, 2, \ldots$)
$$a_{k+1} = \frac{1}{2}\left(\sqrt{a_k} + \frac{1}{\sqrt{a_k}}\right)$$
$$b_{k+1} = \sqrt{a_k}\left(\frac{b_k + 1}{b_k + a_k}\right)$$
$$p_{k+1} = p_k b_{k+1}\left(\frac{1 + a_{k+1}}{1 + b_{k+1}}\right) \xrightarrow{2} \pi +$$

Dann konvergieren die p_k quadratisch nach $\pi+$, wobei gilt:
$$p_k - \pi < 10^{2^{k+1}} \quad (k \geq 2)$$

J. und P. Borwein, 1987 [31, p. 46]

Dieser Algorithmus war aber nur der Aufgalopp für viele weitere und noch besser konvergierende Algorithmen der iterativen Art. Unter diesen hat der folgende biquadratische Algorithmus eine besonders große Karriere gemacht, weil er seit seiner Veröffentlichung 1987 in nahezu allen folgenden Weltrekordberechnungen eingesetzt wurde, insbesondere in allen von Yasumasa Kanada [31, p. 170]:

Algorithmus 9.2 (Borwein, Biquadratisch).

Initialisiere:

$$y_0 = \sqrt{2} - 1$$
$$a_0 = 6 - 4\sqrt{2}$$

Iteriere $(k = 0, 1, 2, \ldots)$:

$$y_{k+1} = \frac{(1 - y_k^4)^{-1/4} - 1}{(1 - y_k^4)^{-1/4} + 1}$$

$$a_{k+1} = a_k(1 + y_{k+1})^4 - 2^{2k+3}y_{k+1}(1 + y_{k+1} + y_{k+1}^2) \quad \xrightarrow{4} \quad \frac{1}{\pi}$$

Der Fehler beträgt:

$$0 < a_k - \frac{1}{\pi} \le 16 \cdot 4^k \cdot 2e^{-4^k 2\pi}$$

J. und P. Borwein, 1987 [31, p. 170]

Dieser Algorithmus findet sich in allgemeinerer Form und zusammen mit vielen weiteren in dem π-Lehrbuch von Jonathan und Peter Borwein aus dem Jahre 1987 mit dem Titel [31]:

Pi and the AGM
A Study in Analytic Number Theory and Computational Complexity

Dieses bedeutende Buch (ein *Muß* für jeden π-Fan, der sich an deftige Mathematik-Kost heranwagt) behandelt alle Aspekte der π-Forschung, bei weitem nicht nur die schnelle Berechnung von π auf viele Stellen. Die Autoren gehen zum Beispiel zurück in das 19. Jahrhundert, zur damaligen Analysis, zu elliptischen Integralen und Funktionen, Theta- und Modul-Funktionen, zu Lagrange (1736–1813), Legendre (1752–1833), Gauß (1777–1855), Jacobi (1804–1851) und Ramanujan (1887–1920).

Durch das ganze Buch zieht sich der Respekt und die Bewunderung der beiden jungen Autoren vor den Leistungen derer, auf deren Schultern sie stehen, die vor ihnen geforscht haben, und die die Grundlagen für ihre eigenen Erkenntnisse schufen. Davon zeugen auch das voluminöse Literaturverzeichnis und nicht zuletzt die Tatsache, daß sie das Buch ihrem Vater, David Borwein, gewidmet haben.

Neben den Hochleistungsalgorithmen selbst, die sie inzwischen berühmt gemacht haben, zeigen die Borweins vor allem deren allgemeine Struktur auf. Sie beweisen zum Beispiel, daß die Ramanujansche Reihe (8.1) der Spezialfall $n = 58$ eines viel allgemeineren Ansatzes ist. Und sie lassen auf den wenigen Seiten ihres Kapitels 5 reihenweise quadratische, kubische, biquadratische, quintische, septische und bikubische Algorithmen nur so herausfallen. Jedermann wird eingeladen, weitere zu bilden. Unglaublich. (Mehr dazu auf unserer CD-ROM im Verzeichnis `arith`).

Auch nach der Veröffentlichung ihres π-Buchs sind die Borweins der Zahl π treu geblieben. 1995 gelang Peter Borwein und zwei weiteren Forschern mit der sog. Bailey-Borwein-Plouffe-Reihe ein weiterer spektakulärer Fund (vgl. Kapitel 10). Was niemand sich vorstellen konnte, macht diese Reihe möglich, nämlich einzelne (hexadezimale) Stellen mitten in π zu berechnen, *ohne* die vorhergehenden Stellen berechnen zu müssen. Man muß sich das Problem nur auf eine einfache Multiplikation übertragen denken: Finden Sie aus einem Produkt aus 30stelligen Zahlen die 29. Stelle heraus, unter der Bedingung, die Stellen links und rechts davon *nicht* zu berechnen. Dürfte schwierig sein. Wie dann erst in π zum Beispiel die 123milliardste Stelle finden, obwohl diese Stelle in einem gigantischen Baum mit ihren Vorgänger-Stellen verwachsen ist? Trotzdem geht das.

Frisch aus der Druckerpresse ist dieses Buch von Jonathan und Peter Borwein (zusammen mit Lennart Berggren) [19]:

Pi: A Source Book

Darin sind 70 wichtige Original-Artikel zum Themenkreis π als Faksimile zusammengestellt, zum Beispiel die historisch bedeutsamen Aufsätze von Lambert zur Irrationalität von π aus dem Jahre 1761 und von Lindemann über die Transzendenz von π von 1882; es enthält aber auch wichtige Artikel der Borweins selbst. Das vorzügliche und wertvolle Buch bestätigt die historische Dimension, in der sie ihre Arbeit eingebettet sehen.

Schon jetzt hat die Grundlagenarbeit der Gebrüder Borwein nicht nur bewirkt, daß die Anzahl der bekannten π-Stellen ungemein erhöht wurde, sondern auch und vor allem, daß die π-Forschung einen hohen Ruf besitzt – sogar unter Mathematikern, von denen nicht wenige glaubten, daß das ganze Thema seit Lindemanns Beweis der Transzendenz von π abgeschlossen sei.

Wegen der Ergebnisse der Borweins wurde inzwischen schon vorgeschlagen, für π und e eigene Zweige der Mathematik einzurichten, die man dann π-*Mathematik* bzw. e-*Mathematik* nennen könnte. e-Mathematik wäre linear, explizit, der Verallgemeinerung leicht zugänglich, hoch algebraisch und würde über die Exponentialfunktion zu Themen wie einparametrige Untergruppen, Lie-Algebren und Gruppen-Repräsentationen führen. Demgegenüber wäre die π-Mathematik nichtlinear, chthonisch, kaum verallgemeinerbar, hoch analytisch und würde, über modulare Funktionen und Ramanujan-Identitäten, große Auswirkungen auf Funktionentheorie, Zahlentheorie und Kombinatorik haben [123].

Warten wir's ab; vielleicht gibt's eines Tages einen Dr. math. π. Er (oder sie) müßte sich bei Jonathan und Peter Borwein bedanken.

10. Das BBP-Verfahren

Der Titel der Einladung klang einfach nur interessant:

> Über die n-te Stelle einer transzendenten Zahl oder: Die 10milliardste hexadezimale Stelle von π ist eine ,9'

In dem nachfolgenden Text verbarg sich jedoch eine Sensation:

> „Bis jetzt wurde allgemein angenommen, daß die Berechnung der n-ten Stelle einer transzendenten Zahl wie zum Beispiel π genauso aufwendig ist wie die Berechnung von π selbst. *Wir werden zeigen, daß das nicht wahr ist ...*
> Wir werden Algorithmen dafür präsentieren ... Diese Algorithmen sind leicht zu implementieren, brauchen keine mehrfachgenaue Arithmetik, belegen praktisch keinen Speicher und haben ein Zeitverhalten, das nur etwa linear mit der Stellenposition n wächst. Sie erlauben es uns zum Beispiel, die 1milliardste Stelle von $\log 2$ oder π auf einer bescheidenen Workstation in wenigen Tagen zu berechnen... "

So lauteten am 30. September 1995 die Überschrift und das Abstract, mit der zu einem Kolloquium an der Simon-Fraser Universität in Burnaby, Kanada, eingeladen wurde. Verschickt hatten sie drei bekannte π-Numeriker, nämlich David Bailey, Peter Borwein und Simon Plouffe.

Zwei Wochen später, auf dem Kolloquium, legten die drei Referenten ihre angekündigten Algorithmen dar, gaben die notwendigen Beweise dafür und erklärten einfach so, daß von nun an diese alte Wahrheit nicht mehr gilt: Wer auf einen Berggipfel kommen will (oder die hinteren Stellen von π berechnen will), der muß vom Fuß des Berges aufsteigen (oder muß vorne bei „3" beginnen).

Ähnlich wie in jenem Falle der Hubschrauber, so hat in diesem Fall eine neue Formel ein altes „Paradigma" zerstört:

$$\pi = \sum_{n=0}^{\infty} \frac{1}{16^n} \left(\frac{4}{8n+1} - \frac{2}{8n+4} - \frac{1}{8n+5} - \frac{1}{8n+6} \right) \qquad (10.1)$$

Mit dieser Reihe wird es also möglich, eine beliebige hexadezimale Stelle *in* π zu berechnen. Noch besser, die Reihe erlaubt es, *ab* einer beliebigen hexadezimalen Stelle von π, etwa ab der letzten bekannten Stelle, die nachfolgenden Stellen „anzustückeln", ohne auch nur eine einzige Stelle davor wieder berechnen zu müssen. Offensichtlich ist die charakteristische Größe in der Formel die 16^n im Nenner aller Reihenglieder.

Wir werden gleich sehen, wie der Rechengang der „BBP-Reihe" (so lautet sie seither) ausschaut. Zunächst beantworten wir die Frage, wie die Formel entstanden ist.

Sicher nicht durch Zufall, auch wenn Glück im Spiele war. Alle drei Beteiligten sind ausgewiesene Mathematiker und lange auf dem Gebiet der π-Numerik tätig. Es ist ein profunder mathematischer Hintergrund, vor dem die BBP-Reihe entwickelt wurde. Dennoch wurde sie *nicht* durch mathematisches Schließen oder Herleiten gefunden. Statt dessen setzten die Forscher dafür ein Werkzeug namens „Computeralgebra" und ein bestimmtes Verfahren namens „PSQL-Algorithmus" ein. Sie selbst schreiben [8], daß sie ihre Formel (10.1) „durch eine Kombination von inspiriertem Vermuten und extensiver Suche" gefunden hätten.

Die Computeralgebra ist ein Wissenschaftsgebiet, das sich mit Methoden zum Lösen mathematisch formulierter Probleme durch symbolische Algorithmen beschäftigt. Ihr Ursprung wird gelegentlich auf Ada Augusta Countess of Lovelace[1] (1815–1852) zurückgeführt, die wohl als erste bemerkt hat, daß sich Rechner auch zur Behandlung *symbolischer Daten* (wie etwa Formeln) eignen. Die Programme der Computeralgebra, wie zum Beispiel die bekannten *Maple*, *MuPAD* oder *Mathematica* arbeiten weniger mit Zahlen als vielmehr mit mathematischen Symbolen; ihr häufigster Einsatz dürfte in der Nachprüfung von Gleichungsableitungen liegen; sie dienen aber auch, wie hier, der Aufdeckung neuer Beziehungen.

Der PSQL-Algorithmus dient dem Auffinden ganzzahliger Relationen zwischen reellen Zahlen: Eingegeben wird ein Vektor von reellen Zahlen $(x_1, x_2, \ldots, x_n)$. Dann sucht der Algorithmus einen Vektor von ganzen Zahlen $(a_1, a_2, \ldots, a_n)$, die nicht alle $= 0$ sind, der-

---

[1] Die Countess ist auch die Namensgeberin der Programmiersprache ADA

art, daß die Beziehung $a_1 x_1 + a_2 x_2 + \cdots + a_n x_n = 0$ gilt. Es ist leicht zu sehen, warum dieser Algorithmus bei der Entdeckung der BBP-Reihe hilfreich gewesen ist: Die Forscher hatten erkannt, daß die klassische Reihe für $\ln 2 = \sum_{n=1}^{\infty} \frac{1}{n \cdot 2^n}$ zur Berechnung beliebiger Binärstellen von $\ln 2$ verwendet werden kann. Daher fragten sie sich, ob eine ähnliche Reihe auch für π existiert. Nach vielen vergeblichen Versuchen fütterten sie den PSQL-Algorithmus schließlich mit $x_1 = \pi$, $x_2 = \sum_{n=1}^{\infty} \frac{1}{(8n+1)16^n}, \ldots, x_8 = \sum_{n=1}^{\infty} \frac{1}{(8n+7)16^n}$. Als dann der Algorithmus den Vektor $(1, -4, 0, 0, 2, 1, 1, 0)$ ausspuckte, war die BBP-Reihe entdeckt [58].

So ist also die Reihe (10.1) nicht im Kopf, sondern im Computer geboren worden. Dennoch bedarf sie natürlich eines normalen Beweises. Dieser ist gar nicht schwer [11]:

Man mache sich zunächst klar, daß für jedes $k < 8$ gilt:

$$\int_0^{1/\sqrt{2}} \frac{x^{k-1}}{1-x^8}\, dx = \int_0^{1/\sqrt{2}} \sum_{n=0}^{\infty} x^{k-1+8n}\, dx$$

$$= \frac{1}{2^{k/2}} \sum_{n=0}^{\infty} \frac{1}{16^n(8n+k)} \tag{10.2}$$

Dann kann man schreiben:

$$\sum_{n=0}^{\infty} \frac{1}{16^n} \left(\frac{4}{8n+1} - \frac{2}{8n+4} - \frac{1}{8n+5} - \frac{1}{8n+6} \right) =$$

$$= \int_0^{1/\sqrt{2}} \frac{4\sqrt{2} - 8x^3 - 4\sqrt{2}x^4 - 8x^5}{1-x^8}\, dx \tag{10.3}$$

Nach Einsetzen von $y = x\sqrt{2}$ wird daraus:

$$\int_0^1 \frac{16y - 16}{y^4 - 2y^3 + 4y - 4}\, dy$$

$$= \int_0^1 \frac{4y}{y^2 - 2}\, dy - \int_0^1 \frac{4y-8}{y^2 - 2y + 2}\, dy = \pi \tag{10.4}$$

wobei der Bruch im linken Integral teilreduziert wurde.

Gewiß kann man die BBP-Reihe auch dazu benutzen, um π von vorne her zu berechnen. Aber dafür ist sie nicht besonders gut geeignet, und für diesen Zweck wird sie keineswegs die schon länger bekannten Algorithmen, wie zum Beispiel den Gauß-AGM-Algorithmus, aus dem Felde schlagen. Die Stärke der Formel (10.1) liegt klarerweise in der

Berechnung einzelner Stellen „irgendwo" in π. Das Rechenschema dazu ist überhaupt nicht schwierig und enthält überdies ein besonderes Schmankerl bereit.

Zunächst einmal: Bei der Auswertung der BBP-Reihe berechnet man jede der vier Summen $S_1 = \sum_{n=0}^{\infty} \frac{1}{16^n(8n+1)}$, S_2, S_3, S_4 getrennt. Betrachten wir modellhaft S_1.

Zur Gewinnung der hexadezimalen Stellen von S_1, die an einer beliebigen Stelle $p = d + 1$ beginnen ($p = 1, 2, \ldots$), wird S_1 um d hexadezimale Stellen nach links verschoben. Das hinausgeschobene Stück wird weggeworfen. Die Stellen ergeben sich dann aus dem Nachkommateil des Produkts $16^d \cdot S_1$. Auch bei den Divisionen durch $8n + 1$ interessieren nur die Nachkommastellen, so daß nur immer die Reste dieser Divisionen berechnet werden müssen, wodurch die mitzuschleppenden Zahlen enorm verkleinert werden. So vereinfacht sich also die Berechnung von S_1 in folgender Weise:

$$\text{Nachkommateil von } 16^d S_1 \quad =$$

$$= \sum_{n=0}^{\infty} \frac{16^{d-n}}{8n + 1} \operatorname{mod} 1$$

$$= \sum_{n=0}^{d-1} \frac{16^{d-n} \operatorname{mod}(8n + 1)}{8n + 1} \operatorname{mod} 1 + \sum_{n=d}^{\infty} \frac{1}{16^{n-d}} \frac{1}{8n + 1} \tag{10.5}$$

Hier ist, wo immer sinnvoll, die Reduktion durch die modulo-Funktion eingesetzt, so daß nur der Rest jeder Division berücksichtigt wird. Die Summe S_1 ist jetzt durch zwei Teilsummen dargestellt; bei der ersten Teilsumme sind die $d - n$ positiv, so daß die Potenzen 16^{d-n} im Zähler stehen und die Reihenglieder > 1 sind; bei der zweiten Teilsumme sind die $d - n$ dagegen negativ und alle Reihenglieder < 1. Die Reduktion auf Reste ist nur bei der ersten Teilsumme nötig und sinnvoll.

10.1 Binäre modulo-Exponentiation

Das angekündigte Schmankerl tritt bei der Berechnung der Zähler der ersten Teilsumme $16^{d-n} \operatorname{mod}(8n + 1)$ auf. Wenn man darin zunächst die modulo-Operation vernachlässigt, dann geht es um die möglichst effektive Berechnung einer Potenz von der Form x^k. Dafür gibt es ein altes Verfahren, das Knuth [77, p. 398–401] so beschreibt:

Um x^k zum Beispiel für $k = 16$ zu berechnen, könnte man x einfach 15mal mit x multiplizieren. Man kann aber auch mit 4 Multiplikationen auskommen, indem man viermal quadriert, also über x^2, x^4 und x^8 zu x^{16} gelangt.

Dieselbe Überlegung läßt sich auf den Fall eines beliebigen ganzzahligen Exponenten k anwenden: Schreiben Sie k als Binärzahl hin ohne führende Nullen. Ersetzen Sie dann jede 0 durch den einzelnen Buchstaben Q und jede 1 durch die zwei Buchstaben QM. Streichen Sie die führenden beiden QM weg. Wenn Sie jetzt jedes Q als Befehl zum Quadrieren und jedes M als Befehl zur Multiplikation mit x interpretieren, dann haben Sie, von links nach rechts gelesen, eine Vorschrift zur Berechnung von x^n.

Zum Beispiel lautet bei $k = 21$ die binäre Darstellung 10101, die Sie zu QMQQMQQM ersetzen. Nach dem Wegstreichen der führenden Buchstaben QM haben Sie die Vorschrift QQMQQM, die Sie auffordert zu: „quadriere, quadriere, multipliziere mit x, quadriere, quadriere, multipliziere mit x". Sie werden demzufolge sukzessive so rechnen: x^2, x^4, x^5, x^{10}, x^{20}, x^{21}. Voilà.

Knuth zufolge war diese „binäre Exponentation" bereits vor über 2000 Jahren in Indien bekannt. Sie ist 200 v. Chr. in Indien in einem Werk namens „Chandah-sûtra" aufgezeichnet [77, p. 399]. Knuth merkt an, daß diese Kenntnis offenbar auf Indien begrenzt war und außerhalb Indiens die Methode noch 2000 Jahre später nicht zitiert wird.

In dem anstehenden Problem sollte eine kleine Modifikation angebracht werden. Da nur die Nachkommastellen interessieren und ganzzahlige Bestandteile bei der Berechnung vernachlässigbar sind, braucht man nur die Reste jeder Division zu berechnen und kann die Quotienten vergessen. Dann werden alle Zahlen sehr viel kleiner. In jedem Schritt wird also eine modulo-Operation mit dem (späteren) Nenner $c = 8n + 1$ durchgeführt. Damit haben wir dann die „binäre modulo-Exponentation". Sie läßt sich leicht in einen Algorithmus übersetzen:

Algorithmus 10.1 (Binäre modulo-Exponentation). Um $r = b^k \bmod c$ zu berechnen, setze $r = b \bmod c$ und t auf den Wert der größten Zweierpotenz, die nicht größer als k ist; bilde $k := k - t$. Dann

```
while ( t > 1 )
{
    t := t/2;
    r := r² mod c;
    if (k ≥ t)
    {
        k := k - t;
        r := b · r mod c;
    }
}
```

Nach Abschluß dieser Rechnung enthält r den gewünschten Wert $b^k \bmod c$. Der Algorithmus wird vollständig mit positiven ganzen Zahlen ausgeführt, die nicht größer als $(c-1)^2$ werden. Ein Zahlenbeispiel aus [11] lautet: Bei der Berechnung von $3^{49} \bmod 400$ nimmt r sukzessive die Werte 3, 9, 27, 329, 241, 81, 161 und 83 an, und in der Tat ist $3^{49} = 239\,299\,329\,230\,617\,529\,590\,083$, so daß 83 das richtige Ergebnis ist.

Der übrige Rechengang der Formel (10.1) ist sehr einfach. Die mittels binärer modulo-Exponentation berechneten Summenglieder müssen durch $8n + 1$ dividiert und aufsummiert werden, wobei immer nur die Nachkommateile interessieren. Das Verfahren wird dann auf die Summen S_2 bis S_4 ausgedehnt. Dann wird die Summe $4S_1 - 2S_2 - S_3 - S_4$ gebildet, und ihre erste Nachkommastelle ist die gewünschte hexadezimale Stelle von π.

Man sieht, daß die BBP-Reihe überraschend einfach ist. Weder die Formel (10.1), noch ihr Beweis, noch ihre Implementierung sind spitzfindig oder aufwendig. Genau das ist es, was das Verfahren so interessant macht.

Auch wenn, wie so oft und in diesem Buch natürlich besonders, π im Vordergrund des Interesses steht, so bedeutete es doch eine arge Verkürzung des Ergebnisses von Bailey, Borwein und Plouffe, wenn man es auf π reduzieren würde. Tatsächlich reicht es viel weiter. Die drei Forscher haben nicht nur weitere Formeln der obigen Art für π, π^2 usw. gefunden, sondern auch solche für andere „polylogarithmische" Konstanten, etwa $\log 2$. Ihr Aufsatz darüber [8] stellt auch diese

Ergebnisse ausführlich dar. Der geneigten Leserin oder dem geneigten Leser sei das Dokument wärmstens empfohlen, das sich problemlos via Internet beschaffen läßt.

10.2 Ein C-Programm zur BBP-Reihe

Nachfolgend finden Sie ein ANSI C-Programm für die Berechnung der p-ten hexadezimalen Nachkommastelle von π. p darf hierbei bis zu etwa 536 Millionen groß sein. Verwendet wird die BBP-Reihe (10.1) von Bailey, Borwein und Plouffe.

Das Programm ist nahezu gleich dem Programm, das David Bailey ins Internet gestellt hat[2].

In dem Programm wird die zentrale Operation der binären modulo-Exponentiation in der Funktion `expm()` ausgeführt. Nach der Beschreibung sollte ihr Quellcode leicht zu verstehen sein.

Die Funktion `series()` dient der Berechnung jeder der vier Summen der BBP-Reihe. Wie oben erläutert, hat jede dieser Summen zwei Teilsummen. Die eine besteht aus den ersten $d = p - 1$ Termen mit Zählern > 1, und die andere besteht aus den nachfolgenden Termen mit Zählern $= 1$. Der Nachkommateil der Terme der ersten Summe wird mittels binärer modulo-Exponentation berechnet; die Terme der zweiten Summe sind alle < 1 und werden ganz normal durch Gleitpunkt-Division ermittelt. Von der zweiten Summe werden nur so viele Terme herangezogen, bis unter Berücksichtigung von Rundungen das Ergebnis auf 8 Hexadezimalstellen genau ist: das Programm gibt nämlich außer der p-ten Stelle noch die folgenden 7 weiteren Stellen aus. Für eine Genauigkeit von 8 hexadezimalen Nachkommastellen braucht man hier einen Nachkommateil von etwa 42 Binärstellen, was eine dezimale Genauigkeit von etwa 10^{-13} bedeutet; genau dies ist der Wert von `eps` in dem Programm.

In `main()` wird der Benutzer-Parameter p eingelesen, sodann die Berechnung der 4 Summen angestoßen und schließlich der Nachkommateil ab Stelle p als Hexadezimalzahl gedruckt.

Das Programm hat einen Zeitbedarf von etwas mehr als linearer Ordnung. Um die einmillionste hexadezimale Stelle von π zu berechnen, benötigt es auf unserer Pentium-400-Plattform 48 Sekunden, für die 10millionste Stelle 580 Sekunden.

Die Compilierung sollte mit jedem ANSI C-Compiler möglich sein.

---

[2] `http://www.cecm.sfu.ca/personal/pborwein`

```c
/**********************************************************
 *
 * This ANSI C-Program computes the p-th hexadecimal digit
 * of pi  (plus the following 7 digits).
 *
 * p comes from the command line.
 * 0 <= p <= 2^29 (approx 536 million).
 * p=1 means the first digit after the radix point.
 *
 * The program uses the BBP-algorithm of
 * D. Bailey, P. Borwein und S.~Plouffe.
 * Its central function is expm() which performs the
 * "binary modulo exponentation".
 *
 * C.Haenel 970422 after D. Bailey 960429
 *
 **********************************************************/

#include <stdio.h>
#include <stdlib.h>
#include <math.h>
#include <time.h>
#include <float.h>

/* Limits:
   d_max = p_max - 1
   ak_max = 8 * d_max + 6
   r_max = ak_max - 1
   r_max^2 < 2^(LDBL_MANT_DIG).
   With mantissa length = 2m (usually 2m = 64):
   r_max   <= 2^m-1
   ak_max <= 2^m
   d_max   < 2^(m-3)
   p_max   < 2^(m-3)
*/
#define p_max  pow(2, LDBL_MANT_DIG*0.5 - 3)

/**********************************************************
 *
 *         expm(long n, double ak)
 *
 * Computes 16^n mod ak using binary modulo exponentation.
 *
 **********************************************************/

double expm(long n, double ak)
{
    long double r = 16.0;
    long nt;

    if (ak == 1) return 0.;
    if (n == 0)  return 1;
    if (n == 1)  return fmod(16.0, ak);

    /*  nt: largest power of 2 not greater han n/2. */
    for (nt=1; nt <= n; nt <<=1)
        ;
    nt >>= 2;
```

```c
   /*  Binary exponentiation modulo ak. */
   do
   {
      r = fmodl(r*r, ak);
      if ((n & nt) != 0)
      r = fmodl(16.0*r, ak);
      nt >>= 1;
   } while (nt != 0);
   return r;
}


/***********************************************************
*
*            series(double m, ULONG d, int sno)
*
*  computes sum_k {16^(d-k)mod(8k+m)}/(8k+m),
*                        (k=0, 1, 2, ..., d-1)
*
*
***********************************************************/

double series(double m, long d)
{
   long   k;
   double ak = m;
   double s = 0., t = 1., x;

   /*  Sum of terms 0..d-1 */
   for (k = 0; k < d; k++)
   {
      x = expm (d-k, ak);
      s += x / ak;
      s = fmod(s, 1.0);
      ak += 8.0;
   }

   /* Some additional terms for 8 hex digit accurracy */
   #define eps 0.25e-12 /* = 16^{-10} / 4 */

   while ( (x=t/ak) > eps)
   {
      s += x;
      t /= 16.0;
      ak += 8.0;
   }
   return s;
}


/***********************************************************
*
*            main()
*
***********************************************************/

main(int argc, char *argv[])
{
   time_t t_beg, t_end;
   double s;
   double p = 1000.0;                  /* default fuer p */
```

```
/* Get p from the command line */
if (argc > 1)  p = strtod(argv[1], NULL);
if (p < 1)     p = 1;
if (p > p_max) p = p_max;

printf("Hex digits %.0f to %.0f of pi: ", p, p+7);
t_beg=clock();
s =  4*series (1, p-1)     /*  4, 8i+1 */
   - 2*series (4, p-1)     /* -2, 8i+4 */
   -   series (5, p-1)     /* -1, 8i+5 */
   -   series (6, p-1);    /* -1, 8i+6 */
s += 4;            /* ensure s >= 0 */

t_end=clock();
printf("%08lX\n", (unsigned long)(s*pow(2, 32)));
printf("Elapsed time was: %.1f sec.\n",
                    1.0*(t_end-t_beg)/CLK_TCK);
return 0;
}
```

10.3 Verbesserungen

Kaum hatten Bailey, Borwein und Plouffe ihre „shocking formula" (10.1) angekündigt, setzten sich andere Forscher an ihren Computer und suchten auch so schöne „BBP-artige" Reihen. Dabei wurden sie überraschend schnell fündig. Insbesondere fanden sie BBP-Formeln für andere Konstanten, z.B. für $\log 7$ oder π^2, aber auch einfachere oder effektivere Formeln für π selbst; siehe dazu unsere Formelsammlung, Seite 217.

Die einfachste aller BBP-Formeln für π ging dem Forschergespann Viktor Adamchik und Stan Wagon ins Netz:

$$\pi = \sum_{n=0}^{\infty} \frac{(-1)^n}{4^n} \left(\frac{2}{4n+1} + \frac{2}{4n+2} + \frac{1}{4n+3} \right) \tag{10.6}$$

Adamchik, Wagon, 1997 [2]

Diese Formel besteht aus nur 3 Termen, also einem Term weniger als die originale BBP-Reihe. Aber sie ist nicht nur kürzer.

Wagon und Adamchik haben bei dieser Reihe festgestellt [1], daß es für sie einen Herleitungsweg gibt, der den Beweis der Reihe gleich mit einschließt. Bei (10.6) braucht man also die vom Computer gefundenen Summen nicht mehr, wie oben gezeigt, in Integrale zu verwandeln und diese dann aufzulösen, sondern kann sich gewissermaßen zurücklehnen und den Computer Identitäten manipulieren lassen. Die Autoren brauchten „nur" eine *Idee*.

Als eine solche Idee verwendeten sie den Ausdruck:

$$\sum_{n=0}^{\infty} \frac{(-1)^n}{4^n} \left(\frac{a_1}{4n+1} + \frac{a_2}{4n+2} + \frac{a_3}{4n+3} + \frac{a_4}{4n+4} \right)$$

Ihn gaben sie in ihr Computeralgebrasystem *Mathematica 3.0* ein und erhielten den folgenden umgeformten Ausdruck zurück:

$$\frac{1}{8}(2(4(a_2 \operatorname{arccot} 2 - a_4 \log 4 + a_4 \log 5 + a_3(\pi/4 + \operatorname{arccot} 3 -$$

$$-(\log 25)/4))) + a_1(\pi + 4\operatorname{arccot} 3 + \log 25))$$

An dieser Stelle baten die Autoren den Computer, ein paar einfache Substitutionen vorzunehmen, z.B. die Substitution $\pi = \arctan 1 + \arctan 2 + \arctan 3$, was er ihnen mit folgendem noch weiter vereinfachten Output dankte:

$$\frac{a_2 \pi}{2} + \left(\frac{a_1}{2} - a_2 + a_3 \right) \arctan 2 - 2a_4 \log 2 + \left(\frac{a_1}{4} - \frac{a_3}{2} + a_4 \right) \log 5$$

Damit war das Gröbste geschafft. Wagon und Adamchik brauchten jetzt bloß nach solchen Werten für $a_1, a_2, \ldots a_4$ zu suchen, mit denen die Koeffizienten des zweiten bis vierten Terms $= 0$ werden, aber der erste Koeffizient $= 1$ wird. Diese Lösung hätten sie natürlich in 10 Sekunden auch mit der Hand finden können, aber sie überließen auch dies dem Computer und gaben dazu ein:

$$Solve \left[\left\{ \frac{a_2}{2} == 1, \frac{a_1}{2} - a_2 + a_3 == 0, a_4 == 0, \frac{a_1}{4} - \frac{a_3}{2} + a_4 == 0 \right\} \right]$$

Die Register surrten und das System lieferte ganz einfach:

$$\{\{a_2 \to 2, a_1 \to 2, a_3 \to 1, a_4 \to 0\}\}$$

Und damit war dann die obige einfache π-Formel (10.6) geboren und gleichzeitig bewiesen! Hätte jeder von uns gekonnt...

So kurz und lehrreich die Formel (10.6) auch ist, sie ist nicht besonders effektiv. Diesen Nachteil überwand Fabrice Bellard mit der folgenden Reihe:

$$\pi = \frac{1}{64} \sum_{n=0}^{\infty} \frac{(-1)^n}{1024^n} \left(-\frac{32}{4n+1} - \frac{1}{4n+3} + \frac{256}{10n+1} - \right.$$

$$\left. -\frac{64}{10n+3} - \frac{4}{10n+5} - \frac{4}{10n+7} + \frac{1}{10n+9} \right) \tag{10.7}$$

Offenkundig ist (10.7) schneller als die beiden bisher genannten BBP-Reihen für π. Unsere eigenen Messungen bestätigen in etwa die 43%, die Bellard gegenüber (10.1) angibt. Der Verbesserungseffekt seiner Formel besteht darin, daß sie zu der größeren Basis 1024 rechnet gegenüber der Basis 16 der BBP-Reihe, und somit weniger Terme bei gleicher Suchposition braucht. Man kommt mit dieser Formel bei gleichem Aufwand auch tiefer in π hinein.

Die Bellard-Reihe ist derzeit der Hit der Einzelstellenjäger. Mit ihr haben Bellard selbst und in jüngster Zeit der Student Colin Percival mehrere Rekorde aufgestellt, die zum jetzigen Stand (Februar 1999) der 10billionsten hexadezimalen Stelle, einem A, führten (vgl. Seite 195).

Die BBP-Reihe und ihre inzwischen vielen Varianten bringen leider nur *hexadezimale* (oder auch binäre, oktale etc.) Stellen hervor, und dies ist zumindest etwas exotisch. Schöner wär's, wenn man eine Formel hätte, die eine beliebige *dezimale* Stelle von π liefern würde.

Nun ist seit langem eine Konstante bekannt, deren dezimale Einzelstellen sich mittels einer BBP-artigen Reihe berechnen lassen. Diese Konstante ist $\ln(0.9)$ und ihre zugehörige Reihe lautet:

$$\ln\left(\frac{9}{10}\right) = -\sum_{n=1}^{\infty} \frac{1}{10^n} \frac{1}{n} \tag{10.8}$$

Die Reihe nährt die Hoffnung, daß auch für π eines Tages eine Reihe entdeckt wird, in deren Nennern statt einer 2er Potenz eine 10-er Potenz steht, so daß wir dann auf dezimalem, also vertrautem Terrain wären.

Leider ist die Wahrscheinlichkeit dafür nicht hoch. Die BBP-Formeln für π zeichnen sich alle dadurch aus, daß in ihnen arctan-Ausdrücke auftreten, die rationale Vielfache von π zur Basis 16 sind. Es wurde inzwischen (leider) gezeigt, daß es keine arctan-Ausdrücke mit der Basis 10 gibt, so daß also die Suche nach BBP-Formeln für dezimale Stellen prinzipiell fruchtlos ist. Aber vielleicht gibt's ja ein anderes Glück an anderer Stelle.

Simon Plouffe hat vor kurzem einen solchen anderen Weg für das Dezimalstellenproblem gewiesen. Er hat einen Algorithmus angegeben, mit dessen Hilfe sich Einzelstellen von π zu jeder beliebigen Basis finden lassen. Allerdings hat das Verfahren den Pferdefuß, daß es von kubischer Zeitbedarfsordnung ist und somit langsamer ist als die Algorithmen zur Berechnung eines dezimalen π von vorne.

Aber auch hier gibt's schon eine Verbesserung. Der bereits genannte Fabrice Bellard hat herausgefunden, wie man mit quadratischem

Zeitbedarf zu einer Einzelstelle von π in beliebiger Basis B kommen kann. Hier ist sein Algorithmus [18]:

Algorithmus 10.2 (Berechnung der Stelle n von π (Basis B)).
Setze N $:= \lfloor (n + \varepsilon) \log_2 B \rfloor$, worin ε eine kleine ganze Zahl zur Sicherung der Genauigkeit ist (zum Beispiel =20). Setze sum := 0. Dann

```
for (jede Primzahl a von a = 3 bis a < 2N)
{
```
$$
\begin{aligned}
vmax &:= \lfloor \log(2N)/\log(a) \rfloor; \\
m &:= a^{vmax} \\
v &:= 0; \\
s &:= 0; \\
A &:= 1; \\
b &:= 1;
\end{aligned}
$$
```
    for (k = 1, 2, ..., N)
    {
```
$$
\begin{aligned}
b &:= \frac{k}{a^{v(n,k)}} \cdot b \bmod m; \\
A &:= \frac{2k-1}{a^{v(a,2k-1)}} \cdot A \bmod m; \\
v &:= v - v(a, k) - v(a, 2k - 1); \\
&\text{if } (v > 0) \\
&\{ \\
&\quad s := s + k \cdot b \cdot A^{-1} \cdot a^{vmax-v} \bmod m \\
&\}
\end{aligned}
$$
```
    }
```
$$
\begin{aligned}
s &:= s \cdot B^{n-1} \bmod m; \\
sum &:= sum + \tfrac{a}{m} \bmod 1;
\end{aligned}
$$
```
}
```

Am Ende des Algorithmus steht die gewünschte dezimale Stelle am Anfang des Nachkommateils von *sum*.

11. Arithmetik

Zu einer π-Berechnung gehören drei Dinge: ein leistungsfähiger Computer, ein effizienter Algorithmus und eine schnelle Arithmetik. Wieso schnelle Arithmetik? Ist das nicht dasselbe wie ein leistungsfähiger Computer?

Ja und Nein. Natürlich können alle Computer addieren und multiplizieren, das ist ja ihre eigentliche Domäne, und leistungsfähige Computer tun dies auch entsprechend schnell. Aber sie können nur mit kurzen Zahlen rechnen, die meist gerade mal 32 oder 80 Bit lang sind, und keineswegs die Länge haben, die beim π-Problem benötigt wird. Deshalb muß jedes π-Programm seine langen arithmetischen Operationen aus den kurzen Operationen zusammensetzen, die der Computer anbietet.

11.1 Multiplikation

Diejenige arithmetische Operation, die an Bedeutung für den Zeitbedarf die anderen Operationen weit überragt, ist die Multiplikation langer Zahlen. Fast seine gesamte Laufzeit verbringt nämlich ein Programm zur Berechnung von π entweder mit Multiplikationen selbst oder mit „höheren" Operationen wie Division oder Quadratwurzelberechnung, die ihrerseits durch Multiplikationen realisiert werden. Demgegenüber spielen Addition oder Subtraktion keine solche tragende Rolle.

Wie berechnet man nun am effektivsten aus zwei Multiplikanden ihr Produkt? Die Antwort auf diese Frage war jahrhundertelang die gleiche: genau wie immer und noch heute in der Schule.

Wer noch vor der Taschenrechner-Ära das Rechnen gelernt hat wird wissen, wie eine Schulmultiplikation funktioniert: Multipliziere den ersten Multiplikanden mit jeder Stelle des zweiten, schreibe die errechneten Produkte zeilenweise und um je eine Stelle versetzt untereinander und addiere zum Schluß die berechneten Zeilenprodukte unter Berücksichtigung von Überläufen.

Weil bei der Schulmethode also jede Stelle des einen mit jeder Stelle des anderen Multiplikanden multipliziert wird, sind bei zwei N-stelligen Multiplikanden in summa $N \cdot N = N^2$ Einzelmultiplikationen auszuführen. Der Zeitaufwand dafür wächst proportional zu N^2, und die Multiplikation *doppelt* langer Zahlen verlangt demzufolge die *vierfache* Rechenzeit. Dieses Zeitverhalten führt zu gigantischen Werten, wenn N groß ist. Selbst auf einem Computer, der 10 Millionen Einzelmultiplikationen pro Sekunde ausführen kann, dauert die Multiplikation zweier Zahlen mit je einer Million Stellen länger als einen Tag. In einer hochgenauen Berechnung mit noch erheblich längeren Multiplikanden ist ein solcher Zeitbedarf prohibitiv.

Man kann jedoch schneller multiplizieren, und es ist noch nicht einmal schwer zu verstehen, wie das geht.

11.2 Karatsuba-Multiplikation

Eine erste Beschleunigung leistet die *Karatsuba-Multiplikation*. Obwohl erst seit Anfang der 60er Jahre bekannt, ist nicht klar, wer sie erfunden hat. Der russische Wissenschaftler A. Karatsuba, nach dem sie benannt ist, war es anscheinend nicht, denn er hat 1962 nur eine ähnliche (und kompliziertere) Methode gefunden [77, p. 259]. Sei's drum.

Zu multiplizieren seien zwei $N = 2^k$-stellige Zahlen u und v. (Wir nehmen hier und im folgenden der Einfachheit halber an, daß die beiden Multiplikanden einer Multiplikation stets gleiche Länge haben und ihre Stellenzahl eine ganze Zweierpotenz beträgt. Weniger einfache Fälle überlassen wir den Programmierern). Jede dieser Zahlen wird in eine obere und eine untere Hälfte von je $N/2$ Stellen aufgeteilt, bezeichnet mit u_1 und u_0 bzw. mit v_1 und v_0. Es gilt also $u = 10^{N/2}u_1 + u_0$ und $v = 10^{N/2}v_1 + v_0$.

Nach Schulmethode wird dann das Produkt von u und v so gebildet:

$$uv = 10^N u_1 v_1 + 10^{N/2}(u_0 v_1 + u_1 v_0) + u_0 v_0 \tag{11.1}$$

Darin treten 4 Teilmultiplikationen auf: $u_1 v_1$, $u_0 v_1$, $u_1 v_0$ und $u_0 v_0$. Die Faktoren 10^N und $10^{N/2}$ verlangen keine Multiplikation, sondern bedeuten nur einfache Links-Verschiebungen um N bzw. $N/2$ Stellen.

Demgegenüber bildet die Karatsuba-Multiplikation das Produkt von u und v folgendermaßen:

$$uv = (10^N + 10^{N/2})u_1v_1 + 10^{N/2}(u_1 - u_0)(v_0 - v_1) +$$
$$+(10^{N/2} + 1)u_0v_0 \qquad (11.2)$$

Simsalabim, jetzt sind nur noch 3 Teilmultiplikationen nötig, nämlich für die Produkte u_1v_1, $(u_1 - u_0)(v_0 - v_1)$ und u_0v_0. Das ist ein erheblicher Fortschritt, der nur geringfügig durch drei zusätzliche Additionen geschmälert wird.

Ein Zahlenbeispiel macht die Sache deutlicher: $N = 4$, $u = 9876$, $u_1 = 98$, $u_0 = 76$, $v = 5432$, $v_1 = 54$, $v_0 = 32$.

Schulmultiplikation		Karatsuba-Multiplikation	
$98{\cdot}54$	5292	$98{\cdot}54$	5292
$76{\cdot}54$	4104	dito	5292
$98{\cdot}32$	3136	$(98 - 76)(32 - 54)$	-0484
$76{\cdot}32$	2432	$76{\cdot}32$	2432
		dito	2432
	53646432		53646432

Im Laufe dieser Art von Multiplikation werden drei Multiplikationen mit Operanden von halber Länge ausgeführt. Jede davon enthält drei weitere Multiplikationen mit viertellangen Operanden usw. Die Karatsuba-Multiplikation eignet sich also zum rekursiven Aufruf von sich selbst. Dies zeigt das nachfolgende „verbale" Codestück:

Algorithmus 11.1 (Karatsuba-Multiplikation). Das Produkt der Zahlen in den Feldern u und v wird berechnet und in das Feld r gespeichert. Die Felder u und v haben die Länge n, das Feld r hat die Länge $2n$. n muß eine gerade Zahl sein. Die obere (linke) Hälfte des Feldes u heißt u_1, die untere (rechte) Hälfte heißt u_0, für v gilt Entsprechendes. Benötigt wird ein temporärer Speicher t der Länge $2n$ Stellen.

```
karatsuba(r, u, v, n)
{
  if (n < limit oder n ungerade)
    multipliziere auf gewöhnliche Weise,
  else
```

```
    {
        call karatsuba(r, u, v, n/2) zur Berechnung von u₁ · v₁
            und Speicherung in der linken Hälfte von r.
        call karatsuba(r+n, u+n/2, v+n/2, n/2), um u₀ · v₀
            in der rechten Hälfte von r zu berechnen.
        kopiere r nach t
        addiere u₁ · v₁, also t, und u₀ · v₀, also t + n,
            zu r + n/2, also zu den mittleren 2 Quartalen von r.
        berechne |u₁ − u₀| in t und |v₀ − v₁| in t + n/2, notiere
            die Vorzeichen.
        call karatsuba(t+n, t, t+n/2, n/2), um |u₁ − u₀||v₀ − v₁|
            in t + n zu berechnen.
        wenn die Vorzeichen von u₁ − u₀ und v₀ − v₁ gleich sind,
            addiere |u₁ − u₀| · |v₀ − v₁| zu r + n/2, andernfalls
            subtrahiere es von r + n/2.
    }
    return;
}
```

Man erkennt den dreimaligen rekursiven „Selbst"-Aufruf der Funktion `karatsuba()`.

Die Größe *limit* beträgt mindestens $= 1$, aber ist in der Praxis oft höher. Wenn die Operanden nämlich zu klein werden, lohnt sich die Karatsuba-Multiplikation nicht mehr und wird dann durch eine gewöhnliche Multiplikation ersetzt.

Das gleiche gilt, wenn die Länge n (von Anfang an oder nach Halbierungsschritten) eine ungerade Zahl ist. „Krumme" Operandenlängen sind für die Performance der Karatsuba-Multiplikation das pure Gift, nur Zweierpotenzen als Längen belassen das Verfahren effektiv. Diese Eigenschaft teilt es übrigens auch mit der nachfolgend besprochenen FFT-Multiplikation.

Nach diesem Schema funktioniert auch unsere Demo-Implementierung des Verfahrens in `mult/karamult` der CD-ROM.

Wie gesehen pflanzt sich der Effekt der Verbesserung von 4 auf 3 Teilmultiplikationen im weiteren Verfahren fort. So braucht die Karatsuba-Multiplikation in summa für $N = 2^k$-stellige Operanden nur 3^k kurze Multiplikationen statt $N^2 = 4^k$, die die Schulmethode verlangt. Die Gesamtzeit reduziert sich dadurch von quadratischer Ordnung N^2 zur Ordnung $N^{\log_2 3} = N^{1.58496\dots}$. Angewandt auf das obige Beispiel dauert die Multiplikation zweier eine Million Stellen langer Zahlen nicht mehr einen Tag, sondern nur noch 5 Minuten.

Angesichts seiner Einfacheit verwundert es, daß das Karatsuba-Verfahren zur Multiplikation erst 40 Jahre alt ist. Weder die Astronomen des Altertums, noch die exzellenten Arithmetiker in den Jahrhunderten vor dem Computer und selbst nicht die berühmten Kopfrechner des 18. und 19. Jahrhunderts scheinen bei ihren unglaublichen Rechenleistungen über eine prinzipiell bessere Methode als die Schulmultiplikation verfügt zu haben. Jedenfalls wird von keiner dieser Koryphäen etwas anderes berichtet [77, p. 259].

11.3 FFT-Multiplikation

So gut die Karatsuba-Methode ist – es geht noch schneller.

Den Schlüssel dazu bildet eine bestimmte *Transformation*. Transformationen erweisen sich oftmals als Wundermittel, nicht nur in der Mathematik. Wenn sich ein Problem auf direktem Wege nicht zufriedenstellend lösen läßt, transformiert man es in ein anderes Problem, das – so man Glück hat – besser lösbar ist. Hier hat man Glück.

Vor der Multiplikation werden die Multiplikanden erst einmal in bestimmter Weise verändert, eben transformiert. Mit den transformierten Multiplikanden wird dann eine Operation ausgeführt, die der normalen Multiplikation äquivalent ist, aber schneller abläuft. Danach wird das Ergebnis zurücktransformiert, so daß man das gewünschte Produkt erhält.

Natürlich soll der Umweg nicht länger dauern als der direkte Weg.

Das vielleicht einsichtigste Beispiel für eine hilfreiche Transformation mag sich vor Hunderten von Jahren zugetragen haben. Man stelle sich vor, wie mühsam es für unsere Vorfahren gewesen sein muß, im römischen Zahlensystem selbst einfache Multiplikationen auszuführen, also z.B. MMMDCCLXXXIX mit XLIX zu multiplizeren. Vielleicht schaute einem von ihnen eines Tages ein Araber über die Schulter, wunderte sich über so viel unnütze Arbeit und half ihm so: Er *transformierte* die römischen Ausgangszahlen in ihre arabischen Äquivalente, multiplizierte diese dann im arabischen Stellen-System, so wie wir das noch heute tun, und transformierte das arabische Ergebnis zuletzt ins römische zurück. Jedem ist klar, daß dieses Verfahren sehr viel schneller zum Ziel führte.

Aus Schulzeiten wird Ihnen noch ein Multiplikationsverfahren in Erinnerung sein, das ebenfalls mit Transformationen arbeitet. Die Rede ist von Logarithmierung. Bis zum Siegeszug der Taschenrechner war diese Methode *das* bevorzugte Hilfsmittel zur Multiplikation, zumal es dafür auch noch als weitere Erleichterung den berühmten Rechenschieber gab.

Zunächst wurden bei dieser Methode die beiden Multiplikanden unter Verwendung von Logarithmentafeln *logarithmiert*, sodann die so gewonnenen Logarithmen *addiert* und zuletzt die Summe wieder *delogarithmiert*. Wohl jeder, der das einmal gemacht hat, kann sich noch an sein Erstaunen erinnern, als dabei tatsächlich das gesuchte Produkt herauskam.

Bildlich dargestellt verfährt die logarithmische Transformation so:

$$
\begin{array}{ccc}
a, b & \rightarrow \text{Logarithmierung} \rightarrow & \log a, \log b \\
\downarrow & & \downarrow \\
\text{Multiplikation} & & \text{Addition} \\
\downarrow & & \downarrow \\
a \times b & \leftarrow \text{Delogarithmierung} \leftarrow & \log a + \log b
\end{array}
\tag{11.3}
$$

Statt auf dem direkten Wege von a, b zum Produkt $a \times b$ zu gehen, geht diese Art der Multiplikation den Umweg über die Logarithmen von a und b. Dabei nützt sie das Logarithmustheorem aus, wonach $\log(a \times b) = \log a + \log b$ ist. Die Logarithmen von a und b werden also addiert, und zum Schluß geht's via Delogarithmierung zurück zum Ergebnis.

So elegant die Multiplikation mittels Logarithmierung ist – für Anwendungen, bei denen Schnelligkeit bei begrenztem Speicher Trumpf ist, kommt sie nicht in Frage, und zwar einfach deshalb, weil es eine schnellere Methode gibt. Das ist die *Multiplikation mittels Fast-Fourier-Transformationen, FFT-Multiplikation* genannt. Sie stellt das schnellste bekannte Multiplikationsverfahren für lange Zahlen dar und kommt deshalb in allen großen π-Berechnungen zum Einsatz. Im folgenden beschreiben wir das Verfahren ausführlich.

Auch die FFT-Multiplikation geht den Umweg über Transformationen, um früher am Ziel zu sein. Als Transformation wird die sog. *Fourier-Transformation* (FT) verwendet, und zwar ihre schnelle Variante, die *Fast Fourier Transform* (FFT) heißt.

Fourier-Transformationen gehen auf den französischen Mathematiker Jean Baptiste de Fourier (1788–1830) zurück, der sie 1822 in der Wärmetheorie zur Analyse von Reihen aufgestellt hat. Sie sind seither in den Naturwissenschaften zu einem häufigen und unentbehrlichen Werkzeug geworden.

Die *schnelle* Fourier-Transformation wird meist auf das Jahr 1965 datiert, in dem J. Cooley und J. Tukey [43] einen entsprechenden Algorithmus der erstaunten Fachwelt erstmals vorstellten (vgl. Seite 190). Später hat man festgestellt, daß schon früher solche Algorithmen verwendet wurden, und daß die Wurzeln sogar bis zu C.F. Gauß (1805) zurückreichen [66].

Das kommutative Diagramm der FFT-Multiplikation sieht so aus:

$$
\begin{array}{ccc}
a, b & \rightarrow \text{Vorwärts-FFT} \rightarrow & F(a), F(b) \\
\downarrow & & \downarrow \\
\text{„Schul"-Mult.} & & \text{elementweise Mult.} \\
\downarrow & & \downarrow \\
a \times b & \leftarrow \text{Rückwärts-FFT} \leftarrow & F(a) \cdot F(b)
\end{array}
\tag{11.4}
$$

Die hier vorkommende Vorwärts-FFT entspricht der Logarithmierung, und die Rückwärts-FFT entspricht der Delogarithmierung des vorigen Beispiels 11.3. In beiden Verfahren werden auch drei Transformationen gebraucht. Hier sind das zwei Vorwärts-FFTs für die beiden Multiplikanden und eine Rückwärts-FFT für ihr Produkt.

Die wesentlichen Ingredienzen der FFT-Multiplikation sind die folgenden:

Polynome. Ein Polynom (vom Grade N in einer Unbekannten x) kann allgemein geschrieben werden als $P(x) = \sum_{k=0}^{N} p_k x^k$. Die p_k heißen die Koeffizienten des Polynoms, die hier stets ganze Zahlen sind. Beispiele für Polynome sind $A(x) = 8x^3 + 7x^2 + 8x + 9$ oder $B(x) = 4x^2 - x + 2$.

Multiplikation von Polynomen. Wir verwenden diese Beispiele $A(x)$ und $B(x)$ und multiplizieren sie zu einem Produkt-Polynom $C(x)$:

$$\begin{aligned}
C(x) = \quad & A(x) \quad\quad\times\quad\quad B(x) \\
= (8x^3 & + 7x^2 + 8x + 9) \times \quad (4x^2 - x + 2) \\
\hline
= 32x^5 & +28x^4 \quad +32x^3 \quad +36x^2 \\
& -8x^4 \quad\quad -7x^3 \quad -8x^2 \quad -9x \\
& \quad\quad\quad\quad +16x^3 \quad +14x^2 \quad +16x \quad +18 \\
\hline
= 32x^5 & +20x^4 \quad +41x^3 \quad +42x^2 \quad +7x \quad +18
\end{aligned}$$

Die allgemeine Formel für die Koeffizienten c_k des Polynoms $C(x) = \sum_{k=0}^{2N} c_i x^j$, das das Produkt aus $A(x) = \sum_{i=0}^{N} a_i x^i$ und $B(x) = \sum_{j=0}^{N} b_j x^j$ darstellt, lautet einfach: $c_k = \sum_{i+j=k} a_k b_k$. Um sich von der Richtigkeit zu überzeugen, braucht man nur für die ersten paar Potenzen von x das Produkt auszuschreiben und die Koeffizienten zu vergleichen. Die vornehme Bezeichnung für die Folge der c_k lautet *lineare Faltung* der Folgen a_i und b_j. Diese Faltung entspricht der Multiplikation im Raum der reellen Zahlen.

Zahlen sind (beinahe) Polynome. Eine Zahl wie 6789 ist gleich $6 \cdot 10^3 + 7 \cdot 10^2 + 8 \cdot 10^1 + 9 \cdot 10^0$. Allgemein ist die Dezimalzahl $d_N d_{N-1} \ldots d_2 d_1 d_0$ gleich $\sum_{k=0}^{N} d_k 10^k$. Die Ziffern einer Dezimalzahl sind also die Koeffizienten eines Polynoms $P(x)$, das für $x = 10$ just den Wert dieser Dezimalzahl hat. Da diese Koeffizienten hier beschränkt sind auf die Werte $0, 1, \ldots 9$, haben wir in der Überschrift „beinahe" geschrieben.

Zahlenmultiplikation = Polynommultiplikation + Überträge. Zahlen lassen sich dadurch multiplizieren, daß man die entsprechenden Polynome multipliziert. Allerdings können die c_k-Werte ≥ 10 werden. Da der Wertebereich der d_k jedoch auf $0 \ldots 9$ beschränkt ist, müssen nach der Multiplikation von links nach rechts Überträge gebildet und aufgelöst werden.

Als Beispiel sei hier die Polynom-Multiplikation von 67 mal 89 ausgeführt, bei der bei drei der vier c_k solche Überträge auftreten.

a_i, b_j :	67	$\times$	89
$a_i \times b_1$:	48	56	
$a_i \times b_0$:		54	63
c_k :	24	110	63
d_0 :			^{6} 3
d_1 :		^{11}	6
d_2 :	^{3} 5		
d_3 : ^{0} 3			

Fourier-Transformation, vorwärts und rückwärts. Die Vorwärts-Fourier-Transformation $F(a)$ einer Zahlenfolge $a = \{a_0, a_1, a_2, \ldots,$ $a_{N-1}\}$ ist eine Zahlenfolge gleicher Länge mit den Komponenten $\hat{a}_0, \hat{a}_1, \hat{a}_2, \ldots, \hat{a}_{N-1}$, die so definiert sind:

$$\hat{a}_\omega := \sum_{k=0}^{N-1} a_k(\cos(2\pi\omega k/N) + i\sin(2\pi\omega k/N)) = \sum_{k=0}^{N-1} e^{2\pi i\omega k/N}$$

Die Rückwärts-Fourier-Transformation $F^{-1}(a)$ einer Zahlenfolge a ist ebenfalls eine Zahlenfolge gleicher Länge, aber mit den Komponenten $\hat{a}_\omega := \frac{1}{N}\sum_{k=0}^{N-1} e^{-2\pi i\omega k/N}$. Unterschiedlich sind hier der Vorfaktor $\frac{1}{N}$ und das Minus im Exponenten der Koeffizienten.

Die direkte Implementation dieser FT-Definitionen führt zur langsamen Fourier-Transformation. Sie besteht aus zwei schlichten Schleifen. Die Berechnung erfolgt mit komplexen Zahlen.

```
// ---------------------------
// sft() (slow) fourier transform
// n      length of array f, not nec. a power of 2
// isign determines forward (> 0) or backward (< 0) transform

void sft(Complex *f, long n, int isign)
{
    Complex *res = new Complex[n];
    const double ph0 = isign > 0 ? +2.0*M_PI/n : -2.0*M_PI/n;

    for (long w=0; w<n; ++w)
    {
        Complex t = 0.0;
        for (long k=0; k<n; ++k)
        {
            double phi = ph0*k*w;
            t +=  f[k] * Complex(cos(phi), sin(phi));
        }
        res[w] = t;
    }

    for (long k=0; k<n; ++k)  f[k] = res[k];

    // back transform requires normalization by n
    if (isign < 0)
        for (long k=0; k<n; ++k) f[k] /= n;

    delete [] res;
}
```

Daß die obigen abstrakten, wie vom Himmel gefallenen Definitionen der FT den Schlüssel zu einer schnellen Multiplikation darstellen, hat zweierlei Gründe: erstens das Faltungstheorem und zweitens die Existenz von schnellen Verfahren zur Berechnung von FTs.

Faltungstheorem. Für Fourier-Transformierte gilt das sog. Faltungstheorem $F(a \times b) = F(a) \cdot F(b)$. Es besagt, daß die übliche Multiplikation von Polynomen (also die Faltung der Koeffizientenfolgen mit Aufwand proportional N^2) gleichbedeutend ist mit einer elementweisen Multiplikation der fouriertransformierten Koeffizientenfolgen der Multiplikanden, wobei ein Aufwand lediglich proportional N entsteht. $c_k = \sum_{i+j=k} a_i b_j \Leftrightarrow \hat{c}_y = \hat{a}_y \hat{b}_y$ oder, anders geschrieben, $c = F^{-1}(F(a) \cdot F(b))$. Hierbei bezeichnet c das Faltungsprodukt (genauer gesagt die Koeffizientenfolge des Faltungsprodukts) und a die Folge $a_0, a_1, \ldots, a_{N-1}$, b analog. Die durch den Punkt angedeutete Multiplikation ist elementweise durchzuführen. Die letzte Gleichung ist eine andere Schreibweise für den gleichen Sachverhalt, den das kommutative Diagramm der FFT-Multiplikation (11.4) in seiner rechten Spalte ausdrückt. Der Beweis für das Faltungstheorem ist nicht schwierig. Sie finden ihn im Text `fxtrem/fxtrem.*` auf unserer CD-ROM.

Die schnelle Fourier-Transformation (FFT). Der Rechenaufwand für die beschriebene (langsame) Fourier-Transformation einer Zahlenfolge der Länge N ist offensichtlich proportional N^2.

Gäbe es kein effizienteres Verfahren, wäre mit der FT-Multiplikation kein Blumentopf zu gewinnen. Glücklicherweise gibt es nun aber die schnelle Fourier-Transformation (FFT) und sogar viele Varianten von ihr. Ihnen gemeinsam ist die Verringerung des Rechenaufwandes von proportional N^2 auf nur $N \log_2 N$, also nur „ein wenig schlechter als proportional N". Die Grundidee ist die gleiche wie bei der Karatsuba-Multiplikation: Man teilt eine FT der Länge N auf in weniger als vier FTs der Länge $N/2$ (bei genau vier FTs wäre nichts gewonnen). Bei der Karatsuba-Multiplikation gelingt es, die N-stellige Multiplikation durch *drei* $N/2$-stellige zu ersetzen, bei der FFT sogar durch nur *zwei* FTs der Länge $N/2$. Auch hier wird der Teilungsschritt *rekursiv* angewandt, bis die Länge eins erreicht ist. Eine FT der Länge eins ist aber nur noch ein „do-nothing": $\hat{a}_0 = \sum_{k=0}^{0} a_k e^{2\pi i \omega k / 1} = a_0$. Somit kann jede FT berechnet werden durch fortwährendes Aufteilen in kürzere Folgen und richtigen Zusammenbau der Teilergebnisse.

Zyklische und lineare Faltung. Eine letzte Ingredienz ist die Umwandlung von zyklischen in lineare Faltungen. In der Formel für das Faltungstheorem haben wir unterschlagen, daß die Indizes k zyklisch *modulo* N zu verstehen sind, es also eigentlich $c_k = \sum_{i+j \equiv k \bmod N} a_i b_j \Leftrightarrow \hat{c}_y = \hat{a}_y \hat{b}_y$ heißen muß. Um aus dieser zyklischen Faltung die benötigte lineare zu bewerkstelligen, verlängert man die Folgen $a_0, a_1, \ldots, a_{N-1}$

und $b_0, b_1, \ldots, b_{N-1}$ durch N Nullen zu $a_0, a_1, \ldots, a_{N-1}, 0, 0, \ldots 0$ und $b_0, b_1, \ldots, b_{N-1}, 0, 0, \ldots 0$, wobei es egal ist, ob man die Nullen links oder rechts anhängt. Die zyklische Faltung *dieser* Folgen ergibt die lineare Faltung $c_0, c_1, \ldots, c_{2N-2}, c_{2N-1}$ der ursprünglichen Folgen.

Die FFT-Multiplikation in Aktion. Das nachfolgende Demoprogramm stellt eine vollständige Multiplikation mittels Fast-Fourier-Transformationen dar.

```
//
// Fast Fourier Transform (FFT) multiplication in action
//

#include <iostream.h>
#include <Complex.h>

typedef complex<double> Complex;

// function prototypes:

// fft(): fast fourier transform
void fft(Complex f[], long n, int isign);                // see below
// getdigs(): read digits from stdin into array a[]
long getdigs(char *s, long base, long a[], long d_max); // getdigs.cc
void print(const char *bla, long a[]     , long n);      // print.cc
void print(const char *bla, Complex f[], long n);        // print.cc

int main()
{
    cout << "\nDEMO OF THE FAST FOURIER TRANSFORM MULTIPLICATION\n";

    typedef unsigned long Digit;
    const long  nab_max = 1000;         // max Digit's of each multplier
    Digit       a[nab_max], b[nab_max]; // Digit's of the multipliers
    Digit       base  = 10;
    long        na, nb;                 // length of the multipliers

    while ( 1 )  // main loop
    {
    // 1) Read the two multipliers, set-up length values
        na = getdigs("Multiplicand ", base, a, nab_max);
        if (na == 0) break;
        nb = getdigs("Multiplicator", base, b, nab_max);
        if (nb == 0) break;
        long nc = na + nb; // length of result array c
        long nf;           // length of complex arrays fa, fb


    // 2) Find nf = smallest power-of-2 >= nc
    //     In case of sft(): letting nf = nc; would suffice.
        for (nf = 2; nf < nc; nf += nf)
            ;
        cout << "Base=" << base
             << ", na=" << na << ", nb=" << nb
             << ", nc=" << nc << ", nf=" << nf << endl;
    // 3) Copy a[] to complex array fa[], also b[] to fb[].
    //     Justify left, pad with zeros to the right:
```

```cpp
            Complex *fa = new Complex[nf];
            for (long k=0;  k < na; ++k)  fa[k] = a[k];
            for (long k=na; k < nf; ++k)  fa[k] = 0;
            print("Complex Multiplicand  (zero padded right): ", fa, nf);
            Complex *fb = new Complex[nf];
            for (long k=0 ; k < nb; ++k)  fb[k] = b[k];
            for (long k=nb; k < nf; ++k)  fb[k] = 0;
            print("Complex Multiplicator (zero padded right): ", fb, nf);
    // 4) Perform fast fourier transforms forward on fa[] and fb[]
            fft(fa, nf, +1);
            print("Complex Multiplicand  (after forward FFT): ", fa, nf);
            fft(fb, nf, +1);
            print("Complex Multiplicator (after forward FFT): ", fb, nf);
    // 5) Multiply elementwise: fa[k] = fa[k] * fb[k]
            for (long k=0; k < nf; ++k)  fa[k] *= fb[k];
            print("After elementwise complex multiplication : ", fa, nf);
    // 6) Perform fast fourier transform back incl. normalization:
            fft(fa, nf, -1);
            print("Complex Product (after backwards FFT)    : ", fa, nf);
    // 7) Copy result in fa[] to a real array c[]:
            Digit *c = new Digit[nc];
            for (long k=0; k < nc; ++k) c[k] = (Digit)(fa[k].real()+0.5);
            print("Real Product                             : ", c, nc);
    // 8) Shift right by one; the least significant digit is c[nc-2]
            for (long k=nc-2; k>=0; --k)  c[k+1] = c[k];
            c[0] = 0;
            print("After right shift by one                 : ", c, nc);
    // 9) carry operation:
            for (long k = nc-1; k >= 1; --k)
            {
                Digit carry  = c[k] / base;
                c[k]         -= carry * base;
                c[k-1]       += carry;
            }
            print("Final Product (after carry operation)    : ", c, nc);
            cout << endl;
            delete [] fa, fb;
            delete [] c;
        }
    return 0;
}
//
// fft() : fast fourier transform
//         (radix2, decimation in frequency)
// n       length of array f, must be a power of 2
// isign   determines forward (> 0) or backward (< 0) transform

void fft(Complex f[], long n, int isign)
{
    double pi = isign >= 0 ? +M_PI : -M_PI;

    for (long m=n; m > 1; m /= 2)
    {
        long mh = m / 2;
        double phi = pi / mh;

        for (long j=0; j < mh; ++j)
        {
            double  p  = phi * j;
```

```
        Complex cs = Complex(cos(p), sin(p));

        for (long t1=j; t1 < j+n; t1 += m) {
            Complex u = f[t1];
            Complex v = f[t1+mh];
            f[t1] = u+v;
            f[t1+mh] = (u-v) * cs;
        }
    }
}

// data reordering:
for (long m=1, j=0; m < n-1; ++m)
{
    for (long k=n>>1; (!((j^=k)&k)); k>>=1)  {;}
    if ( j > m ) // SWAP(f[m], f[j]);
    {
        Complex t = f[m];
        f[m] = f[j];
        f[j] = t;
    }
}
if ( isign < 0 )  // normalise if backwards transform
    for (long k=0; k < n; ++k)  f[k] /= n;
}
// --------------------------
```

In dem Programm wird statt der auf Seite 139 gezeigten Funktion
`sft()` (Slow Fourier Transform) die Funktion `fft()` verwendet, die die
schnelle Fast-Fourier-Transformation ausführt; ihr Quelltext steht am
Ende des Programm-Listings. Anders als bei der langsamen Variante
muß bei der schnellen die Länge der komplexen Arrays eine Zweierpotenz betragen (die kleinste $\geq na + nb$), weil – wie erwähnt – die
Schnelligkeit durch rekursives Halbieren der Multiplikanden erreicht
wird. Nach Vorwärts- und Rückwärts-Transformation wird das Resultat um eine Stelle nach rechts verschoben, weil die Transformation
die rechteste Stelle frei läßt (das Faltungsprodukt der Stellen i und j
gelangt an die Stelle $i + j$, somit das Faltungsprodukt der rechtesten
Stellen $na - 1$ und $nb - 1$ an die Stelle $na + nb - 2$). Zuletzt werden
die Überträge aufgelöst. Der übrige Ablauf des Programms sollte aus
dem Gesagten und den In-line-Kommentaren klarwerden.

Vergleich. Die schnelle Fourier-Transformation vererbt ihre Geschwindigkeit an die FFT-Multiplikation, in der sie dreimal aufgerufen wird.
Deshalb hat auch die FFT-Multiplikation ein Zeitverhalten, das nur
proportional $N \log_2 N$ zur Länge N der Multiplikanden wächst. Die
Wirkung ist bei großen N beachtlich, wie die folgende Grafik zeigt.

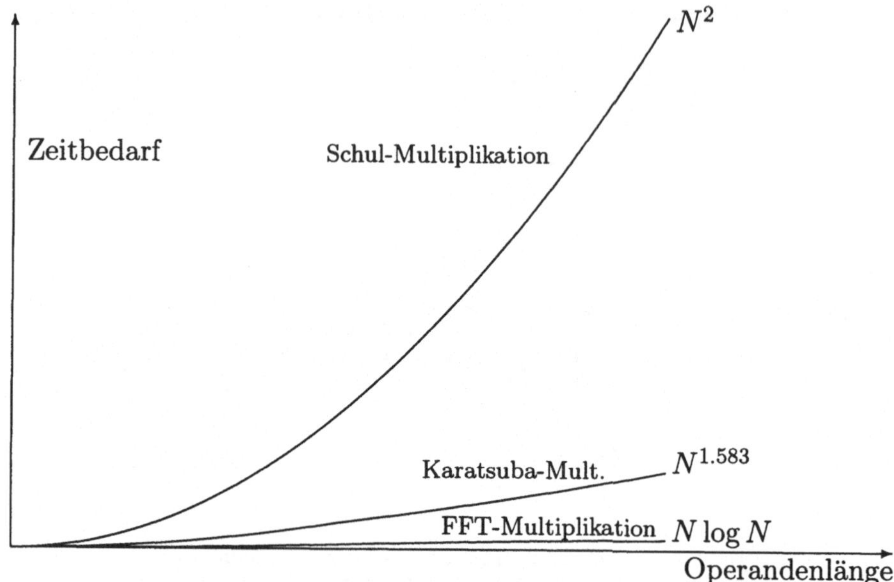

Das Bild zeigt deutlich, wie die FFT-Multiplikation der Karatsuba-oder gar der Schul-Multiplikation überlegen ist.

In unserem Beispiel der Multiplikation zweier einmillionstelliger ($= N$) Zahlen reduziert sie die Zahl der Einzelmultiplikationen von 1 Billion auf ca. 20 Millionen ($= N \log_2 N$) und verkürzt damit die Rechenenzeit, die ursprünglich mehr als einen Tag betrug, auf nur noch 3 Sekunden. Sie schlägt damit die selbst schon schnelle Karatsuba-Multiplikation noch mal um den Faktor 100. (Diese Zeitverhältnisse können Sie sich auch vor Augen führen, wenn Sie unser Demoprogramm `mult/speedcmp` ausführen.)

11.4 Division

Zur Division von langen Zahlen u und v ist die übliche, in der Schule gelehrte Division nicht zu gebrauchen. Sie wird durch zwei Operationen ersetzt, nämlich eine Multiplikation und und eine Kehrwertbildung, gemäß folgendem Schema:

$$\frac{u}{v} = u \cdot \frac{1}{v} \tag{11.5}$$

Die Multiplikation haben wir schon ausführlich besprochen. Für die Kehrwertbildung $\frac{1}{v}$ langer Zahlen gibt es seit mehr als 300 Jahren ein immer noch aktuelles Verfahren, das von keinem Geringeren als Isaac Newton (1642–1727) stammt.

Das Newtonsche Verfahren zur Kehrwertberechnung benutzt ein Iterationsschema. Ausgehend von einem Anfangswert $x_0 \approx 1/v$ bildet es iterativ Folgewerte x_1, x_2, ... nach folgender Vorschrift:

$$x_{i+1} = x_i + x_i(1 - v \cdot x_i) \tag{11.6}$$

und zwar so lange, wie der Ausdruck $x_i(1 - v \cdot x_i)$ im Rahmen der Rechengenauigkeit noch nicht $= 0$ ist. Dabei wird ökonomischerweise der Ausdruck (11.6) genau so berechnet, wie er da steht, nicht etwa als $x_{i+1} = x_i(2 - vx_i)$. Der Ausdruck $1 - v \cdot x_i$ liegt nämlich so nahe an Null, daß seine linke Hälfte aus lauter Nullen besteht, und man also nur mit der Hälfte der Stellen multiplizieren muß. An einem Beispiel zeigt sich dies etwas klarer:

Gesucht sei $1/v = 1/7 = 0.14285\,714\ldots$ auf 8 Stellen. Der Anfangswert sei $x_0 = 0.1$. Dann ergibt sich:

$k\ x_i$	$x_i(1 - v \cdot x_i)$	x_{i+1}	Genaue Stellen
0 0.1	0.03	0.13	1
1 0.13	0.0117	0.1417	2
2 0.1417	0.0011477	0.14284777	4
3 0.14284777	0.00009372	0.14285714	8

Nach nur drei Schritten sind schon 8 genaue Nachkommastellen entstanden. Dies liegt an der *quadratischen Konvergenz* des Iterationsverfahrens, das also bei jedem Schritt die Anzahl genauer Stellen verdoppelt.

Das Newtonsche Verfahren hat über die quadratische Konvergenz hinaus die schöne Eigenschaft, daß es *selbstkorrigierend* ist. Die Zwischenwerte x_k brauchen nicht mit der vollen Stellenzahl berechnet zu werden sondern immer nur mit der doppelten Stellenzahl des vorhergehenden Schrittes.

Eine genauere Analyse zeigt, daß auf diese Weise die Berechnung eines langen Kehrwerts $\frac{1}{v}$ die Zeit von etwa 3 langen Multiplikationen braucht. Einschließlich der abschließenden Multiplikation mit dem Zähler u ergibt sich also für eine lange Division näherungsweise die Zeit von 4 langen Multiplikationen.

11.5 Quadratwurzel

Wie man den modernen iterativen Formeln für die π-Berechnung entnehmen kann, z.B. dem Gauß-AGM-Verfahren, tritt dort zumindest einmal pro Iterationsschritt eine Quadratwurzel $\sqrt{d}$ mit einem langen Radikanden d auf, die auf die volle Länge des Ergebnisses berechnet werden muß.

Falls Sie noch wissen, wie man in der Schule Quadratwurzeln berechnet, dann vergessen Sie es. Es gibt nämlich deutlich effektivere Verfahren dafür. Eines davon ist wiederum von Newton ersonnen worden und sieht so aus:

Ähnlich der Division wird das Problem in zwei Schritte geteilt, nämlich in die Berechnung des *Kehrwerts* der gesuchten Quadratwurzel und in eine anschließende Multiplikation. Der Radikand wird zuvor so normalisiert, daß d zwischen 0 und 1 liegt.

$$\sqrt{d} = \frac{1}{\sqrt{d}} \cdot d \tag{11.7}$$

Um den Kehrwert von $\sqrt{d}$ zu berechnen, verwendet man eine Anfangsnäherung $x_0 \approx \frac{1}{\sqrt{d}}$ und bildet dann iterativ Folgewerte x_1, x_2, ... nach folgender Vorschrift

$$x_{i+1} = x_i + x_i \frac{1 - d \cdot x_i^2}{2} \tag{11.8}$$

und zwar so lange, wie der Ausdruck $x_k(1 - d \cdot x_k^2)/2$ im Rahmen der Rechengenauigkeit noch nicht $= 0$ ist. Abschließend multipliziert man das Resultat noch mit d, um $\sqrt{d}$ zu erhalten.

Die x_i konvergieren wie bei der langen Division quadratisch. Auch hier kann man Rechenaufwand sparen, wenn man nur die wirklich nötige Anzahl von Stellen mitschleppt. Unter Nutzung solcher Ersparnisse ist der Zeitaufwand für $1/\sqrt{d}$ etwa gleich dem von 4 langen Multiplikationen. Für die Berechnung von $\sqrt{d}$ selbst kommt noch eine lange Multiplikation hinzu.

Ein Hinweis mag nützlich sein: Sie sollten das beschriebene Verfahren nicht verwechseln mit einem ähnlichen, dessen Iterationsvorschrift so lautet:

$$x_{i+1} = \frac{x_i + \frac{d}{x_i}}{2}$$

Hierbei wird zwar $\sqrt{d}$ direkt, ohne abschließende Multiplikation angenähert. Der Preis dafür ist aber eine Division in jedem Iterationsschritt.

11.6 n-te Wurzel

In einigen π-Algorithmen werden auch Wurzeln mit größerem Exponenten gebraucht, also Ausdrücke der Form $\sqrt[n]{d}$ mit $n > 2$. Dieses n ist regelmäßig eine Konstante und darüber hinaus recht klein, so daß man es sich leisten kann, für jedes n einen eigenen Algorithmus aufzurufen.

Es gibt eine interessante Prozedur zur Konstruktion solcher Algorithmen für beliebige n, deren Konvergenz zudem noch wählbar ist.

In allen Fällen wird zunächst – wie bei der Quadratwurzel – der Kehrwert der gesuchten n-ten Wurzel berechnet. Man ermittelt das gesuchte Ergebnis also über den Umweg:

$$\sqrt[n]{d} = \frac{1}{\sqrt[n]{d^{n-1}}} \cdot d \tag{11.9}$$

$$= \frac{1}{\sqrt[n]{D}} \cdot d \tag{11.10}$$

wobei nach der Wurzelberechnung zum Abschluß noch eine Multiplikation mit d nötig ist.

Ausgangspunkt für diese Klasse von Algorithmen ist die Identität

$$\frac{1}{\sqrt[n]{D}} = \frac{x}{\sqrt[n]{1 - (1 - x^n \cdot D)}} \tag{11.11}$$

$$= x \cdot (1 - y)^{-1/n} \qquad \text{mit } y := 1 - x^n D \tag{11.12}$$

Die Auflösung in eine Taylor-Reihe ergibt

$$\frac{1}{\sqrt[n]{D}} = x \left(1 + \frac{y}{n} + \frac{(1 + n)y^2}{2n^2} + \frac{(1 + n)(1 + 2n)y^3}{6n^3} + \ldots + \right.$$

$$\left. + \frac{(1 + n)(1 + 2n) \cdots (1 + (k - 1)n)y^k}{k!n^k} + \cdots \right) \tag{11.13}$$

Die gewünschte Iterationsvorschrift für eine Konvergenzordnung k erhält man jetzt dadurch, daß man diese Reihe nach dem $(k - 1)$-ten Glied abbricht. Die resultierende Summe heiße $\Phi_k(n, x)$. Die Iteration lautet dann:

$$x_{i+1} = \Phi_k(n, x_i) \tag{11.14}$$

So ergibt sich z.B. ein quadratisch konvergierender Algorithmus für den Kehrwert einer Quadratwurzel ($n = 2, D = d$):

$$x_{i+1} = \Phi_2(2, x_i)$$

$$= x_i + x_i \frac{(1 - d \cdot x_i^2)}{2} \tag{11.15}$$

also genau die Iterationsvorschrift (11.8), die wir im vorigen Abschnitt gesehen haben.

Die folgende Tabelle enthält die vier Interationsvorschriften für die Fälle $n = 2, 3$ und $k = 2, 3$:

	$\sqrt[2]{\frac{1}{d}}$		$\sqrt[3]{\frac{1}{d}}$
Konvergenz-Ordnung	$D = d$ $\qquad y_i = (1 - x_i^2 D)$		$D = d^2$ $\qquad y_i = (1 - x_i^3 D)$
2	$x_{i+1} = x_i(1 + y_i/2)$		$x_{i+1} = x_i(1 + y_i/2)$
3	$x_{i+1} = x_i(1 + y_i/2 + 3y_i^2/8)$		$x_{i+1} = x_i(1 + y_i/3 + 3y_i^2/8)$

Auf diese Weise hat man gleich ein ganzes Bündel von Möglichkeiten, n-te Wurzeln auf die effektive Weise zu berechnen.

11.7 Reihen-Berechnung

Die Berechnung von schlecht konvergierenden unendlichen Reihen gehört zu den schwierigen Alltagsaufgaben numerischer Arbeit. Ein besonders krasser Fall ist die Leibniz-Reihe für $\pi/4$:

$$\frac{\pi}{4} = 1 - \frac{1}{3} + \frac{1}{5} - \frac{1}{7} + - \cdots = \sum_{k=0}^{\infty} (-1)^k \frac{1}{2k+1} \tag{11.16}$$

Ihre Konvergenz ist so gering, daß für n genaue Dezimalstellen nicht weniger als 10^n Glieder zu berechnen sind.

Um so überraschender ist es, daß es einen Algorithmus gibt, der diese Reihe außerordentlich beschleunigt. Mit ihm erbringt sie z.B. 1000 genaue Dezimalstellen mit nur 1307, statt mit gigantischen 10^{1000} Summanden. Noch besser: Dieser Algorithmus ist nicht nur für die Leibniz-Reihe anwendbar sondern auch noch für viele andere Reihen. Die einzige harte Bedingung ist, daß die Glieder der Reihe alternieren, d.h. abwechselnd positiv und negativ sind. Im übrigen sollten die Reihenglieder einfach zu berechnen sein, und es sollte die gewünschte Genauigkeit der Reihensumme nicht über eine bestimmte Grenze, z.B. 1000 Dezimalstellen, hinausgehen.

Das erstaunliche Verfahren stammt von Henri Cohen, F. Rodriguez Villegas und Don Zagier [42]. In ihrem Aufsatz beschreiben die

Autoren gleich eine ganze Klasse von Algorithmen für noch andere Anwendungsfälle. Wir picken uns hier nur den elegantesten davon heraus. Ein plastischer Name für ihn lautet *sumalt*.

Die entscheidende Entdeckung besteht in der Bestimmung von universalen, von der zu berechnenden Reihe unabhängigen Koeffizienten, mittels derer die Konvergenz der Reihe erheblich beschleunigt wird.

Der Algorithmus approximiert die Summe $s = \sum_{k=0}^{\infty} a_k$ mit alternierenden a_k durch eine gewichtete Summe von $a_0, a_1, \ldots, a_{n-1}$ mit universalen Koeffizienten $c_{n,k}/d_n$. Sowohl die $c_{n,k}$ als auch d_n sind ganze Zahlen. Für die ersten n ergeben sich folgende Werte:

n	d_n	$c_{n,0}$	$c_{n,1}$	$c_{n,2}$	$c_{n,3}$
1	3	$2a_0$			
2	17	$16a_0$	$8a_1$		
3	99	$98a_0$	$80a_1$	$32a_2$	
4	577	$576a_0$	$544a_1$	$384a_2$	$128a_3$

Die Koeffizienten hängen nicht von den a_k, sondern nur von der Gliederzahl n ab, also von der Genauigkeit, mit der die Summe berechnet werden soll. Für eine große Klasse von Folgen a_k ergibt sich ein relativer Fehler von etwa $(3 + \sqrt{8})^{-n} \approx 5.828^{-n}$, so daß für eine relative Genauigkeit von D Dezimalstellen der Wert $n = 1.31 \cdot D$ ausreicht.

Die Koeffizienten $c_{n,k}$ werden durch eine Iterationsvorschrift über eine Hilfsgröße $b_{n,k}$ gewonnen.

$$b_{n,n-1} := 2^{2n-1}$$

$$c_{n,n-1} := b_{n,n-1}$$

$$b_{n,k-1} := b_{n,k}\frac{(2k+1)(k+1)}{2(n-k)(n+k)} \quad (k = n-1, n-2, \ldots, 0)$$

$$c_{n,k-1} := c_{n,k} + b_{n,k}$$

Umgekehrt als im Originalaufsatz berechnen wir die Koeffizienten $c_{n,k}$ von $k = n-1$ abwärts bis $k = -1$, weil sie sich dann berechnungsfreundlicher verhalten, und wir außerdem eine Quadratwurzelberechnung einsparen. Zudem ist die Größe d_n, durch die am Ende dividiert werden muß, gleich dem zuletzt berechneten c_{n-1}.

In der Syntax des Computer-Algebra-Systems *MuPAD* lautet der überraschend einfache Algorithmus so:

Algorithmus 11.2 („sumalt").

```
sumalt := proc(n)
  local b,c,k,s;
begin
  b := 2^(2*n-1);   // Hilfsgröße b_{n,k}
  c := b;           // c_{n,k}
  s := 0;           //
  for k from n-1 downto 0 do
    t := (-1)^k / (2*k+1); // hier: Leibniz Term, allg.: a_k
    s := s + c * t;
    b := b * ((2*k+1)*(k+1))/(2*(n-k)*(n+k));
    c := c + b;
  end_for;
  s := s / c;                      // letztes c_{n,k} = d_n
  return( s );
end_proc:
```

Wie vorzüglich dieser Algorithmus die Leibniz-Reihe approximiert, veranschaulicht die folgende Tabelle:

n	sumalt(n)	genaue Stellen(D)
1	0.66666 66666 66666 66666 66666 66666	0
2	0.78431 37254 90196 07843 13725 49019	2
5	0.78539 66366 00918 49208 70915 51855	5
10	0.78539 81634 52432 89232 97023 43038	9
20	0.78539 81633 97448 30992 06676 87680	18
30	0.78539 81633 97448 30961 56608 48818	26
$\pi/4 =$	0.78539 81633 97448 30961 56608 45819	30

Mit nur 30 Reihengliedern der Leibniz-Reihe konnten also $D = 26$ genaue Dezimalstellen von $\pi/4$ ermittelt werden, wozu sonst 10^{30} Reihenglieder nötig gewesen wären. Daß der Algorithmus auch sehr schnell ist, zeigen die nur 2 Sekunden, die unser PC für 1000 genaue Dezimalstellen benötigt.

12. Vermischtes

12.1 Ein Pi-Quiz

Eine der wenigen Frauen, die auf der π-Bühne agieren, ist Eve A. Andersson. Sie hat ins Internet ein Quiz mit dem Titel „The Pi Trivia Game" gestellt, das uns allen „ultimativ die Chance gibt, einen Tribut an jene herrliche transzendente Zahl zu zollen, die wir alle so zu lieben gelernt haben."[1]

Das Quiz besteht aus 25 Fragen aus „Eves π-Fragenbank". Der ganze Test ist zu lang, um ihn hier zu drucken, aber einige der Fragen dürfen es schon sein:

1. Betrachten Sie die folgende Folge von natürlichen Zahlen, die aus immer längeren Anfangsstücken von π bestehen: 3, 31, 314, 31415, 314159, 3141592, etc. Wie viele der ersten 1000 Zahlen dieser Folge sind Primzahlen?
   a) 48   b) 34   c) 4   d) 21   e) 58 ?

2. Was ist ein anderer Name für π in Deutschland ?
   a) el numero buono
   b) die Ludolphsche Zahl
   c) Gesundheit
   d) die Eulersche Zahl
   e) Drei

3. Wenn jemand den Umfang des Kreises von der Größe des bekannten Universums auf die Genauigkeit des Radius eines Protons berechnen wollte, wie viele Dezimalstellen von π bräuchte er dazu?
   a) 2 Millionen   b) 39   c) 11   d) 48000   e) 300

---

[1] http://www.cid.com/~eveander/trivia

4. In der bis jetzt bekannten Dezimalfolge von π sind die Ziffern 0 bis
   9 ziemlich gleichmäßig verteilt. Allerdings fehlt deutlich sichtbar
   unter den ersten 30 Stellen eine Ziffer. Welche ist's?
   a) 7   b) 2   c) 0   d) 8   e) 6

Lösungen: 1.: c), 2.: b), 3.: b), 4.: c). Dabei überrascht wohl am
meisten die erste Antwort. Tatsächlich sind unter den ersten 1000 An-
fangsfolgen von π nur vier Primzahlen, und sie liegen weit vorne: 3,
31, 314 159 und 3 145 926 535 897 932 384 626 433 832 795 028 841.

12.2 Laßt Zahlen sprechen

„Wenn Du nur lange genug auf eine Zahl hinschaust, dann spricht
sie mit Dir". Diese seine feste Überzeugung stellt Dario Castellanos
in seinem Aufsatz *The Ubiquitous* π [40] aus dem Jahre 1988 einer
Sammlung von „numerologischen" Funden voraus, die er und andere
im Laufe der Zeit gemacht haben.

1. Der Bruch $\frac{355}{113}$ ist bekanntlich eine gute Näherung (auf 6 Stellen)
   von π. Weniger bekannt ist die folgende Näherung für $\sqrt{\pi}$

$$\sqrt{\pi} \approx \frac{553}{311 + 1} \tag{12.1}$$

die fast gleich ist dem von rückwärts gelesenen Bruch $\frac{355}{113}$.

2. Bei der folgenden Näherung von $\sqrt{\pi}$ kommen alle Ziffern des auf
   6 Stellen gerundeten Werts von π (3.141593) vor:

$$\sqrt{\pi} \approx \left(\frac{3}{14}\right)^2 \frac{193}{5} \tag{12.2}$$

3. Eine magische Eigenschaft von π hat T.E. Lobeck entdeckt. Das
   linke Quadrat ist ein übliches magisches Quadrat der Größe 5 × 5.
   Seine Zeilen-, Spalten- und Diagonalensummen sind alle gleich 65.
   Wenn man jeden Wert n in dem Quadrat durch die n-te Stelle
   von π ersetzt, so ergibt sich ein neues Zahlenquadrat. In diesem
   Quadrat kommen alle Zeilensummen auch als Spaltensummen vor:

17	24	1	8	15		2	4	3	6	9	(24)
23	5	7	14	16		6	5	2	7	3	(23)
4	6	13	20	22		1	9	9	4	2	(25)
10	12	19	21	3		3	8	8	6	4	(29)
11	18	25	2	9		5	3	3	1	5	(17)
						(17)	(29)	(25)	(24)	(23)	

Magisches Quadrat   Mit π modifiziertes Quadrat

12.3 Ein Beweis für $\pi = 2$

Betrachten Sie diese Folge von Halbkreisen:

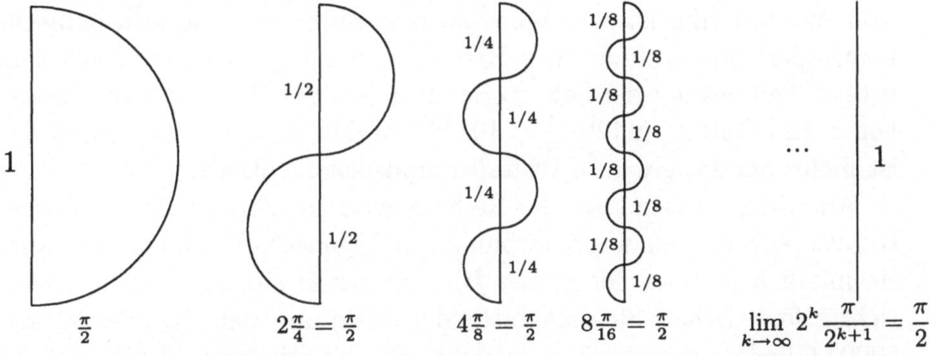

$$\frac{\pi}{2} \qquad 2\frac{\pi}{4} = \frac{\pi}{2} \qquad 4\frac{\pi}{8} = \frac{\pi}{2} \qquad 8\frac{\pi}{16} = \frac{\pi}{2} \qquad \lim_{k\to\infty} 2^k \frac{\pi}{2^{k+1}} = \frac{\pi}{2}$$

Der linke Halbkreis mit dem Durchmesser 1 hat die Länge $\frac{\pi}{2}$. Die beiden daneben stehenden Halbkreise sind halb so lang, aber haben zusammen auch die Länge $\frac{\pi}{2}$. Auch die 4 mittleren und die 8 vorletzten Halbkreise sind in summa $\frac{\pi}{2}$ lang. Bei Fortsetzung ins Unendliche wird aus der Wellenlinie eine Gerade; sie hat die Gesamtlänge $\frac{\pi}{2}$, und die ist gleich dem gemeinsamen Durchmesser 1. Also gilt:

$$\frac{\pi}{2} = 1$$

$$\pi = 2$$

Was zu beweisen war.

12.4 The Big Change

Aus einem FORTRAN-Manual der Firma Xerox: „Der Hauptzweck der DATA-Anweisung ist es, Namen für Konstante festzulegen; anstatt an jeder Stelle im Programm, wo π vorkommt, 3.141592653589793 zu schreiben, kann man diesen Wert mit einer DATA-Anweisung einer Variablen PI zuweisen und diese dann anstelle der Langform verwenden. Dies vereinfacht auch die Änderung des Programms, *falls sich der Wert von pi ändern sollte.*"

12.5 Fast voll daneben

Die sicherlich bekannteste Reihe für π heißt Leibniz-Reihe und lautet so:

$$\pi = 4\left(1 - \frac{1}{3} + \frac{1}{5} - \frac{1}{7} + \cdots\right) \tag{12.3}$$

Von dieser Reihe ist vor allem auch bekannt, daß sie sehr schlecht konvergiert und deshalb für π-Berechnungen ungeeignet ist. Nach dem n-ten Glied beträgt der Fehler erst etwa $\frac{1}{n}$. Um z.B. 100 genaue Stellen von π zu erhalten, müßte $\frac{1}{n} = 10^{-100}$ werden, also $n = 10^{100}$, und das ist mehr, als das gesamte Weltall Partikelchen enthält.

Allerdings entschädigt die Reihe gewissermaßen für ihre schlechte Konvergenz mit einer ungewöhnlichen Eigenschaft: Manchmal fährt sie nämlich jenseits der ersten falschen Stelle ein ganzes Stück lang richtig fort. Sehen Sie sich bitte den Wert an, den die Reihe nach 50000 Gliedern liefert und vergleichen Sie ihn mit den ersten korrekten Stellen von π:

$$4 \sum_{k=1}^{50000} \frac{(-1)^{k-1}}{2k-1} = 3.14157\,26535\,89795\,23846\,26423\,83279\,50\ldots \tag{12.4}$$

$$\text{während } \pi = 3.14159\,26535\,89793\,23846\,26433\,83279\,50\ldots$$

In dem Ergebnis ist bereits die 5. Nachkommastelle falsch, und dies ist bei der Gliederanzahl 50000 gemäß der obigen Abschätzung auch nicht anders zu erwarten. Aber nach dieser falschen Stelle sind die nächsten 9 Stellen wieder richtig! Und dann folgen sogar noch einmal 8 und 8 Stellen ohne Fehl und Tadel. Alles in allem sind von den ersten 33 Stellen nur 3 Stellen (die gekennzeichneten) falsch.

Auf diese Merkwürdigkeit machte R.D. North aus Colorado Springs, USA, die Gebrüder Borwein aufmerksam. Auch Martin R. Powell war dasselbe aufgefallen, vgl. [96], der 1982 nach 13.5 Stunden Rechenzeit auf seinem Schulcomputer die weitere Analyse einstellte. Die Borweins und ihr Kollege K. Dilcher haben die Sache untersucht und in einem Aufsatz [34] den mathematischen Hintergrund aufgeklärt.

Verantwortlich für das Phänomen ist die besondere Gestalt der Restsumme der Leibniz-Reihe, d.h. der Summe aller Glieder, die nach dem $N/2$-ten Reihenglied folgen. Diese sog. Asymptotik beträgt nämlich [34]:

$$\pi - 4\sum_{k=1}^{N/2}\frac{(-1)^{k-1}}{2k-1} = \frac{2}{N} - \frac{2}{N^3} + \frac{10}{N^5} - \frac{122}{N^7} + \frac{2770}{N^9} - \frac{101042}{N^{11}} +$$

$$+ \cdots + (-1)^m\frac{2\cdot E_{2m}}{N^{2m+1}} + \cdots \qquad (12.5)$$

J. und P. Borwein, Dilcher, 1989

Darin bedeuten die Zähler 2, 2, 10, 122, 2770, 101042, ... die mit 2 multiplizierten sog. *Eulerschen Zahlen* E_{2m}. N muß durch 4 teilbar sein.

Wenn man in (12.5) für N den Wert 10^5 einsetzt, so erhalten die ersten vier Glieder der Restsumme die Werte $+2\cdot 10^{-5} = 0.00002$, $-2\cdot 10^{-15}$, $+1\cdot 10^{-24}$ und $-1.22\ldots\cdot 10^{-33}$. Das aber bedeutet nichts anderes, als daß die 5. sowie die 15. Nachkommastelle um -2 und die 24. Nachkommastelle um $+1$ falsch ist, aber die übrigen der ersten 33 Stellen richtig sind.

Inzwischen findet man den Sachverhalt in der Literatur weiterbehandelt. In [3] kann man dazu lesen, daß die Asymptotik-Formel (12.5) in nur einer Sekunde hätte gefunden werden können, wenn man nur etwa das Computer-Algebra-System *Maple* mit der Quellzeile

```
asympt(simplify((sum(-4*(-1)^j/(2*j-1),
                j=1..n/2)-Pi) /(-1)^(n/2+1)),n,8);
```

gefüttert hätte! Vor dieser Erkenntnis habe der Borwein-Dilcher-Aufsatz als ein Beispiel für die Überlegenheit des Menschen über den Computer gegolten, nachher jedoch eher dagegen.

Nun muß man fairerweise sagen, daß die ganze Northsche Kuriosität für Dezimalstellen nur gilt, wenn N eine Zehnerpotenz ist. Wenn zum Beispiel in (12.4) auch nur ein einziges Reihenglied hinzugenommen wird, schaut das Ergebnis schon deutlich anders aus:

$$4\sum_{k=1}^{50001}\frac{(-1)^{k-1}}{2k-1} = 3.14161\,26531\,89799\,23842\,26427\,83275\,50\ldots \qquad (12.6)$$

Darin sind bereits 8 der ersten 33 Stellen anders als in π.

12.6 Warum immer mehr Stellen?

Warum immer mehr Stellen und nicht auch einmal weniger? So dachten wohl die vier Chinesen Wei Gong-yi, Yang Zi-quiang, Sun Jia-chang sowie Li Jia-kai vom Computer-Zentrum der Academia Sinica in Peking und veröffentlichten im Jahre 1996 einen wissenschaftlichen Artikel mit dem Titel: *Die Berechnung von π auf 10 000 000 Stellen* [61]. Darin wird die Mühe deutlich, die die Vier mit ihrer Berechnung hatten, und wie sie es letztlich doch geschafft haben. Der Aufsatz enthält natürlich ein Literaturverzeichnis. Darin wird ein anderer Aufsatz zitiert, der ähnlich klingt: *Die Berechnung von π auf 29 360 000 Stellen* von David Bailey aus dem Jahre 1988.

Der Fortschritt ist eben sehr wohl aufhaltsam.

12.7 Kreisquadratur mit Löchern

Wir folgen einem schönen Aufsatz von Hansklaus Rummler [102]:

Zwei unendliche Produkte für π haben Geschichte gemacht. Das erste stammt von Viète und das zweite von Wallis:

$$\frac{2}{\pi} = \sqrt{\frac{1}{2}} \cdot \sqrt{\frac{1}{2} + \frac{1}{2}\sqrt{\frac{1}{2}}} \cdot \sqrt{\frac{1}{2} + \frac{1}{2}\sqrt{\frac{1}{2} + \frac{1}{2}\sqrt{\frac{1}{2}}}} \cdots \qquad (12.7)$$

Viète, 1593

$$\frac{\pi}{4} = \frac{2 \cdot 4}{3 \cdot 3} \cdot \frac{4 \cdot 6}{5 \cdot 5} \cdot \frac{6 \cdot 8}{7 \cdot 7} \cdot \frac{8 \cdot 10}{9 \cdot 9} \cdots \qquad (12.8)$$

$$= \prod_{n=1}^{\infty} \left(1 - \frac{1}{(2n+1)^2} \right) \qquad (12.9)$$

Wallis, 1665

Obwohl die Faktoren des Viète-Produkts (12.7) komplizierter erscheinen als die des Produkts von Wallis, gibt es für sie eine einfache geometrische Erklärung. Wenn man mit l_n den Umfang eines regelmäßigen 2^n-Ecks bezeichnet, das in einen Kreis vom Radius 1 einbeschrieben ist, dann läßt sich zeigen, daß die Faktoren des Viète-Produkts gleich sind dem Verhältnis von $l_n : l_{n+1}$. Dann schreibt sich das Produkt so:

$$\frac{l_1}{l_2} \cdot \frac{l_2}{l_3} \cdot \frac{l_3}{l_4} \cdot \frac{l_4}{l_5} \cdots = \frac{l_1}{l_\infty} = \frac{4}{2\pi} = \frac{2}{\pi} \qquad (12.10)$$

Die Viète-Formel wird jetzt sofort klar. Die inneren Zähler und Nenner kürzen sich paarweise heraus; übrig bleiben der erste Zähler l_1 und der letzte Nenner l_∞. l_1 ist gleich dem Umfang eines 2-Ecks, also gleich dem doppelten Durchmesser, 4. l_∞ ist der Umfang eines 2^∞-Ecks und demzufolge identisch mit dem Kreisumfang 2π, q.e.d.

Für das Wallisprodukt (12.8) gibt es keinen solchen geometrischen Beweis. Aber man kann das Produkt über eine geometrische Konstruktion interpretieren.

Man zerteile ein Quadrat der Seitenlänge 1 in 3×3 Unterquadrate und stanze das innerste Quadrat aus (linkes Bild):

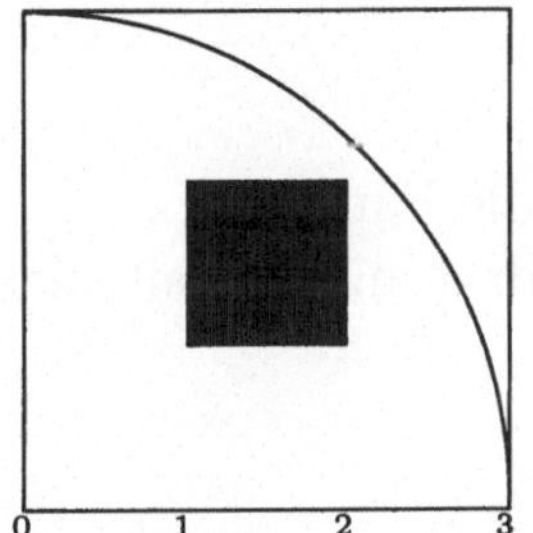

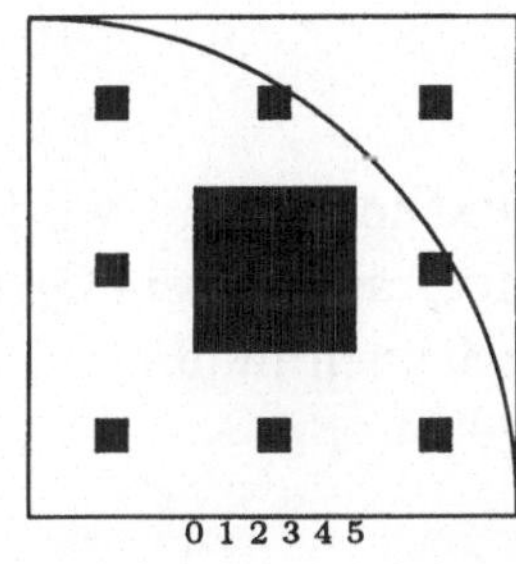

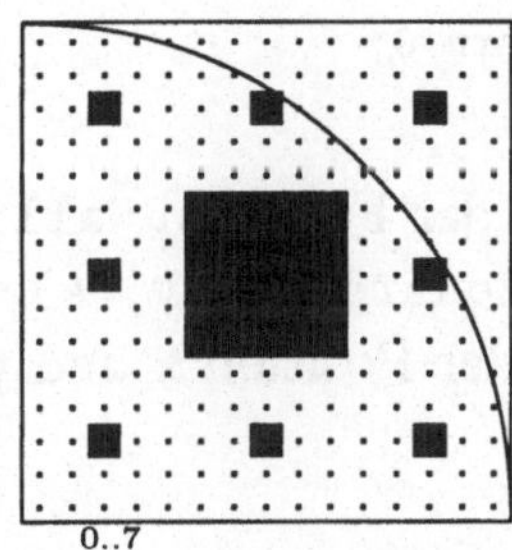

Die Fläche der linken Figur ohne das schwarze Quadrat beträgt offensichtlich $1 - \frac{1}{9} = 0,888\ldots$. Nun nehme man die 8 verbliebenen Unterquadrate, zerteile jedes in 5×5 Quadrate und stanze davon wieder das mittlerste aus. Die Gesamtfläche der Figur beträgt dadurch nur noch $(1 - \frac{1}{9}) \cdot (1 - \frac{1}{25}) = 0.853\ldots$ (mittleres Bild). Im nächsten Schritt wird jedes der restlichen 24 Quadrate in 7×7 Quadrate geteilt und aus ihnen jeweils das innerste Quadrat herausgestanzt (rechtes Bild).

Der Prozeß braucht nur ins Unendliche fortgesetzt zu werden, damit man eine Gesamtfläche von $\pi/4 = 0.78539816\ldots$ erhält. Wesentlich früher, nach vielleicht 3 oder 4 Schritten, erhält man ein attraktives rekursives „Wallis-Muster".

Eine kleine C-Funktion zur Erzeugung des „Wallis-Musters" gefällig?

```c
/* Wallis pattern  */

/* function to draw a square at (x,y) of length s */
int DrawSquare(int x, int y, int s);

int WallisPattern(int resolution)
{
    int    x0, y0;
    int    d = 1, // current depth (3, 5, 7, ...)
           s = 1, // current side length
           P = 1; // Product of 3*5*...*d
```

```
// find the max. possible depth
while (P * (d+2) <= resolution) {
  d += 2;
  P *= d;
}
s = resolution / P; // innermost side length
// d is the max. depth (3, 5, 7, ...)
for ( ; d >= 3; d -= 2) {
  for (x0 = d/2; x0 < P; x0 += d)
    for (y0 = d/2; y0 < P; y0 += d)
      DrawSquare(x0*s, y0*s, s);
  s *= d;
  P /= d;
}
return 0;
}
```

In der Funktion `WallisPattern(...)` wird die Funktion
`DrawSquare (x, y, s)` aufgerufen, die ein Quadrat mit der Seitenlänge
s an der Position x und y zeichnen muß.

13. Die Historie von π

Die Kreisberechnung ist eines der ältesten Probleme der Mathematik. Schon die frühesten mathematischen Dokumente enthalten Aussagen dazu, wie sich der Kreisumfang oder die Kreisfäche durch andere Größen ausdrücken läßt.

Am Anfang war $\pi = 3$. Das wird man uneingeschränkt annehmen dürfen, denn dieser Wert entspricht der Beobachtung. Er reichte lange Jahrhunderte für alle praktischen Fälle etwa in der Feldmessung, Astronomie oder Architektur aus. Die eigentliche Geschichte von π beginnt erst, als die Menschen bessere Näherungen als 3 entwickelten. Dieser Zeitpunkt differiert in den verschiedenen Kulturen, aber am Übergang vom 3. zum 2. vorchristlichen Jahrhundert war er gleich an mehreren Orten gekommen. Seither sind 4000 Jahre π-Forschung vergangen; kein einzelnes mathematisches Thema besitzt eine so lange Vergangenheit.

Bezeichnung

So alt die π-Forschung ist, die Bezeichnung „π" ist jung. Der griechische Buchstabe π wurde erst im 18. Jahrhundert n. Chr. für den Begriff festgelegt. Davor mußten verbale Umschreibungen herhalten, etwa die Redewendung [116, p. 278]: *quantitas, in quam cum multiplicetur dyameter, proveniet circumferentia* (die Größe, durch deren Multiplikation mit dem Durchmesser sich der Umfang ergibt).

Als Erfinder des Symbols π wird der Engländer William Jones (1675–1749) angenommen, der es 1706 mit seiner heutigen Bedeutung in seiner *Synopsis Palmariarum Matheseos* (Zusammenstellung preiswürdiger mathematischer Aufgaben) eingesetzt hat. Jedoch vermutet Tropfke [116, p. 302] aus der Stelle, an der Jones das π einführt, daß der eigentliche Erfinder John Machin (1680–1752) gewesen sei, der sich auch sonst noch um π verdient gemacht hat.

Einige Autoren benutzten den Buchstaben π schon früher für andere Größen im Kreis. So findet sich bei William Oughtred (1574–1660), einem Lehrer von John Wallis, bereits 1631 in *Clavis Mathematicae* das Symbol π für den Halbkreisumfang, sowie das Symbol δ für den Halbmesser; Ougthred statuiert die Proportion $7 : 22 = \delta : \pi = 113 : 355$ [116, p. 302]. Ähnlich verfuhren 1669 Isaac Barrow (1630–1678) und 1777 P. Cousin in *Leçons de Calcul Différentiel et de Calcul Intégral* [40, p. 91].

Auch andere Symbole wurden probiert. Johann Bernoulli (1667–1748) benutzte zum Beispiel den lateinischen Buchstaben c und Leonhard Euler (1707–1783) verwendete 1734 zuerst p und 1736 dann auch c. Zum ersten Mal erscheint π bei Euler in der 1737 verfaßten Abhandlung *Variae observationes circa series infinitas*. Von Euler, „nicht zum wenigsten infolge seines ausgedehnten Briefwechsels"(Tropfke) mit aller Welt, ging das Symbol bald auf andere Mathematiker über [116, p. 303]. Endgültig hatte es gewonnen, als es Euler 1748 in seinem großen Werk *Introductio in Analysin infinitorum* einsetzte. Er führt es darin mit den Worten ein: „Für diese Zahl wollen wir *der Kürze wegen* π schreiben, so daß also π gleich dem halben Umfang eines Kreises vom Halbmesser 1, oder gleich der Länge eines Bogens von 180 Graden ist." [53, p. 95].

Übrigens ist der uns so geläufige und handliche Begriff „Radius" ebenfalls erst neueren Datums. Anders als man vermuten würde, stammt er nicht aus dem Altertum, sondern findet sich erstmals in einem Buch aus dem Jahre 1583 [116, p. 134]. Von da ab war er aber gewissermaßen das einzige Wort für den Begriff. Die Griechen nannten den Radius auch nicht etwa Halbmesser, Semidiameter o.ä., sondern sagten „die Gerade aus dem Mittelpunkt" zu ihm, und bis weit ins Mittelalter findet sich diese Umschreibung bei den getreuen Nachahmern der griechischen Elemente.

13.1 Altertum

Babylon

Eine 1936 ausgegrabene Tontafel aus altbabylonischer Zeit, ca. 1900–1600 v. Chr., stellt fest, daß der Umfang eines einbeschriebenen Sechsecks $0.57\,36$mal (in Basis 60, d.h. $= 96/100$ mal) so groß ist wie der Umfang des umschreibenden Kreises [72, p. 18]. Aus $u_{Sechseck} = 3 \cdot d =$

$24/25 \cdot u_{Kreis} = 24/25 \cdot \pi \cdot d$ ergibt sich damit die wahrscheinlich älteste
π-Näherung zu

$$\pi_{Babylonier} = 3\frac{1}{8} = 3.125 = \pi - 0.0165\ldots \tag{13.1}$$

Ägypten

Den Umfang eines Kreises brauchte man im Altertum nicht unbedingt
zu berechnen, man konnte ihn ja einfach messen. Dagegen ließ sich
die Fläche eines Kreises nur schwierig durch Messung gewinnen, so
daß Berechenbarkeit erwünscht war. Das Problem Nr. 50 des ägyptischen sogenannten *Rhind Papyrus* (benannt nach A. H. Rhind, cincm
Schotten, der es 1858 in Luxor kaufte) aus der Zeit um 1850 v. Chr.
lautet [72, p. 18]: „Beispiel eines Kreises mit Durchmesser 9. Wie groß
ist seine Fläche? Nimm 1/9 vom Durchmesser weg; übrig bleibt 8. Multipliziere 8 mal 8; dies macht 64. Daher ist die Fläche 64." Der ägyptische Gelehrte benutzte also die Formel $F = (d - d/9)^2 = (8d/9)^2$. Ein
Vergleich mit der Flächenformel $F = \pi \cdot d^2/4$ ergibt die Näherung

$$\pi_{\text{Ägypter}} = \left(\frac{16}{9}\right)^2 = 3.16049\ldots = \pi + 0.0189\ldots \tag{13.2}$$

Wie dieser Wert zustande kam, läßt
sich aus dem Problem Nr. 48 des
Rhind-Papyrus vermuten. Der Autor mag vielleicht gesehen haben,
daß das 8-Eck, das aus dem umgebenden Quadrat durch Abschneiden
von Drittel-Ecken entsteht, und das
$81 - 4 \cdot 3^2/2 = 63$ Einheiten groß ist,
etwas kleiner ist als die Kleisfläche,
und hat deshalb eine kleine Korrektur angebracht [72, p. 53].

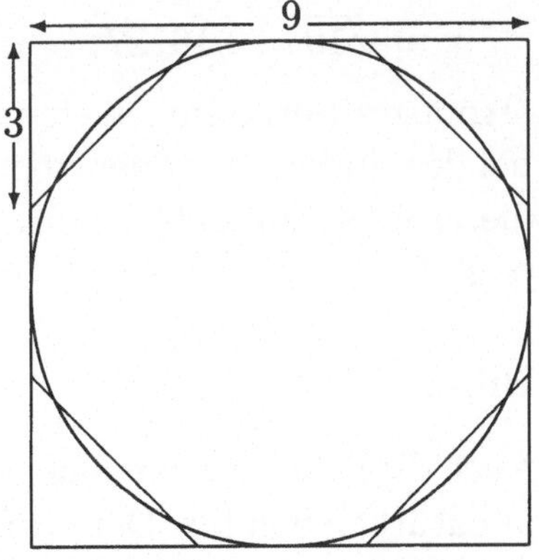

Möglicherweise waren in Ägypten bereits mehrere Jahrhunderte
früher ähnlich genaue oder sogar genauere π-Werte bekannt. Die Vermutung stützt sich darauf, daß bewiesenermaßen schon 2600 v. Chr.
Hilfsmittel für das Rechnen mit einbeschriebenen unregelmäßigen Polygonen existierten. Es könnte sein, daß damit gute Approximationen
für π abgeleitet worden sind. Näheres dazu auf Seite 199.

Indien

In den indischen *Sulvasutras* (das heißt „Schnurregeln", nämlich Regeln zur Konstruktion von Altären bestimmter Formen mit Hilfe von Schnüren [51, p. 102]), die 600 v. Chr. in die uns überlieferte Form gebracht wurden, aber sicher älter sind [72, p. 4], wird ebenfalls eine Kreisflächenberechnung beschrieben: „Wenn du einen Kreis in ein Quadrat verwandeln willst, dann teile den Durchmesser in 8 Teile und dann eines dieser 8 Teile in 29 Teile; nimm von den 29 Teilen 28 und außerdem den 6. Teil des übrig gebliebenen Teils minus dem achten Teil dieses 6. Teils weg." Daraus ergibt sich für die Seitenlänge s des gesuchten Quadrats:

$$s = d\frac{1}{8}\left(7 + \frac{1}{29}\left(1 - \frac{1}{6}\left(1 - \frac{1}{8}\right)\right)\right)$$

$$s = d\frac{9785}{11136}$$

und somit:

$$\pi_{Inder} = 4s^2/d^2 = \left(\frac{9785}{5568}\right)^2 = 3.08832\ldots = \pi - 0.0532\ldots \quad (13.3)$$

Vielleicht ist auch eine berühmte Näherung für π, die sonst den Chinesen zugeschrieben wird, in Wirklichkeit indischen Ursprungs. Gemeint ist

$$\pi \approx \sqrt{10} = 3.16227\ldots \tag{13.4}$$

Tropfke zitiert nämlich eine Quelle, wonach sich $\sqrt{10}$ schon 150 v. Chr. bei dem indischen Gelehrten Umasvati findet. Der Autor glaube sogar, diesen Wert auf 500 v. Chr. in Indien zurückdatieren zu können [116, p. 277].

Bibel

Auch die Bibel nennt einen Näherungswert für π, und das erwartet man ja natürlich von ihr. Der Architekt Hiram von Tyros baute im Auftrag des Königs Salomon ein rundes Wasserreservoir aus Erz, ehernes Meer genannt. Im 1. Buch der Könige, 7.23 und nochmals gleichlautend im 2. Buch der Chronik 4.2 heißt es dazu: „Und er machte das Meer, gegossen, von einem Rand zum anderen zehn Ellen weit..., und eine Schnur von dreißig Ellen war das Maß ringsherum".

Dreißig Ellen ringsherum und zehn Ellen weit ergibt ein $\pi_{Bibel} = 3$. Das ist ein eher dürftiger Wert, und zwar sowohl für sich betrachtet,

als auch für die Zeit 550 v. Chr., denn π war viel früher schon genauer
bekannt. Die Bibel wurde darob belächelt, und so suchten immer wieder Exegeten nach Aussagen, die die Bibel besser dastehen lassen. Im achtzehnten Jahrhundert wurde z.B. die Erklärung gegeben, das eherne Meer müsse sechseckig gewesen sein [116, p. 261]. Ob die jüngeren Exegesen, etwa von M.D. Stern [113] oder Shlomo Belaga [17] besser sind, sei dahin gestellt. Aus dem Unterschied zwischen der Bibelstelle in ihrer geschriebenen und ihrer gesprochenen Form schließen sie nämlich [17], daß der eigentliche Wert von π durch Division beider Werte entsteht und sich zu

$$\pi_{Bibel} = \frac{333}{106} = 3.141509\ldots = \pi - 0.000083\ldots \tag{13.5}$$

ergibt. Dieser Wert ist auf 4 Nachkommastellen genau und würde, wenn er sich denn bestätigen ließe, das Lächeln sozusagen verstummen lassen.

Klassisches Griechenland

Alle großen griechischen Mathematiker der klassischen Zeit vom 5. bis 3. Jahrhundert v. Chr. haben Kreisprobleme bearbeitet. Eine besonders wichtige Erkenntnis wurde für die π-Berechner die Exhaustions-Methode. Bei diesem Verfahren, das dem Antiphon (um 430 v. Chr.) oder Eudoxos (408–355 v. Chr.) zugeschrieben wird, wird die gesuchte Fläche einer ebenen Figur, etwa des Kreises, durch gedankliches „Ausschöpfen" mittels bekannter Figuren, etwa von Polgonen, erreicht, die immer weiter verfeinert werden. Euklid (um 330–275 v. Chr.) bewies mit dieser Methode z.B. den Satz, daß sich Kreisflächen wie die Quadrate ihrer Durchmesser verhalten.

Dennoch scheinen von keinem der Heroen von Anaxagoras (um 499–428 v. Chr.) bis Euklid irgendwelche Verbesserungen des zahlenmäßigen Werts von π vorgenommen worden zu sein. Die Griechen waren Geometer, Algebra interessierte sie nicht. Sie befaßten sich lieber mit geometrischen Kreisproblemen wie dem der *Quadratur des Kreises*. Darunter verstanden sie die Aufgabe, zu einem gegebenen Kreis ein flächengleiches Quadrat zu *konstruieren*. Mehrere Mathematiker hatten bereits Lösungen gefunden, als Euklid das Problem durch die Forderung verschärfte, daß es allein mit Zirkel und Lineal erledigt werden müsse. Wie man erst seit 1882 weiß, machen diese zusätzlichen Bedingungen die Quadratur des Kreises unlösbar.

Immerhin soll der Philosoph Platon (427–348 v. Chr.) für π den zu seiner Zeit guten Wert $\sqrt{2} + \sqrt{3} = 3.146\ldots$ gewonnen haben [51, p. 102]. Der Ausdruck zeigt, daß Platon ihn vermutlich als arithmetisches Mittel aus den halben Umfängen des einbeschriebenen 4-Ecks $(2\sqrt{2})$ und des umbeschriebenen Sechsecks $(2\sqrt{3})$ gebildet hat; da diese Ausgangswerte mit $3.464\ldots$ und $2.828\ldots$ eher schwache Näherungen für π sind, könnte man angesichts des genauen Endwertes vom typischen Nicht-Mathematiker-Glück sprechen.

13.2 Polygone

Nach der Anfangsphase weitgehend empirischer Näherungen eröffnete der griechische Mathematiker Archimedes von Syrakus (287–212 v. Chr.) die erste theoretische Phase in der π-Numerik. Mit einer neuen Methode setzte er um 250 v. Chr. einen Meilenstein, indem er die Zahl π erstmals systematisch approximierte und zwischen eine untere und obere Schranke eingrenzte. In seiner Schrift *Die Kreismessung* stellte er drei Lehrsätze über den Kreis auf, von denen der dritte und entscheidende so lautet:

3. *Das Verhältnis des Umfangs eines jeden Kreises zu seinem Durchmesser ist kleiner als* $3\frac{1}{7}$, *aber größer als* $3\frac{10}{71}$.
In Formelschreibweise bedeutet der Satz

$$3 + \frac{1}{7} > \pi > 3 + \frac{10}{71} \tag{13.6}$$

und grenzt π zwischen die Werte $3.14084\ldots$ und $3.14285\ldots$ ein, die auf zwei Dezimalstellen genau sind[1].

„Hiermit war der Wert $\pi = 3\frac{1}{7}$ gewonnen, der nun seinen Siegeslauf von Land zu Land, von Buch zu Buch nahm", schreibt Tropfke [116, p. 273]. „In Alexandria verdrängte er sehr leicht den alten Wert $(16/9)^2$, da er ebenso bequem, aber genauer war. Von Alexandria wanderte die Kenntnis des archimedischen Wertes nach Indien, selbst im fernen China ist sein Vorhandensein im fünften Jahrhundert n. Chr. nachzuweisen."

Das „paper" des Archimedes [4] ist uns nur in Teilen überliefert; fast alle Passagen des dorischen Dialekts, den Archimedes sprach, sind

---

[1] Wir vertauschen heute die linke und rechte Schranke und schreiben $3 + \frac{10}{71} < \pi < 3 + \frac{1}{7}$, aber zu Archimedes Zeiten war die obige Schreibweise üblich; außerdem berechnete er tatsächlich die obere Schranke zuerst.

verlorengegangen. Dennoch konnte die Beweisführung weitgehend rekonstruiert werden.

Zum Beweis seines Lehrsatzes berechnete Archimedes den Umfang von zwei regelmäßigen 96-Ecken, von denen das eine sich von außen und das andere sich von innen an den Kreis anschmiegt. Das umschreibende 96-Eck hat einen etwas größeren Umfang als der Kreis, und liefert damit eine obere Schranke für π, während das einbeschriebene 96-Eck einen etwas zu kleinen Umfang besitzt, und zur unteren Schranke von π führt.

Beide 96-Ecke berechnete Archimedes sukzessive aus Vielecken von halber Seitenzahl. Er begann mit Sechsecken, deren geometrische Verhältnisse im alten Griechenland detailliert erforscht waren. Aus den Sechsecken gelangte Archimedes dann zu 12-Ecken, von da zu 24-, dann 48- und schließlich zu 96-Ecken in insgesamt vier gleichartigen Schritten. Der Rechengang ist derart, daß zunächst alle umbeschriebenen und danach alle einbeschriebenen Vielecke bestimmt werden, nicht etwa in verschränkter Weise zunächst die beiden Sechsecke, dann die beiden 12-Ecke usw. Man liest das manchmal anders.

Aus folgenden Figuren gewann Archimedes die notwendigen Formeln:

Umbeschriebene Polygone   Einbeschriebene Polygone

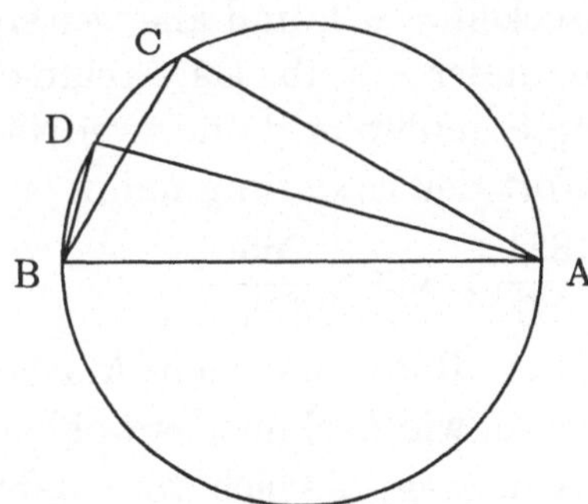

$$(CO + OA) : CA = OA : AD \quad (13.7)$$
$$OA^2 + AD^2 = DO^2 \quad (13.8)$$

$$(AB + AC) : BC = AD : DB \quad (13.9)$$
$$AD^2 + DB^2 = AB^2 \quad (13.10)$$

Die Bezeichnungen in den Bildern sind die gleichen wie bei Archimedes. Die Strecken AC bzw. BC bedeuten die halben Seiten eines umbeschriebenen bzw. einbeschriebenen n-Ecks, AD bzw. BD die halben Seiten des „nachfolgenden" $2n$-Ecks; OD bzw. AD halbieren also die Winkel AOC bzw. BAC.

Die Beziehungen (13.7) und (13.9) sind zwar aus elementarer Geometrie ableitbar, aber keineswegs trivial. Archimedes mußte sie ohne trigonometrische Halbwinkelformeln, gewissermaßen ohne Formelsammlung, finden.

Die Formeln ermöglichen den Übergang vom n-Eck zum $2n$-Eck. Archimedes besaß mit ihnen im umbeschriebenen wie im einbeschriebenen Falle zwei – völlig symmetrische – Folgen von Zahlen a_6, a_{12}, $a_{24}, \ldots, a_{96}$ und $b_6, b_{12}, b_{24}, \ldots, b_{96}$, die in folgenden Beziehungen zueinander stehen:

$$a_{2n} = a_n + b_n \tag{13.11}$$

$$b_{2n} = \sqrt{a_{2n}^2 + c^2} \tag{13.12}$$

Darin bedeutet – in unserer trigonometrischen Schreibweise, die Archimedes noch nicht besaß – $a_n = c/\tan \alpha$, $b_n = c/\sin \alpha$, $\alpha = \pi/n$; c ist eine beliebige Skalierungskonstante, um einfacher rechnen zu können. Mit (13.11) und (13.12) hat Archimedes wohl die ersten Rekursionsformeln der Geschichte aufgestellt. Wie auf einer Schiffstreppe tragen sie ihn vom Sechseck zum 96-Eck.

Nach der Ableitung dieser Formeln brauchte Archimedes „nur noch" eine Anfangsnäherung einzugeben, und konnte dann losrechnen. Die Anfangsverhältnisse $OA : AC$ bzw. $AC : CB$ betragen in beiden Sechsecken $= \sqrt{3}$, und alle weitere Genauigkeit hängt von der Genauigkeit dieser $\sqrt{3}$ ab. Da Archimedes noch über keine anderen Mittel verfügte, mußte er dafür zwei Näherungsbrüche verwenden, und ohne ein Wort der Erklärung nahm er die beiden folgenden:

$$\frac{1351}{780} > \sqrt{3} > \frac{265}{153} \tag{13.13}$$

Kaum ein Rätsel hat mehr Mathematik-Historiker herausgefordert als die Frage, wie Archimedes wohl zu diesen vorzüglichen Werten gekommen sein mag, die sich vom wahren Wert, der $1.7320508\ldots$ beträgt, nur um $2 \cdot 10^{-5}$ bzw. sogar nur um $5 \cdot 10^{-7}$ unterscheiden. Als einfachste Erklärung gilt [65, II, p. 51], daß er sie aus den Ungleichungen

$$a + \frac{b}{2a} > \sqrt{a^2 + b} > a + \frac{b}{2a + 1} \tag{13.14}$$

gewonnen habe, die lange vor ihm, wohl schon in Babylon, bekannt waren. Darin ist a^2 die nächstgelegene, je nach Fall nächstkleinere oder nächstgrößere Quadratzahl unterhalb oder oberhalb des Radikanden $a^2 + b$. Diese Formel (13.14) ergibt beim ersten Einsetzen von $a = 2$ und $b = -1$:

$$2 - \frac{1}{4} > \sqrt{3} > 2 - \frac{1}{3}$$

$$\frac{7}{4} > \sqrt{3} > \frac{5}{3}$$

Da die rechte Seite besser nähert als die rechte, so könnte Archimedes 5 als Näherung für $3\sqrt{3} = \sqrt{27}$ angesehen und erneut (13.14) angewendet haben:

$$5 + \frac{2}{10} > 3\sqrt{3} > 5 + \frac{2}{11}$$

$$\frac{26}{15} > \sqrt{3} > \frac{19}{11}$$

Wenn er nun aus der linken Seite die 26 als Näherung für $\sqrt{3 \cdot 15^2} = \sqrt{675}$ verwendet hat, so könnte er nach erneuter Anwendung von (13.14) über

$$26 - \frac{1}{52} > 15\sqrt{3} > 26 - \frac{1}{51}$$

$$\frac{1351}{780} > \sqrt{3} > \frac{1325}{765} = \frac{265}{153}$$

direkt zu (13.13) gekommen sein.

Jedenfalls nahm Archimedes die Zähler 1351 und 265 von (13.13) für die a_6, die Nenner 780 und 153 für die c sowie $2 \cdot c$ (aus dem „Pythagoras") für die b_6. Er führte dann jeweils 4 Schritte für die 12-, 24-, 48- und 96-Ecke aus. In jedem Schritt mußte er eine Quadratwurzel durch einen Bruch approximieren, und dafür verwendete er offenbar die gleiche gute Näherungsmethode (13.14) wie für die anfängliche $\sqrt{3}$. Jedenfalls blieb die prinzipielle Ungenauigkeit der 96-Eck-Fläche statt der Kreisfläche um Faktoren (8 und 3) größer als die der Rechnung. Der weitgehend überlieferte Rechengang (nur die Ausdrücke in eckigen Klammern sind zugefügt) läßt sich so darstellen [65, II, p. 55]:

Umbeschriebene Polygone				Einbeschriebene Polygone		
a	b	c	n	a	b	c
265	306	153	6	1351	1560	780
571	$> [\sqrt{571^2 + 153^2}]$	153	12	2911	$< \sqrt{2911^2 + 780^2}$	780
	$> 591\frac{1}{8}$				$< 3013\frac{1}{2}\frac{1}{4}$	
$1162\frac{1}{8}$	$[\sqrt{(1162\frac{1}{8})^2 + 153^2}]$	153	24	$5924\frac{1}{2}\frac{1}{4}$	$\dots$	780^1
	$> 1172\frac{1}{8}$			1823	$< \sqrt{1823^2 + 240^2}$	240
					$< 1838\frac{9}{11}$	
$2334\frac{1}{4}$	$[\sqrt{(1162\frac{1}{8})^2 + 153^2}]$	153	48	$3661\frac{9}{11}$	$\dots$	240^1
	$> 2339\frac{1}{4}$			1007	$< \sqrt{1007^2 + 66^2}$	66
					$< 1009\frac{1}{6}$	
$4673\frac{1}{2}$		153	96	$2016\frac{1}{6}$	$< \sqrt{(2016\frac{1}{6})^2 + 66^2}$	66
					$< 2017\frac{1}{4}$	

[1]Hier sind die Brüche von a und c auf kleinere Ausdrücke reduziert.

Am Schluß hatte Archimedes mit $c_{96} : a_{96}$ bzw. $c_{96} : b_{96}$ Näherungswerte für das Verhältnis von Polygon-Seite zu Durchmesser berechnet,
deren relativer Fehler sowohl beim umbeschriebenen wie beim einbeschriebenen 96-Eck kleiner als $4 \cdot 10^{-5}$ war. Durch Multiplikation der
Brüche $c_{96} : a_{96}$ bzw. $c_{96} : b_{96}$ mit 96 gelangte er zu

$$\pi < \frac{96 \cdot 153}{4673\frac{1}{2}} = 3 + \frac{667\frac{1}{2}}{4673\frac{1}{2}} < 3 + \frac{667\frac{1}{2}}{4672\frac{1}{2}} = 3 + \frac{1}{7} \qquad (13.15)$$

sowie

$$\pi > \frac{96 \cdot 66}{2017\frac{1}{4}} = \frac{6336}{2017\frac{1}{4}} = 3 + \frac{284\frac{1}{4}}{2017\frac{1}{4}} > 3 + \frac{10}{71} \qquad (13.16)$$

und vollendete damit den berühmten Beweis seines berühmten Lehrsatzes.

Voilà! Was soll man an der π-Berechnung des Archimedes am meisten bewundern? Die Genauigkeit des Ergebnisses? Das Faktum, daß
sie *zwei Schranken* für π nennt, was die Menschen erstmals ahnen ließ,
daß es keinen einfachen Wert für π gibt? Oder den Rechengang selbst,
der in Art und Umfang ganz neu war?

Die erwähnte Archimedische Schrift mit dem Titel *Die Kreismessung* – übrigens eine Untertreibung, denn tatsächlich beschreibt sie
eine *Kreisberechnung* – enthält noch zwei weitere Sätze.

Der erste Lehrsatz besagt, daß jeder Kreis die gleiche Fläche hat wie ein rechtwinkliges Dreieck, dessen eine Kathete gleich dem Radius und dessen Hypothenuse gleich dem Umfang ist. Diesen Satz beweist Archimedes indirekt, indem er zeigt, daß der Kreis weder größer noch kleiner als ein solches Dreieck sein kann, folglich ihm gleich sein muß. Der zweite Lehrsatz lautet, daß der Kreis zum Quadrat seines Durchmessers nahezu das Verhältnis wie 11 : 14 hat. Dies folgt ersichtlich aus dem oben genannten, dritten Lehrsatz, wie die Beziehungen $3 + \frac{1}{7} = \frac{22}{7} = 4 \cdot \frac{11}{14}$ zeigen.

Das Näherungsverfahren des Archimedes kann im Prinzip dazu benutzt werden, π auf *jede* Genauigkeit zu berechnen, und in der Tat haben bis ins 17. Jahrhundert viele Nachfolger nichts anderes getan, als Polygone mit noch mehr Seiten durchzurechnen. Jedenfalls blieb seine Methode fast 2000 Jahre lang ohne ernsthafte Konkurrenz.

Unglücklicherweise konvergiert die Archimedische Polygon-Methode aber nicht besonders gut. Selbst bei exakter Berechnung der Seitenlängen von umbeschriebenem und einbeschriebenem 96-Eck beträgt der absolute Fehler der damit erreichten π-Approximation immer noch $0.00112\ldots$ bzw. $-0.00056\ldots$. Pro Verdopplung der Seitenzahl verkleinert sich der Fehler nur um circa 1/4. Absolut formuliert, erbringen regelmäßige Polygone von n Seiten (mindestens) $\lfloor 2\log_{10} n - 1.19 \rfloor$ genaue Nachkommastellen. So braucht man zum Beispiel schon 10^{18}-seitige Polygone, um π auch nur auf 36 Stellen zu berechnen. Für Schweiß war also gesorgt.

Archimedes selbst scheint seine Berechnung noch verbessert zu haben. Heron (1. Jh. n. Chr.) bezieht sich auf eine verloren gegangene Archimedische Schrift, in der die Grenzen $211875 : 67441 = 3.14163\ldots$ und $197888 : 62351 = 3.1738\ldots$ angegeben werden [116, p. 273]. So gut der erste Wert ist, insgesamt kann etwas nicht stimmen, denn beide Werte sind größer als π.

Die Näherung 3.1416 hat auch 400 Jahre nach Archimedes der griechische Astronom Ptolemäus (150 n. Chr.) gefunden. Vielleicht fand er sie dadurch, daß er aus den sexagesimalen Darstellungen der Archimedischen Grenzen $3\frac{1}{7} = 3°8'34.28''$ und $3\frac{10}{71} = 3°8'27.04''$ einfach den runden Wert $3°8'30'' = 3\frac{17}{120}$ ableitete [116, p. 275] oder aus ihren Brüchen $3 + 1/7 = 154/49$ und $3 + 10/71 = 223/71$ die Zähler und Nenner getrennt summierte und so zum mittleren Wert 377/120 gelangte [51, p. 103].

Rom

Soweit wir wissen, haben die Römer keine Fortschritte in der Kreisberechnung erzielt. Noch um 15 v. Chr. scheint kein genauerer Wert als $\pi = 3$ nötig oder bekannt gewesen zu sein. Die römische Feldmessung ist offenbar über einfachste Ansprüche nicht hinausgegangen [116, p. 277].

China

Als Wang Mang gegen Ende der westlichen Han-Dynastie (206 v. Chr.–24 n. Chr.) den Thron bestieg, beauftragte er den Astronomen und Kalenderexperten Liu Xin, ein Standard-Maß für sein Reich zu konstruieren. Dieser produzierte daraufhin ein zylindrisches Gefäß aus Bronze. Man nimmt an, daß etwa 100 davon kopiert und im ganzen Land verteilt wurden; eines davon wird heute noch im Pekinger Palast-Museum aufbewahrt. Aus der Analyse schließen die Historiker, daß Liu Xin eine π-Approximation besessen habe, die deutlich besser als 3 gewesen sei, vielleicht sogar den guten Wert 3.1547 betragen habe. Das wäre dann also um die Zeitenwende herum der Fall gewesen.

Wir entnehmen dies und auch die weiteren Aussagen zur chinesischen π-Historie dem Aufsatz [78] von Lam Lay-Yong und Ang Tian-Se, der weitgehend durch [51] bestätigt wird.

Etwa ein Jahrhundert später verbesserte Zhang Heng (78–139) experimentell den Wert von π auf folgende Weise. Zu seiner Zeit nahm man für das Flächenverhältnis von Quadrat zu einbeschriebenem Kreis den Wert 4 : 3 an. Analog dazu bildete Zhang Heng für das Volumenverhältnis von Würfel zu einbeschriebener Kugel das Quadrat davon, also den Wert $4^2 : 3^2 = 16 : 9$. Da er wohl sah, daß dies zu groß war, korrigierte er es zu 8 : 5. Auf dem Rückwärtsweg nahm er konsequenterweise für das Kreis-zu-Quadrat-Verhältnis die Wurzel $\sqrt{8} : \sqrt{5}$ und berechnete daraus π zu $\sqrt{10} = 3.1622\ldots$.

Im dritten Jahrhundert fand Wang Fan (217–257 n. Chr.) das Umfang-zu-Durchmesser-Verhältnis $\frac{142}{45} = 3.155\ldots$.

Dann traten in China zwei bedeutende Gelehrte auf, die systematische und im Ergebnis vorzügliche π-Berechnungen ausführten. Der erste war Liu Hui ca. 263 n. Chr. Er ging von einem Kreis mit Radius 10 aus und berechnete mittels Pythagoras-Satz die Flächen einbeschriebener Polygone vom Sechseck aufsteigend bis zum 192-Eck. Seine Berechnung endete mit folgender Ungleichung:

$$314\frac{64}{625} = A_{192} < A < A_{96} + 2(A_{192} - A_{96}) = 314\frac{169}{625} \qquad (13.17)$$

Darin bedeutet A die Fläche des Kreises und A_n die Fläche eines einbeschriebenen Polygons mit n Seiten.

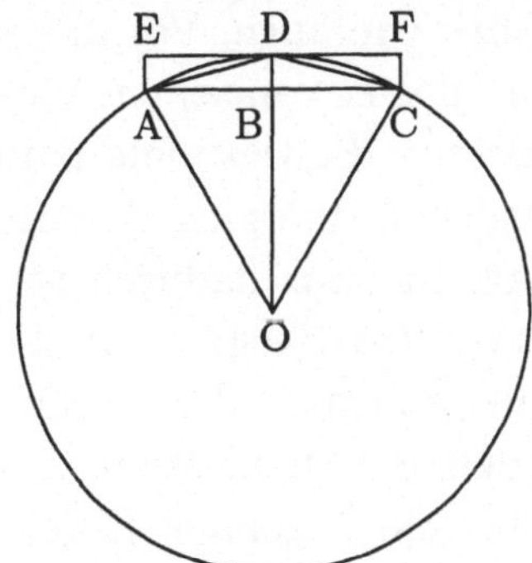

Die obere Schranke fand Liu Hui aus dem einbeschriebenen Polygon doppelter Seitenzahl, nicht wie Archimedes aus dem umbeschriebenen Polygon gleicher Seitenzahl; der Ausdruck $2(A_{2n} - A_n)$ bedeutet das n-fache des Rechtecks AEFC.

Am Ende seiner Berechnung statuierte Liu Hui dann aus seinen beiden Schranken, die sich um $\frac{105}{625}$ unterscheiden, die folgende Näherung:

$$A \approx A_{192} + \frac{36}{625} \qquad (13.18)$$

Mit ihr erreichte er schließlich die folgende Approximation für π:

$$\pi \approx \frac{314 + \frac{4}{25}}{10^2} = 3.1416 \qquad (13.19)$$

Liu Hui, 263 n. Chr.

die sich vom wahren Wert von π um $7.346 \cdot 10^{-6}$ unterscheidet.

Liu Hui gab für die Beziehung (13.18) keine Begründung an, so daß man rätseln darf, wie er auf sie kam. Nun, es ist ihm sicherlich klar gewesen, daß der gesuchte wahre Wert näher am 192-Eck als am 96-Eck liegt, und er deshalb statt des arithmetischen Mittelwerts einen gewichteten Mittelwert verwenden sollte. So könnte er die Differenz $169 - 64 = 105$, statt sie zu halbieren, gedrittelt haben, was ihm die Näherung $314 + 99/625$ einbrachte (die fast den gleichen Fehler, jedoch mit umgekehrten Vorzeichen besitzt). Man kann gut verstehen, daß der Gelehrte da noch nicht aufhörte: Der Bruch $\frac{99}{625}$ „schreit" sozusagen nach einer kleinen Manipulation, nämlich der, ihn durch den gut kürzbaren Bruch $\frac{100}{625}$ zu ersetzen, der $\frac{4}{25}$ ergibt. Mit diesem i-Tüpfelchen krönte er sein gleichermaßen genaues wie handliches Resultat (13.19).

Liu Huis Methode ist in mehrerer Hinsicht mit der des Archimedes (vgl. Seiten 165ff) vergleichbar: Beide verwendeten die Exhaustionsmethode mittels Polygonen und verfolgten sie vom Sechseck aus über schrittweise Seitenverdopplung. Und beide berechneten als einzige aller alten π-Berechner *zwei Werte* für π, nämlich eine untere und eine obere Schranke.

Anders als Archimedes verwendete Liu Hui nur einbeschriebene Polygone und berechnete deren Flächen, nicht ihre Umfänge. Vor allem aber verfügte er über ein Dezimalstellensystem, das er von seinen Vorfahren geerbt hatte und das zu seiner Zeit bereits die dezimale Null enthielt. Obwohl er zum Schluß wieder zu Brüchen überging, konnte er auf sie während der Berechnung verzichten. Sie war dadurch wesentlich einfacher und kann als ein besonders gutes Beispiel für die Fähigkeit der alten Chinesen zum Umgang mit großen Zahlen dienen. Liu Hui war sich z.B. bewußt, daß er Radikanden von Quadratwurzeln auf 10 Dezimalstellen genau berechnen mußte, um 5 genaue Ergebnisstellen zu erhalten. Dennoch ist die große Genauigkeit von (13.19) nicht auf die Dezimalberechnung zurückzuführen, sondern darauf, daß der Mittelwert der Schranken nahezu optimal gewichtet ist. (Daß dem so ist, fand erst 1621 Wildebrod Snellius heraus, vgl. Seite 176.)

Der zweite bedeutende altchinesische π-Gelehrte war Tsu Chhung-Chih (oder Zu Chongzhi) (429–500). Er verbesserte die π-Genauigkeit von Liu's Wert um etwa 2 Zehnerpotenzen auf die Schranken

$$3.1415926 < \pi < 3.1415927 \tag{13.20}$$

Dieses Intervall war mit seinen 7 genauen Nachkommastellen 800 Jahre lang Weltrekord. Allerdings blühte er nur im Verborgenen, denn selbst in China wurden die beiden Schranken nicht vor dem 14. Jh. wiederentdeckt.

Interessant an dem Resultat ist auch, daß Tsu Chhung-Chih diese Zahlen als einer der ersten in Dezimalnotation ausdrückte, indem er angab [118, p. 312]:

„3 zhang, 1 chi, 4 cun, 1 fen, 5 li, 9 hao, 2 miao, 7 hu"

Darin sind zhang, chi, ..., hu Längeneinheiten, die sich wie 1 : 10 : 100 : ... verhalten.

Wenn Tsu dieselbe Berechnungart wie Liu verwendet hat, was wahrscheinlich ist, so brauchte er für sein π Polygone mit 12288 Seiten und mußte in seinen Zwischenergebnissen bis zu 13 Stellen mitführen.

Tsu fand noch einen zweiten Wert, der numerisch etwas schwächer, aber optisch attraktiver ist. Er lautet

$$\pi \approx \frac{355}{113} = 3.1415929\ldots \tag{13.21}$$

Dieser auf 6 Nachkommastellen genaue Dezimalbruch stimmt mit dem vierten Teilquotienten des einfachen Kettenbruchs von π überein (vgl. Seite 54), aber ist sicher nicht so gewonnen worden. Man nimmt an, daß er aus zwei schwächeren Werten entstanden ist, die sich dann glücklicherweise zu einem besonders guten Mittelwert vereinigten.

Indien

499 n. Chr. schrieb der Astronom Arya-Bhata (geb. 476 n. Chr.) ein Werk namens *Aryabhatiya*. Sein Lehrsatz 10 (von 133 Lehrsätzen) lautet [72, p. 203] so:

> Addiere 4 zu 100, multipliziere mit 8 und addiere 62000. Das Ergebnis ist näherungsweise der Umfang eines Kreises mit dem Durchmesser 20000".

Dadurch ergibt sich π zu $62832/20000 = 3.1416$. Von diesem Wert wurde allerdings vermutet, daß er griechischen, womöglich sogar Archimedischen Ursprungs sei, und wie manches andere seinen Weg nach Indien gefunden habe. Arya-Bhata hat ihn aber wohl selbst berechnet. Er zeigte nämlich: Wenn a die Seitenlänge eines Polygons von n Seiten ist, das in einen Kreis vom Durchmesser 1 einbeschrieben ist, und b die Seitenlänge eines Polygons der doppelten Seitenzahl $2n$ ist, dann gilt $b^2 = (1 - \sqrt{1 - a^2})/2$. Beginnend mit einem Sechseck ermittelte er fortlaufend die Seitenlängen von Polygonen mit 12, 24, ..., 384 Seiten. Den Umfang des letzten Polygons gab er mit $\sqrt{9.8694}$ an, woraus er den genannten Wert von 3.1416 durch Näherung dieser Wurzel berechnete [12, p. 341].

Der Hindu Brahmagupta (geb. 598 n. Chr.) war fasziniert von der Entdeckung, daß die Umfänge von regelmäßigen Polygonen mit 12, 24, 48 und 96 Seiten und Durchmesser 10 die Werte $\sqrt{965}$, $\sqrt{981}$, $\sqrt{986}$ und $\sqrt{987}$ besitzen. Er schloß daraus, daß bei weiterer Verdopplung der Seitenzahlen der Umfang nach $\sqrt{1000}$ streben würde. Dadurch kam er (um 650 n. Chr.) auf $\pi = \sqrt{1000}/10 = \sqrt{10} = 3.16227\ldots$ [40, p. 68].

Choresmien (heutiges Usbekistan und Turkmenien)

Ca. 830 tritt der Choresmier Alkarism in unsere Geschichte mit gleich 3 Werten für π, nämlich 22/7, $\sqrt{10}$ und 62832/20000. Der erste sollte als Durchschnittswert dienen, der zweite war für die Geometer und der dritte für die Astronomen vorgesehen. Dieser Alkarism oder Abu Ja'far Mohammed ibn Mûsâ al-Khowârizmî ist übrigens der Namensgeber für unser Wort Algorithmus. Er schrieb ein berühmtes Buch *Kitab al jabr w'al-muqabala*; und aus diesem Titel kommt unser Wort Algebra [77, p. 164].

Mittelalter

In Europa fand Leonardo von Pisa (1180–1240?), den wir unter dem Namen *Fibonacci* kennen, um 1220 den Wert $864/275 = 3.14181\ldots$, den er selbständig aus einem 96-Eck berechnete, und sich dabei nicht auf Archimedes stützte [51, p. 103]. Weil er zwar genauer, aber nicht so systematisch wie Archimedes vorging, hat er die Genauigkeit von 3 Nachkommastellen mehr dem Zufall als seinen Rechnungsverfahren zu danken, schreibt Tropfke.

Von Dante Alighieri (1265–1321), dem Schöpfer der „Göttlichen Komödie", heißt es, daß er die Näherung $\pi = 3 + \sqrt{2}/10 = 3.14142\ldots$ besessen habe [40, p. 68].

Auf alle Fälle hat Dante jenen säkularen Vers geschmiedet, der über allen Bemühungen der π-Forscher stehen könnte[2]:

Dem Rechner gleich, der seine Kräfte sammelt,
um einen Kreis zu messen, und's nicht findet,
und auf den Lehrsatz sinnt, der nötig wäre,...

Schön, nicht war? Nur geht's leider in dieser Terzine nicht um die π-Berechnung, sondern um die „Quadratur des Kreises", die zu Dantes Zeiten noch als ein nur ungelöstes, aber nicht unlösbares Problem galt.

Eine „mechanische" Approximation ersann Leonardo da Vinci (1452–1519). Der Erfinder vieler Maschinen ließ einen Kreiszylinder, dessen Höhe gleich dem halben Radius des Querschnitts betrug, einmal ganz abrollen. Die beim Abrollen bedeckte Fläche ergibt ein Rechteck und kann leicht ausgemessen werden. Sie ist gleich der Fläche des Querschnittskreises πr^2 [25, p. 27].

---

[2] Paradies, XXXIII. Gesang, viertletzte Terzine; Übersetzung von Karl Vossler.

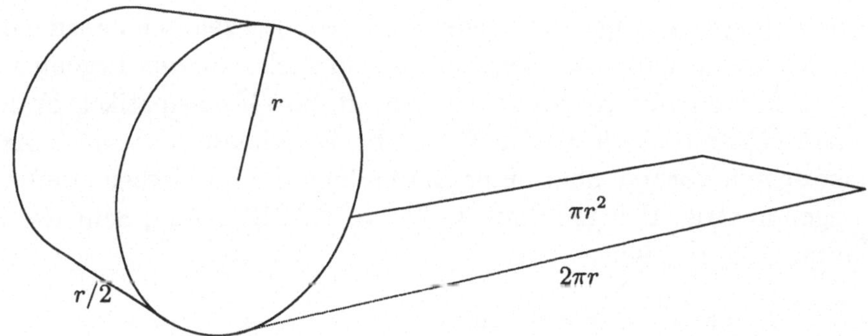

Insgesamt erwies sich das europäische Mittelalter auch hinsichtlich der Fortschritte bei π als dunkel. So fand 1464 der als größter europäischer Mathematiker des 15. Jahrhunderts angesehene Regiomontanus (1436–1476), der eigentlich Johannes Müller hieß, für π gerademal den Wert 3.14243. Und auch der gleichfalls als bedeutend eingestufte Adrianus Metius (1571–1635) fand 1000 Jahre nach Tsu Chhung-Chih nichts besseres als dessen Näherungsbruch 355/113, und dies auch nur durch einen glücklichen Zufall, indem er von zwei Schranken (377/120 und 333/106) die Mittelwerte der Zähler und Nenner bildete [12, p. 343]. Angesichts solcher Leistungen der Fachmathematiker sollte man die Näherung $\pi = 3\frac{1}{8} = 3.125$ des Künstlers Albrecht Dürer (1471–1528) loben, die er 3500 Jahre nach den Babyloniern wieder hervorholte. Dieser Wert läßt sich zumindest gut mit Zirkel und Lineal konstruieren.

Die mit Abstand beste Näherung von π für 180 Jahre berechnete der persische Astronom der Sternwarte in Samarkand, Al-Khashî, um 1430. Er ermittelte für 2π mittels $3 \cdot 2^{28}$-Ecken den folgenden Wert [77, p. 165]:

$$\pi = 6.28318\,53071\,79586\,5$$

Dieses 2π ist auf 16 Nachkommastellen genau.

Zwar verwendete Al-Khashî im Prinzip die gleiche Methode wie Archimedes, aber führte seine Berechnungen nach einem anderen Programm durch [69, pp. 314–319]. Besonders beeindruckend ist seine fortlaufende Fehlerkontrolle, die ihm erlaubte, überflüssige Stellen zu vernachlässigen. Al-Khashî rechnete im Sexagesimalsysten, transformierte jedoch abschließend sein 2π ins Dezimalsystem.

Neuzeit

Für π ging in Europa erst wieder Ende des sechzehnten Jahrhunderts die Sonne auf und zwar gleich mit einem spektakulären Ergebnis.

1579 fand der Rechtsanwalt und Hobby-Mathematiker François Viète (1540–1603) 9 Stellen für π. Er berechnete dazu nach Archimedischem Vorbild, aber unter Anwendung der inzwischen etablierten Trigonometrie, Polygone mit $3 \cdot 2^{17} = 393\,216$ Seiten. Sein Resultat lautet [116, p. 284]:

$$n \cdot \sin \frac{180}{n} < \pi < n \cdot \tan \frac{180}{n}$$

und mit $n = 393216$:

$$3.1415926535 < \pi < 3.1415926537$$

Um die Sinus- und Tangens-Werte zu finden, verwendete Viète iterativ die Formel $2 \sin^2 \theta/2 = 1 - \cos \theta$ [12, p. 343].

Danach haben mehrere Holländer π-Geschichte geschrieben. Der erste war Adrian van Romanus (1561–1615), der sich 1593 Polygone mit 1 Milliarde Seiten vorknöpfte, um 15 genaue Nachkommastellen zu finden. Drei Jahre später, 1596, übertraf ihn der Mathematik-Professor an der Universität von Leyden, Ludolph van Ceulen (1539–1610). Zunächst ermittelte er nur 20 Stellen, wozu er die Umfänge der ein- und umbeschriebenen regelmäßigen Polygone von $60 \cdot 2^{33} \approx 480$ *Milliarden* Seiten benutzte. Er rechnete danach weiter, ohne selbst zu veröffentlichen. Eine postume Veröffentlichung aus dem Jahre 1615 nennt 32 Stellen aus Polygonen von $2^{62} \approx 4 \cdot 10^{18}$ Seiten und 1621 werden ihm sogar 35 Stellen zugeschrieben. Diese 35 Stellen waren wohl auch auf seinem (inzwischen verlorenen) Grabstein eingemeißelt. Ceulens Rekord hat bewirkt, daß π in Deutschland noch bis zum Ersten Weltkrieg die „Ludolphsche Zahl" genannt wurde.

Kurz bevor die Polygon-Methode zur Berechnung von π durch die Reihen-Verfahren verdrängt wurde, ist sie noch einmal deutlich verbessert worden. Insbesondere erzielte Wildebrod Snellius (1581–1626) im Jahre 1621 aus 2^{30}seitigen Polygonen 34 π-Stellen, woraus Ludolph van Ceulen, nach der gleichen Methode wie Archimedes, nur 16 Stellen gewonnen hatte. Snellius teilte jeden Polygonsektor noch einmal durch 3 und konstruierte aus jeder Polygonseite zwei weitere Strecken, die den Kreisbogen noch besser einschlossen. Seine Methode basiert auf der Ungleichung [12, p. 344]

$$\frac{3\sin\theta}{2+\cos\theta} < \theta < 2\sin\frac{\theta}{3} + \tan\frac{\theta}{3} \tag{13.22}$$

Die untere Grenze hatte bereits der deutsche Kardinal Nicolaus Cusanus (1401–1464) gefunden [116, p. 281], die obere Grenze fand Snellius selbst. Die Güte des Verfahrens können wir heute einfach aus den Reihenentwicklungen von Sinus und Tangens erkennen. Dabei zeigt sich nämlich, daß in dem Ausdruck $2\sin x + \tan x$ die Terme dritter Ordnung wegfallen und damit eine quadratische Fehlerverbesserung erreicht wird. Die obere Grenze von Snellius' Ungleichung (13.22) bestätigt übrigens auch die Richtigkeit des (intuitiven) Vorgehens von Liu Hui bei dessen π-Berechnung 1400 Jahre früher (vgl. Seite 171).

Mit der Methode von Snellius berechnete 1630 Grienberger als letzter Mathematiker der fast 2000jährigen Polygon-Ära π auf 39 Stellen.

Im 17. Jahrhundert wurden noch andere Alternativen zur Archimedischen Methode ersonnen. Während beim Verfahren des Archimedes zunächst die Umfänge aller umbeschriebenen Polygone berechnet werden und erst danach die Umfänge aller einbeschriebenen Polygone, arbeiten die neuen Verfahren in „verschränkter" Weise: sie berechnen zuerst ein Paar aus innerem und äußerem Polygon mit je n Seiten, dann ein solches Paar von Polygonen mit $2n$ Seiten, danach eines mit $4n$ Seiten usf..

Ein solches Verfahren entwickelte James Gregory (1638–1675), den wir noch als einen der Entdecker der Leibniz-Reihe kennlernen werden, vgl. Seite 182. Noch im Stile von Archimedes ließ er den Kreisradius über alle Iterationsschritte hinweg konstant, aber berechnete – verschränkt – statt der Umfänge die Flächeninhalte I_n und i_n der um- und einbeschriebenen Polygone. Beginnend mit einem Viereck und dem Radius $\sqrt{2}$ iteriert sein Verfahren folgendermaßen, womit es linear gegen π konvergiert:

$$i_4 = 2,\ I_4 = 4;\quad i_{2n} = \sqrt{i_n \cdot I_n},\quad I_{2n} = \frac{2 \cdot i_{2n} \cdot I_n}{i_{2n} + I_n} \tag{13.23}$$

Gregory, ca.1667

Die linke Formel war im Mittelalter schon einmal, bei Jordanus Nemorarius (–1237?) aufgetreten, aber Gregory hat die seine wohl ohne diese Kenntnis aufgestellt.

Eine andere Innovation erscheint dann bei René Descartes (1596–1650), der eine Idee aufgriff, die schon 200 Jahre zuvor Cusanus erfolglos versucht hatte: Beim Übergang zum jeweils nächsten Schritt wird nicht mehr der Kreisradius konstant gelassen, sondern der Umfang der Polygone. Aus einem Quadrat vom Umfang U wird also ein umfanggleiches Achteck gebildet, daraus ein umfanggleiches 16-Eck usw. [116, p. 289]. Die Radien der jeweils um- und einbeschriebenen Kreise nähern sich mit wachsender Seitenzahl von oben und von unten dem gemeinsamen Wert $U/(2\pi)$. Beginnend mit dem Viereck und dem Umfang $U = 8$ lautet die Rekursionsvorschrift von Descartes so:

$$R_4 = \sqrt{2},\, r_4 = 1;\quad r_{2n} = \frac{1}{2}(r_n + R_n),\quad R_{2n} = \sqrt{r_{2n} \cdot R_n} \qquad (13.24)$$

Descartes, ca. 1649

Das Descartessche Verfahren konvergiert linear gegen den Wert $4/\pi$.

Die Vorschrift (13.24) gibt uns Gelegenheit zu einem historischen Vorgriff: 160 Jahre später, im Jahre 1809, entwickelte Carl Friedrich Gauß (1777–1855) die folgende, fast identische Rekursionsvorschrift, die gegen den Wert $\sqrt{f_{2n} \cdot \pi}$ konvergiert[3]:

$$R_4 = \sqrt{2},\, r_4 = 1;\quad r_{2n} = \frac{1}{2}(r_n + R_n),\quad R_{2n} = \sqrt{r_n \cdot R_n} \qquad (13.25)$$

Gauß, 1809

Es ist schwer zu glauben, aber der winzige Unterschied von r_n statt r_{2n} in der rechten Formel führt plötzlich zu quadratischem Konvergenzverhalten. Die Rekursion bewirkt bei jedem Schritt nicht mehr nur eine konstante, sondern eine stets um das Doppelte größer werdende Verbesserung und bringt so nach z.B. 10 Rekursionsschritten nicht nur 6, sondern über 1000 genaue Nachkommastellen von π. Ein kleines Wunder der Mathematik!

Während das Descartesche Verfahren in der Elementargeometrie begründet liegt, kommt die Gauß-AGM-Vorschrift aus der ganz anderen Theorie der elliptischen Funktionen. Die gleiche Bezeichnungsweise mit r und R darf deshalb nicht zu der Annahme verführen, es würden bei Gauß damit wie bei Descartes Kreisradien bezeichnet.

Die Details, Hintergründe und Entstehungsgeschichte des Gauß-AGM-Verfahren finden Sie im Kapitel 7 ausführlich besprochen; dort finden Sie auch das bedauerliche historische Schicksal vermerkt, daß das Verfahren eineinhalb Jahrhunderte, bis 1976, übersehen wurde.

---

[3] $f_4 = 1/2;\ f_{2n} = f_n - 2^{\log(2n)-3}(R_{2n}^2 - r_{2n}^2)$

13.3 Unendliche Reihen

Die zweite Ära in der Berechnung von π begann mit den unendlichen Produkten und Reihen (Summen). Die Berechner hatten dadurch ein analytisches Instrument in der Hand, nachdem sie fast 2 Jahrtausende nur über geometrische Methoden verfügten.

Anfänge in Indien

Die ersten Reihen für π sind in Indien aufgeschrieben worden, und zwar schon im 15. Jahrhundert, vielleicht sogar noch früher. Sie sind also mindestens 100 Jahre älter als die ersten europäischen Reihen (1593). Dieses Faktum könnte man schon seit 160 Jahren wissen, aber der Aufsatz von Charles M. Whish darüber aus dem Jahre 1835 *On the Hindu quadrature of the circle and the infinite series of the proportion of the circumference to the diameter exhibited in the four Sastras, Tantra Sangraham, Yukti-Bhasa, Karana-Paddhati and Sadratnamala* wurde 100 Jahre lang übersehen. Erst um 1940 wurde er wieder hervorgeholt und im wesentlichen bestätigt.

Nicht weniger als acht π-Reihen finden sich in den Sanskrit-Schriften *Yukti-Bhasa* und *Yukti-Dipika*, darunter beispielsweise die beiden folgenden, von denen die erste so beginnt wie „unsere" Leibniz-Reihe:

$$\frac{\pi}{4} \approx 1 - \frac{1}{3} + \frac{1}{5} - \frac{1}{7} + \cdots \mp \frac{1}{p-1} \pm \frac{p/2}{p^2+1} \tag{13.26}$$

Nilakantha, 15. Jahrhundert [89]

$$\pi = 3 + \frac{4}{3^3-3} - \frac{4}{5^3-5} + \frac{4}{7^3-7} - \frac{4}{9^3-9} + \cdots \tag{13.27}$$

Nilakantha, 15. Jahrhundert [89]

Die Galerie aller neun Reihen finden Sie in unserer Formelsammlung (16.6) bis (16.14).

Unsere Kenntnis verdanken wir S. Parameswaran [89] und Rinjan Roy [101]. Parameswaran zufolge sind die Ursprünge dieser Reihen kompliziert, zumal sie in mündlicher Überlieferung wurzeln. Die Yukti-Dipika wurden von Sankaran (ca. 1500–1560) komponiert, der bekennt, Anleitung von Jyestha-devan erhalten zu haben; dieser hat seinerseits die *Yukti-Bhasa* aufgeschrieben, wo außer den Reihen auch detaillierte Beweise für sie stehen. Diese beiden Gelehrten wiederum erhielten Unterricht in Astronomie und Mathematik von Kelallur Nilakantha Somayaji (ca. 1444 – ca. 1545)(sic!), dem Autor der Schrift

Tantra Sangraham. Spätestens dieser Nilakantha war also der Autor der Reihen. Neuere Forschungen zeigen, sagt Parameswaran, daß einige Reihen noch früher aufgestellt sein könnten, und insbesondere seien einige mit dem Namen Madhavan verbunden, der von ca. 1340 bis 1425 lebte.

Womöglich noch erstaunlicher als das hohe Alter dieser indischen Reihen ist, daß sie schlicht besser als die ersten europäischen Reihen sind:

Zu der Reihe (13.26) hat der Author Nilakantha gleich eine Restsumme mitgeliefert. Sie gibt eine Abschätzung von der Größenordnung p^{-5}. (Siehe dazu die Formel (12.5)). Soweit wir sehen, hat eine so genaue Abschätzung in Europa noch einmal 100 Jahre, bis zu Euler um 1750, warten müssen.

Die zweite Reihe (13.27) übertrifft die erste (13.26) erheblich an Konvergenz. Diese braucht zum Beispiel für 10 korrekte Nachkommastellen von π gigantische 10^{10} Terme, jene dagegen weniger als 10^3.

Eine dritte Reihe (16.6) ist noch konvergenter, indem sie nach 28 Gliedern schon 16 genaue Nachkommastellen liefert.

Unendliche Produkte

In Europa ermittelte als erster der schon erwähnte François Viète eine unendliche Reihe, genauer: ein unendliches Produkt. 1593 gelang ihm in *Variorum de Rebus Mathematicis* [117] dieser Fund, der gleichermaßen historisch wie ästhetisch bemerkenswert ist:

$$\frac{2}{\pi} = \sqrt{\frac{1}{2}} \cdot \sqrt{\frac{1}{2} + \frac{1}{2}\sqrt{\frac{1}{2}}} \cdot \sqrt{\frac{1}{2} + \frac{1}{2}\sqrt{\frac{1}{2} + \frac{1}{2}\sqrt{\frac{1}{2}}}} \cdots \qquad (13.28)$$

Viète, 1593

Das Produkt ist sogar numerisch interessant, denn es konvergiert recht schnell zu π; nach 25 Gliedern werden schon 15 genaue Nachkommastellen erreicht.

Viète fand seine Formel durch einen einfachen, jedoch klugen Trick. Er wandte die bekannte Beziehung $\sin(x) = 2\sin(x/2)\cos(x/2)$ rekursiv an und gelangte so zu $\sin(x) = 2^n \sin(x/2^n)\cos(x/2) \cdots \cos(x/2^n)$. Mit immer größer werdendem n konvergiert $2^n \sin(x/2^n)$ zu x. Zur Berechnung der cos-Ausdrücke benutzte Viète die gleichfalls bekannte Beziehung $\cos(x/2) = \sqrt{\frac{1}{2}(1 + \cos x)}$. Dann brauchte er nur noch x

durch $\pi/2$ zu substituieren, also $\sin(x) = 1$ und $\cos(x) = 0$ zu setzen, und schon stand seine feine Formel da.

Kurioserweise folgt in der Geschichte von π auf das Viète-Produkt ein weiteres Produkt. Kurios deshalb, weil es außer diesem und dem von Viète nur noch wenig weitere unendliche Produkte für π gibt, dafür unzählige unendliche *Reihen*. Jedenfalls ermittelte 1655 John Wallis (1616–1703) in *Arithmetica Infinitorum* nach einer komplizierten, aber interessanten Berechnung [72, p. 446] das folgende unendliche Produkt:

$$\frac{4}{\pi} = \frac{3 \times 3 \times 5 \times 5 \times 7 \times 7 \times 9 \times 9 \times 11 \times 11 \times 13 \times 13 \cdots}{2 \times 4 \times 4 \times 6 \times 6 \times 8 \times 8 \times 10 \times 10 \times 12 \times 12 \times 14 \cdots} \quad (13.29)$$

Wallis, 1655

Natürlich dürfte ein heutiger Mathematikstudent das Produkt so nicht hinschreiben, weil es in $\frac{\infty}{\infty}$ resultiert. Um die unbedingte Konvergenz zu zeigen, müssen je zwei Zähler und je zwei Nenner zusammengefaßt werden: $\frac{4}{\pi} = \frac{3 \cdot 3}{2 \cdot 4} \cdot \frac{5 \cdot 5}{4 \cdot 6} \cdots$ [116, p. 292].

Die Herleitung von Wallis ist historisch bedeutsam, denn sie inspirierte Newton zu einem ähnlichen Vorgehen, das ihn letztlich zu den binomischen Reihen führte.

Auch wenn sich das Wallis-Produkt einfach berechnen läßt, ist es für wirkungsvolle π-Berechnungen nicht brauchbar, weil mit ihm zum Beispiel nach 100 Termen π erst bis auf $7.8 \cdot 10^{-3}$ genau ist.

William Viscount Brouncker (ca. 1620–1684) war der erste Präsident der Royal Society und „manipulierte" (Beckmann) das Wallis-Produkt zu einem Kettenbruch für π, dem ersten in der π-Historie (1658):

$$\frac{4}{\pi} = 1 + \cfrac{1^2}{2 + \cfrac{3^2}{2 + \cfrac{5^2}{2 + \cdots}}} \quad (13.30)$$

Brouncker, 1658

Beckmann zufolge [16, p. 131] muß geraten werden, wie Brouncker diesen Kettenbruch gefunden hat. Systematisch abgeleitet, und zwar aus der Reihenentwicklung von $\arctan 1$, hat ihn erst Leonhard Euler, 1775, also über 100 Jahre später.

Die ersten Reihen wurden noch vor der Entwicklung der Infinitesimalrechnung gefunden. Deshalb taten sich ihre Entdecker mit den Ableitungen auch recht schwer.

Unendliche Summen

Als dann tatsächlich in der zweiten Hälfte des 17. Jahrhunderts unabhängig voneinander Isaac Newton (1643–1727) und Gottfried Wilhelm Leibniz (1646–1716) die Differential- und Integralrechnung vorlegten, brach ein Boom an Reihenformeln für π aus.

Von historischer Bedeutung ist ein Brief vom 15. Febr. 1671. Darin teilt James Gregory (1638?–1675) ohne Ableitung die erste Reihe für arctan mit [116, p. 293]. Wenn r den Radius, a den Bogen und t den zugehörigen Tangens bezeichnet, so gilt:

$$a = t - \frac{t^3}{3r^2} + \frac{t^5}{5r^4} - \frac{t^7}{7r^6} + \frac{t^9}{9r^8} - \cdots \tag{13.31}$$

Mit $t = 1$ gilt $a = r\pi/4$. Durch einfaches Einsetzen von $r = 1$ ergibt sich:

$$\frac{\pi}{4} = 1 - \frac{1}{3} + \frac{1}{5} - \frac{1}{7} + \cdots \tag{13.32}$$

Diese Reihe wird in der Literatur mit den Namen Gregory oder – öfter noch – Leibniz verknüpft. Wir wissen inzwischen jedoch, vgl. Seite 179, daß dieselbe Reihe schon viel früher in Indien bekannt war .

Wie erwähnt ist die Leibniz-Reihe (13.32) für numerische Zwecke ungeeignet, weil sie sehr schlecht konvergiert. Deshalb haben sich auch bald nach ihrer Entdeckung Mathematiker daran gemacht, besser konvergierende Reihen zu finden.

Newton selbst fand die folgende π-Reihe auf Basis von arcsin:

$$\pi = \frac{3\sqrt{3}}{4} + 24 \left(\frac{1}{12} - \frac{1}{5 \cdot 2^5} - \frac{1}{28 \cdot 2^7} - \frac{1}{72 \cdot 2^9} - \cdots \right) \tag{13.33}$$

Newton, 1665

und berechnete 1665 damit π auf 15 Stellen, davon waren 13 korrekt. Dazu schrieb er: „Ich schäme mich, wenn ich Ihnen sage, auf wie viele Stellen ich diese Berechnung ausführte, weil ich gerade nichts anderes zu tun hatte." Der Kommentar offenbart sehr gut die zwei Seelen, die in der Brust vieler „Stellenjäger" wühlen.

Der Astronom Abraham Sharp (1651–1742) benutzte 1700 ebenfalls eine arctan-Reihe (16.56) für die Berechnung von 72 Stellen.

Leonhard Euler

Die Mathematik des 18. Jahrhunderts war vor allem gekennzeichnet durch den Schweizer Mathematiker Leonhard Euler (1707–1783).

Sein geradezu unvorstellbar umfangreiches Lebenswerk aus über 700 Büchern und Aufsätzen, zusammengefaßt in 80 (noch nicht vollständig publizierten) Bänden, weist ihn als vielseitigsten und produktivsten Mathematiker der Mathematikgeschichte aus. Seine Kreativität und Produktivität wurde nicht im mindesten geschwächt durch sein Augenleiden, an dem er sogar erblindete.

Euler hat auch und vor allem entscheidend unser Wissen zu π vermehrt, obwohl er manchmal mehr mit der Zahl e identifiziert wird. Er stellte ungemein viele Formeln für π auf, darunter diejenige, die als die „Königin" aller Formeln gilt, weil sie fünf Basisgrößen der Mathematik in sich vereinigt:

$$e^{i\pi} + 1 = 0 \tag{13.34}$$

Was wurde über diese Formel nicht schon gesagt und geschrieben! In der Einleitung haben wir bereits Benjamin Peirce mit seinem begeisterten Ausspruch zitiert, aber er war nur einer unter vielen, die die Formel überschwenglich bewundert haben. Erst vor einigen Jahren (1990) wurde sie von den Lesern des *Mathematical Intelligencer* zur „schönsten von allen" gekürt [122][4]

Übrigens hat Euler „seine" Formel gar nicht so wie dargestellt aufgeschrieben, sondern (1743 in *Miscellanea Berolinesia* [40, p. 89]) so:

$$e^{iz} = \cos z + i \sin z \tag{13.35}$$

Euler, 1743

die durch $z = \pi$ in (13.34) übergeht, weil $\cos \pi = -1$ und $\sin \pi = 0$ ist. Dieser Ausdruck war zudem auch nicht völlig neu. Roger Cotes (1682–1716) veröffentlichte schon 1714 die gleichwertige Gleichung

$$\sqrt{-1}\,x = \log(\cos x + \sqrt{-1}\,\sin x) \tag{13.36}$$

Cotes, 1714

allerdings in anderer Schreibweise [38, p. 481]. Schließlich schreiben die Mathematiker die Eulersche Formel gerne ein bißchen kryptischer hin, etwa so:

$$\pi = -i \log(-1) \tag{13.37}$$

---

[4] Auf den zweiten Platz kam ebenfalls eine Formel von Euler, nämlich die Beziehung von Kanten (V) zu Flächen (F) und Ecken (E) in einem Polyeder: $V + F = E + 2$. Auf Platz 14 kam eine indische π-Reihe aus dem 15. Jahrhundert (16.11).

David Wells, der Kommentator der zitierten Leserumfrage, fragte sich bei der Präsentation des Ergebnisses, ob etwa kleine und „unbedeutende" Änderungen an der Formel (13.34) auch ihren ästhetischen Wert geändert hätten, welchen Platz in der Lesergunst also zum Beispiel die gleichbedeutende Formel

$$i^{-i} = e^{\pi/2} \tag{13.38}$$

erreicht hätte.

Zu Eulers spektakulärsten Ergebnissen auf dem π–Feld gehört seine Lösung für die Summe der reziproken Quadratzahlen, also für den Ausdruck: $\frac{1}{1} + \frac{1}{4} + \frac{1}{9} + \cdots + \frac{1}{n^2} + \cdots$. Viele große Mathematiker hatten sich an dieser scheinbar einfachen Aufgabe ohne Erfolg versucht, darunter Leibniz und die Brüder Jakob (1654–1705) und Johann Bernoulli (1667–1748). Euler gelang es 1736 als erstem, für die fragliche Summe den eleganten Ausdruck

$$\sum_{k=1}^{\infty} \frac{1}{k^2} = \frac{\pi^2}{6} = 1.64493\,406\ldots \tag{13.39}$$

zu finden.

Eulers erster Beweis dafür war mathematisch wohl nicht ganz sauber, weil er darin einen Ausdruck verwandte, der zu seiner Zeit „einfach nur eine kühne Vermutung" [40, p. 74] war. Später (1748) lieferte Euler jedoch eine korrekte Begründung nach, und was für eine! [53, Kapitel 10, Paragraph 165] Er bewies dann nämlich nicht nur (13.39), sondern auf wenigen Seiten noch „Wagenladungen" (Beckmann) weiterer π-Formeln, z.B. für π^3, π^4, bis π^{26}. Die Fülle von Eulers Entdeckungen zu π verdiente eigentlich eine eigene Monographie. Immerhin findet sich ein kleiner Ausschnitt davon in unserer Formelsammlung auf Seite 214ff.

Übrigens reizt der schöne und kurze Eulersche Beweis noch heute die Mathematiker dazu, ihn an Eleganz oder Kürze zu überbieten, vgl. beispielsweise [88] und [41], wo nur noch eine halbe Druckseite für ihn gebraucht wird.

Euler hat auch, wie erwähnt, das Symbol π populär gemacht. Außerdem machte er sich selbst (1779, als 72jähriger) an die Berechnung von π und kam auf 20 Stellen mit einer eigenen arctan-Formel und einer eigenen Reihe für die arctan-Funktion (vgl. Seite 73); er brauchte dazu nur eine Stunde.

Aber auch andere Mathematiker erweiterten im 18. Jahrhundert das Wissen um π.

Schon im 15. Jahrhundert ahnte man, daß π keine rationale Zahl sein könne, also nicht als Bruch zweier ganzer Zahlen dargestellt werden kann. Huygens und Leibniz waren fest davon überzeugt. Jedoch gelang erst 1766 dem elsässischen Mathematiker Johann Heinrich Lambert (1728–1777) in [79] der Beweis dafür, daß π irrational ist. Sein Beweis beginnt mit dem Aufstellen eines unendlichen Kettenbruchs für $\tan v$; er schrieb ihn so hin:

$$\tan v = \cfrac{1}{1 : v - \cfrac{1}{3 : v - \cfrac{1}{5 : v - \cfrac{1}{7 : v - 1 \& c.}}}} \tag{13.40}$$

Lambert zeigt dann, daß die rechte Seite irrational sein muß, wenn $v \neq 0$ eine rationale Zahl ist. Weil aber $\tan(\pi/4) = 1$ rational ist, folgt daraus, daß $\pi/4$, also auch π, irrational sein muß.

Nach Lambert bewies Legendre 1794, daß auch π^2 irrational ist.

arctan-Formeln

Die 72 Stellen von Sharp übertraf 1706 John Machin (1680–1752) mit genau 100 Stellen. Er benutzte erstmals eine Kombination von zwei arctan-Reihen in einem Ausdruck. Seine arctan-Formel wurde ungemein populär:

$$\pi = 16 \arctan \frac{1}{5} - 4 \arctan \frac{1}{239} \tag{13.41}$$

Machin berechnete jeden der beiden arctan-Ausdrücke mit der Gregoryschen Reihe

$$\arctan \frac{1}{x} = \frac{1}{x} - \frac{1}{3x^3} + \frac{1}{5x^5} - \cdots \tag{13.42}$$

Für den ersten arctan-Ausdruck mit $x = 5$ mußte er etwa 70 Glieder der Reihe (13.42) berechnen, aber für den zweiten Ausdruck mit $x = 239$ brauchte er nur noch 20 Glieder.

John Machin hat seine berühmte Leistung nicht selbst veröffentlicht; vielmehr brachte er sein 100stelliges π und seine arctan-Formel in das schon erwähnte Werk *Synopsis Palmariorum Mathesos* von William Jones ein, in dem auch erstmals das Symbol π vorgeschlagen wurde. So enthält also dieses Werk eines Self-made-Mathematikers zwei bedeutende Neuerungen in Sachen π.

Mehr als zweihundert Jahre lang fand man keine bessere Berechnungsmethode für π als arctan-Formeln. Allerdings verstand man es bald, weitere solcher Formeln nach dem Muster der Machinschen Formel zu bauen, wodurch sich Spielräume für Optimierungen ergaben. Besonders effektive Varianten hat C.F. Gauß (1777–1855) entwickelt. So kam es, daß die arctan-Methode eine lange Lebenszeit erfuhr, zwar nicht so lange wie die Archimedische Methode, aber doch immerhin über 250 Jahre, bis 1970. Sogar und gerade wurden bei den frühen Computerberechnungen fast ausschließlich arctan-Formeln verwendet und dabei häufig sogar die gute alte Machin-Formel (13.41).

Nach Machin haben sich viele andere Berechner ans Werk gemacht und verbesserten alle paar Jahre den π-Weltrekord. Mit der höheren Stellenzahl stieg allerdings auch das Risiko des Verrechnens. So hören wir mehrfach von Rechenfehlern, die beim jeweils nächsten Rekord unweigerlich aufgedeckt wurden. Obwohl zum Beispiel bereits 1719 Fautet De Lagny (1660–1734) weitere 27 Stellen mehr als Machin gefunden hatte (mittels Einsetzen von $\theta = \pi/6$ in die Gregorysche Reihe), erwies sich beim darauffolgenden Weltrekord durch Vega (1754–1802), daß davon die 112. Nachkommastelle falsch war. Da es nur allein diese war, wird man weniger einen Rechenfehler als vielmehr einen Schreibfehler vermuten dürfen. Vega jedenfalls selbst verrechnete sich auch – von seinen zunächst 143 Stellen im Jahre 1789 waren nur 126 korrekt. Fünf Jahre später verbesserte sich Vega mit einem π, das nur noch 140 Stellen lang war, aber auch von diesem waren die letzten 4 Stellen falsch.

Auch heute noch sind die letzten Stellen die verdächtigsten. Der derzeitige Weltrekordinhaber Yasumasa Kanada hat bei seinem 68.7-Milliarden-π sicherheitshalber 6 700 Stellen abgeschnitten, obwohl seine Testberechnung nur in den letzten 43 Stellen anders lautete als die eigentliche Berechnung. Naja, hat er wohl gedacht, es bleiben trotzdem genug Stellen übrig.

Ein Leidtragender des Fehlers von De Lagny ist auch Euler geworden, denn er übernahm dessen Zahl 1748 in seine *Introductio*. Seither stehen die Herausgeber bei einer Neuausgabe dieses wichtigen und interessanten Werkes vor der Frage, ob sie den Fehler schlicht korrigieren oder um der historischen Wahrheit willen weitertragen sollen; bei einer jüngeren englischen Ausgabe aus dem Jahre 1988 haben sie sich für die zweite Variante entschieden [52, p. 101], bei einer älteren deutschen Ausgabe von 1885 [53, p. 95] dagegen für die erste.

Im 18. Jahrhundert waren auch in Japan bedeutende π-Berechner am Werk, obwohl sie hinter ihren europäischen Mitstreitern zurückblieben. 1722 fand Takebe Kenko (1664–1739) 41 Stellen von π mit einer Reihe für π^2 (16.63) und 1739 Matsunaga 50 Stellen. Danach, so schreibt Beckmann [16, p. 102], hätten die Japaner mehr Verstand bewiesen als ihre europäischen Kollegen, indem sie sich zwar weiterhin mit Reihen für π beschäftigten, aber keine Zeit mehr mit Stellenjagd vergeudet hätten. Heute könnte Beckmann dies nicht mehr so formulieren, denn niemand hat in den letzten Jahren die Stellenjagd heftiger betrieben als ein Japaner und sein Team.

Der österreichische Mathematiker Lutz von Strassnitzky (1803–1852) nutzte eine besondere Gelegenheit. Im Jahre 1840 kam der „bekannte Kopfrechner" Zacharias Dase (1820–1861) zu ihm nach Wien und nahm an seinen Vorlesungen über Elementar-Mathematik teil. Da er sich mit den „collossalsten, aber zwecklosen Rechnungen" die Zeit vertrieb, überredete ihn Strassnitzky zu einer Arbeit, die „wenigstens ihm selbst nützlich werden könne", nämlich zur Berechnung von π auf 200 Stellen. Unter den vorgeschlagenen Formeln wählte Dase sich die folgende arctan-Formel, die zwar nicht so gut konvergiert wie die Machin-Formel, aber gut für Papier und Bleistift (und Radiergummi) geeignet ist [48]:

$$\frac{1}{4}\pi = \arctan\frac{1}{2} + \arctan\frac{1}{3} + \arctan\frac{1}{5} \qquad (13.43)$$

Nach knapp zwei Monaten war Dase fertig. Dases 200 Stellen waren zwar um 8 weniger als die, die William Rutherford bereits 20 Jahre vorher ermittelt hatte, sie waren aber dennoch Weltrekord, weil von den Rutherfordschen Stellen nur 152 richtig waren.

Die Rechenkünste des Herrn Dase waren deutschlandweit bekannt. Er konnte zum Beispiel im Kopf zwei achtstellige Zahlen in 54 Sekunden multiplizieren oder zwei hundertstellige Zahlen in 8 Stunden und 45 Minuten (was man sich kaum vorstellen kann). Er bot an, mathematische Tabellen zu berechnen. So empfahl ihm Gauß, die bestehenden Tabellen mit Primfaktorzerlegungen zu erweitern. Dase folgte diesem Vorschlag, und berechnete mit finanzieller Unterstützung der Hamburger Akademie der Wissenschaften die Primfaktoren aller Zahlen von 7 bis 9 Millionen. Beckmann schließt seinen Bericht über Zacharias Dase mit folgendem Kommentar: „Offenbar ist Carl Friedrich Gauß, der so vieles als erster erkannt oder betrieben hat, auch der erste gewesen, der die Bezahlung für Rechenzeit eingeführt hat" [16, p. 107].

Die letzten Rekorde mit Bleistift und Papier

Die Kenntnis von π wurde im ausgehenden 19. Jahrhundert um einen bedeutsamen Eckpfeiler erweitert. Was einzelnen profunden Mathematikern schon im 16. Jahrhundert klar war, z.B. Michael Stifel (1487–1567) wurde 1882 Gewißheit: π ist nicht nur irrational, sondern auch transzendent. Das bedeutet formaliter, daß diese Zahl nicht die Wurzel einer algebraischen Gleichung mit rationalen Koeffizienten sein kann und liefert nebenbei die Erkenntnis, daß man den Kreis nicht mit Zirkel und Lineal quadrieren kann. Der Beweis dafür lag spätestens seit 1873 in der Luft, als Ch. Hermite (1822–1901) die Transzendenz von e bewies. Tatsächlich erfolgte der entsprechende Beweis für π dann ein paar Jahre später, 1882, durch Ferdinand Lindemann (1852–1939). Seine sehr schwierige Argumentation wurde später mehrfach vereinfacht, und liegt heute in fast elementarer Form vor, siehe z.B. [49, pp. 103–109]. Der Transzendenz-Beweis ist wie der Irrationalitätsbeweis ein indirekter. Man zeigt: wenn e^x die Wurzel einer rationalen algebraischen Gleichung ist, muß x transzendent sein (und umgekehrt). Nun *ist* aber $e^{i\pi}$ eine rationale Zahl, nämlich -1, wie die „Königin der Formeln" (13.34) lehrt, also ist $i\pi$ und somit π transzendent.

Nach zwei Zwischenrekorden (W. Rutherford im Jahre 1853 mit 440 Stellen und Richter im Jahre 1855 mit 500 Stellen) publizierte William Shanks (1812–1882) zuerst 607 (1853) und später (1874) sogar 707 Stellen von π. Zur ersten Veröffentlichung schrieb er: „Gegen Ende des Jahres 1850 begann der Autor mit dem Entwurf der Rektifikation des Kreises auf bis zu 300 Dezimalstellen. Er war sich damals bewußt, daß die Realisierung dieser Absicht nur wenig oder nichts zu seinem Ruf als Mathematiker beitragen würde, eher schon zu seinem Ruf als Kalkulator; auch, daß dies überhaupt nicht produktiv sein würde im Sinne pekuniärer Belohnung."

Das war zu pessimistisch, denn Shanks' Stellen wurde die gewiß große Ehre zuteil, 1937 auf der großen Weltausstellung in Paris gezeigt zu werden (vgl. auch Seite 48).

Hinter Shanks' Berechnung verbarg sich eine wahre Sisyphus-Arbeit. Er bestimmte im Laufe seiner Berechnungen einige Logarithmen bis auf 137 Stellen genau und errechnete den exakten Wert von 2^{721}. Ein viktorianischer Kommentator meinte dazu: „Diese ungeheuren Ketten von Berechnungen beweisen nicht nur die Fähigkeiten dieses und jenes Rechners hinsichtlich Ausdauer und Genauigkeit; sie zeigen vielmehr, daß die rechnerische Geschicklichkeit und der Mut in der Gesellschaft zunehmen." [121, p. 51]

Der Mathematiker Augustus de Morgan (1806–1871) zählte in der (ersten) Shanksschen Zahl die Häufigkeit jeder Ziffer aus und schloß aus ihrer ungleichmäßigen Verteilung, daß sie fehlerhaft sein müsse. Er hatte leider recht, die Zahl war ab der 527. Stelle fehlerhaft. Dies bestätigte sich 70 Jahre später bei der ersten π-Berechnung mit einem Tischrechner.

Wir sagten: „Leider hatte er recht", denn wir finden, daß die Welt sehr ungerecht sein kann: Der eine rechnet im Schweiße seines Angesichts jahrelang; ein anderer aber blickt aufs Resultat und beweist es nach nur einer Stunde als falsch.

Computer-Ära

Mitte 1940 betraten die Computer die π-Bühne, und damit waren die Zeiten mit nur wenigen hundert Stellen schnell vorbei.

Die ersten Computer waren elektrisch-mechanische Tischrechner, und mit ihnen begann 1945 ein neuer Reigen, als D.F. Ferguson 530 Stellen und zwei Jahre später 808 Stellen berechnete. Ferguson verwendete die arctan-Formel: $3\arctan\frac{1}{4} + \arctan\frac{1}{20} + \arctan\frac{1}{1985}$.

1949 wurde einer der ersten elektronischen Computer, der ENIAC (Electronic Numerical Integrator and Computer), dazu programmiert, 2037 Stellen von π zu ermitteln, und zwar mit der arctan-Formel von John Machin. Die Berechnung dauerte 70 Stunden. Mit der gleichen Formel versuchte 1957 F.E. Felton 10 000 Stellen zu berechnen, aber wegen eines Hardwarefehlers waren nur die ersten 7480 Stellen korrekt. Das 10 000-Stellen-Ziel wurde durch F. Genuys im folgenden Jahr auf einer IBM 704 in 100 Minuten erreicht [32].

Am 29. Juli 1961 überschritten zwei IBM-Forscher, nämlich Daniel Shanks und John W. Wrench Jr., die 100 000er Marke. Sie hatten eine IBM 7090 zur Verfügung, und brauchten mit ihr für die Berechnung 8 Stunden und 43 Minuten. Über ihr Projekt haben sie einen feinen, auch heute noch gut lesbaren Bericht geschrieben [109], in dem sie besonders ihre Anstrengungen bei der Algorithmik deutlich machen. Zwar verfügten sie wie ihre Vorväter nur über arctan-Reihen (eine von Størmer zur eigentlichen Berechnung und eine von Gauß zur Nachprüfung), aber sie erfanden dafür einige interessante Optimierungskniffe.

Mehrere Berechnungen erhöhten die Anzahl bekannter π-Stellen bis 1973 auf 1 Million Stellen, wobei nur klassische Formeln, meist Varianten der Machin-Formel, verwendet wurden. Die Berechnung auf 1 Million Stellen dauerte auf einer CDC 7600 knapp einen Tag.

Auch bei steigender Computerleistung wäre die Berechnung von noch mehr Stellen irgendwann auf unüberwindliche Hindernisse gestoßen. Der gerade erwähnte Daniel Shanks glaubte noch 1961, daß die Menschheit niemals mehr als 1 Million π-Stellen sehen würde. Castellanos [40] kommentiert diese Aussage mit dem chinesischen Sprichwort, daß es gefährlich sei, Vorhersagen zu machen, insbesondere dann, wenn sie in die Zukunft reichen.

Das chinesische Sprichwort hinderte übrigens Peter Borwein nicht daran, in einem Referat 1995 zu prognostizieren, daß die Menscheit niemals erfahren wird, wie die 10^{51}te Stelle von π lautet. Auch wenn 10^{51} eine große Zahl ist und Peter Borwein ein profunder π-Forscher ist – der Mann hat Mut.

13.4 Hochleistungsalgorithmen

Die dritte Ära der π-Stellenjagd begann um 1980, als der Weltrekord noch bei etwa 1 Million Stellen stand. Um diese Zeit waren die zwei Voraussetzungen geschaffen, deren Zusammenwirken die π-Stellen in neue Größenordnungen hievten.

Schnelle Multiplikation

Zunächst war es 1965 die „unschuldige" Multiplikation von zwei (langen) Zahlen, die dramatisch, gewissermaßen überproportional, beschleunigt werden konnte und die uralte „Schulmultiplikation" ablöste. Bei der neuen Methode mit Namen *Fast Fourier Transformation (FFT)-Multiplikation* werden die beiden Multiplikanden zunächst „Fourier"-transformiert; danach werden sie einer elementweisen Multiplikation unterzogen, die sich in linearer Zeit ausführen läßt, und zuletzt wird das Vektorprodukt wieder zurücktransformiert. Entscheidend bei dieser Multiplikation ist, daß die drei Fourier-Transformationen sehr schnell ausgeführt werden können, d.h. schneller als mit quadratisch proportionalem Zeitbedarf, siehe Seiten 135ff.

Die Entdeckung dieses Multiplikations-Algorithmus kam eher zufällig zustande:

„Während einer Sitzung des wissenschaftlichen Beratungskomitees des amerikanischen Präsidenten (Lyndon B. Johnson im Jahre 1964) stellte Richard W. Garwin fest, daß der anwesende John W. Tukey sich mit der Erstellung von Programmen für die Fourier-Transformation beschäftigte. Garwin ... fragte ... und Tukey umriß im wesentlichen das, was später zu dem berühmten Cooley-Tukey-Algorithmus führte."

Man sieht, wozu ein Präsident alles nütze ist.

„Garwin ging zum Rechenzentrum des IBM-Forschungszentrums in Yorktown Heights, um das Verfahren programmieren zu lassen. James W. Cooley war ein relativ neuer Mitarbeiter im Stab des IBM-Forschungszentrums und wurde nach eigenem Bekunden mit der Bearbeitung der Aufgabe betraut, weil er der einzige war, der nichts Wichtiges zu tun hatte ..." [37, p. 21].

Schon kurz nach der Veröffentlichung des Cooley-Tukey-Algorithmus begann die Suche nach historischen Quellen. Ein Leser ihres Papers beschrieb sein eigenes früheres Programm mit gleicher Performance und führte es zurück auf eine Methode von G.C. Danielson und C. Lanczos aus dem Jahre 1942. Deren Autoren verweisen ihrerseits auf Aufsätze von C. Runge und H. König aus den Jahren 1903 und 1924 [44]. Aber auch diese waren nicht die frühesten FFT-Methodiker. Es scheint so, daß es wieder einmal C.F. Gauß war, der als erster die entscheidende Idee zur Beschleunigung der Fourier-Transformation hatte und dies schon hundert Jahre (1805) vor allen anderen [66].

Der Zeitbedarf der Schul-Multiplikation ist von quadratischer Ordnung, während die neue FFT-Multiplikation, von der es inzwischen viele Varianten gibt, nur noch von der Ordnung $N \cdot \log_2 N$ ist (vgl. Seite 140). Mit ihr können n-stellige Multiplikanden in einer Zeit multipliziert werden, die nicht viel stärker wächst als n selbst.

π-spezifische Algorithmen

Neben der Beschleunigung der Multiplikation mußte am Baum der Erkenntnis aber erst noch ein weiterer Zweig mit Verbesserungen wachsen, bevor die heutigen Rekorde erreicht werden konnten. Diese Verbesserungen bestanden in Hochleistungsalgorithmen mit dem alleinigen Zweck, π schneller und weiter zu berechnen. Sie gelangen etwa ab 1976. Die bis dahin nahezu allein vorhandenen arctan-Methoden wurden dadurch vollständig ersetzt.

Eines der neuen Verfahren beruhte auf Reihen, die der indische Mathematiker Srinivasa Ramanujan (1887–1920) bereits 1914 aufgestellt hatte. Eine davon ist die folgende Reihe, die deutlich, etwa um den Faktor 5, schneller ist, als die besten bis dahin bekannten Reihen:

$$\frac{1}{\pi} = \frac{\sqrt{8}}{9801} \sum_{n=0}^{\infty} \frac{(4n)!}{(n!)^4} \cdot \frac{[1103 + 26390n]}{396^{4n}} \tag{13.44}$$

Eine zweite bedeutungsvolle Entdeckung auf diesem Gebiet war der sog. Gauß-AGM-Algorithmus. Er besteht aus einer Iterationsvorschrift, bei deren Ausführung sich in jedem Iterationsschritt die genauen π-Stellen verdoppeln, also quadratisch zu π konvergieren. Auf diese Weise liefern z.B. die ersten 9 Iterationsschritte sukzessive 1, 4, 9, 20, 42, 85, 173, 347 und 697 Stellen [11, p. 53].

Dieser Algorithmus wurde 1976 von Eugene Salamin und Richard Brent unabhängig voneinander aufgestellt. Die ihm zugrunde liegende Formel war aber bereits 170 Jahre zuvor von dem deutschen Mathematiker Carl Friedrich Gauß gefunden worden (vgl. Kapitel 7). Salamin zumindest war sich bei seiner Veröffentlichung dieser Herkunft bewußt.

Im Jahre 1985 vergrößerten die Gebrüder Borwein den Schatz der π-spezifischen Hochleistungsalgorithmen erneut, indem sie Iterationsvorschriften im Stile des Gauß-AGM-Algorithmus veröffentlichten, die mit noch höherer als quadratischer Ordnung konvergieren. So werden bei der „biquadratischen Borwein-Iteration" pro Iterationsschritt viermal mehr genaue Stellen produziert, so daß 1999 dem Berechner des jüngsten Weltrekords, Yasumasa Kanada, 18 Iterationsschritte genügten, um 68,7 Milliarden Stellen zu berechnen. Die Borweins leiteten ihre Verfahren übrigens aus der gleichen Theorie der Modulfunktionen ab, die auch Ramanujan zu seinen Reihen geführt hatte.

Diese Entdeckungen waren ursächlich dafür, daß in einem beispiellosen Boom in den 19 Jahren von 1981 bis 1999 der π-Weltrekord insgesamt 24mal verbessert wurde, viele Male um mehr als das Doppelte, von 2 Millionen auf jetzt 68.7 Milliarden Stellen. Unsere Tabelle auf Seite 198 listet die einzelnen Stationen auf.

Die neuen Stellenjäger

Auffällig ist, daß 15 der 25 Weltrekorde mit dem Namen Yasumasa Kanada (Betonung auf der zweiten Silbe) verbunden sind. Dieser Mann ist Research-Advisor am Department of Science der Universität von Tokio. Er leitet ein Laboratorium, *Kanada Lab*, zu dessen Aufgaben auch „High Performance Computing" gehört. Dafür hat Kanada besondere Super-Computer benutzt, zuletzt einen Computer vom Typ Hitachi SR8000, der immerhin 128 Prozessoren enthält. Mit diesen und immer raffinierteren Implementierungen der Borweinschen Algorithmen hat er seine Rechenleistungen fertiggebracht.

Leider ist der gute Mann sehr schweigsam. Zur Stunde (Mai 1999) hat er noch kein paper selbst über seinen vorletzten Weltrekord vom Juli 1997 herausgebracht, sondern nur ein kurzes Statement im Internet. Kanada antwortet wohl auch nicht allen, die ihm E-Mails schreiben. So wissen wir nur wenig über die Details seiner Arbeit.

Noch weniger haben die beiden „Konkurrenten" von Kanada, die Gebrüder Chudnovsky, preisgegeben, die sich sechs Mal in die Weltrekordliste eingetragen haben. Allerdings gibt es über die beiden einen herrlichen biographischen Report *The Mountains of Pi*, den Richard Preston im März 1992 im *New Yorker* geschrieben hat [94] und der auch auf deutsch im November 1992 im Magazin der *Süddeutschen Zeitung* [95] erschienen ist. In diesem Aufsatz wird das einsame Leben von David und Gregorij Chudnovsky in ihrem Appartement in Manhattan beschrieben, wo die beiden ihre Weltrekorde mit einem aus Kaufhaus-Teilen selbst zusammengebauten „Home"-Computer namens *m-zero* aufgestellt haben. Das Geld, das sie dafür brauchen, stammt aus den Taschen ihrer Frauen, denn die Chudnovskys haben Schwierigkeiten bei der Anstellung an einer Universität, obwohl sie ausgewiesene Experten in Zahlentheorie sind. Ein Grund dafür, so merkt Preston bitter an, liegt darin, daß Gregorij an der Muskelschwäche *Myasthenia gravis* leidet, die ihn ans Bett fesselt.

David Blatner, der Autor des schönen und jungen (1997) Büchleins *The Joy of π* [27], hat die Brüder Chudnovsky offenbar aufgesucht. Er erfuhr dabei, daß sie seit kurzem ein neues Büro an der Brooklyn Polytechnic University eröffnet haben, genannt *Institute for Mathematics and Advanced Supercomputing*, welches aus genau ihnen beiden besteht. Sie wohnen jetzt auch nicht mehr in Manhattan. Kurz vor ihrem Umzug haben sie ihrem *m-zero* noch einmal eine π-Berechnung aufgeladen, diesmal auf 8 Milliarden Stellen, die einschließlich Nachprüfung 1 Woche Rechenzeit beanspruchte; dies war erneut Rekord. Danach haben sie dann aber die Rekordjagd aufgegeben und ihren Heim-Computer zerlegt.

So ganz scheinen die Experten den Chudnovskys nicht zu trauen. Als Yasumasa Kanada einen seiner Weltrekorde verkündete, teilten die

Chudnovskys mit, daß sie schon viel weiter seien. Daraufhin schickte Kanada den beiden ein paar Stellen „seines" π zusammen mit dem Platz, woher er sie genommen hat. Dabei erbat er sich umgekehrt ein analoges Stück Chudnovsky-π zwecks Verifikation. Diese Bitte haben die Chudnovskys aber nicht beantwortet.

Die einzigen zwei Weltrekordler seit 1981, die nicht Kanada oder Chudnovsky heißen, sind Gosper und Bailey.

Gosper benutzte 1985 – wie erwähnt – die Ramanujansche Reihe (13.44) zur Berechnung von 17 Millionen Stellen. Sein Computer war kein Super-Computer, sondern eine vergleichsweise einfache Workstation vom Typ Symbolics 3670, die gegenüber konventionellen Computern allerdings den Vorzug unlimitierter Arithmetik-Genauigkeit besaß. Bei der Verkündung seines Rekords legte Gosper großen Wert auf den Hinweis, daß er nicht simple Dezimalstellen, sondern edle Kettenbruchstellen berechnet habe. Seine Folge fing also nicht mit 3,1,4,1,5 an, sondern mit 3,7,15,1,292. Gosper erhoffte sich von dieser Darstellungsform tiefere Erkenntnisse über die Natur der Zahl π, denn für Zahlentheoretiker ist ein Kettenbruch allemal die aussagekräftigere Alternative. Leider hat ihm der Kettenbruch aber nicht die Mühe seiner Berechnung gedankt, sondern nur „normalen Zufall" offenbart, siehe dazu auch das Kapitel 4. Allerdings ist die aus der Berechnung gefundene Tatsache, daß der Kettenbruch von π kein Muster aufweist, auch schon eine Botschaft, denn zum Beispiel die Zahlen e, $\sqrt{2}$ oder $\sqrt{3}$ tun es.

Zu allem Überfluß mußte Gosper seinen Kettenbruch letztlich doch in die Dezimalform umrechnen und zwar einfach, um ihn prüfen zu können.

David Bailey ist Wissenschaftler am NASA Ames Research Center in Kalifornien, USA. Er hat viel zu Hochleistungsberechnungen veröffentlicht, und ist zuletzt als einer der Autoren des BBP-Algorithmus hervorgetreten. Vom 7. bis 9. Januar 1986 berechnete er in insgesamt 28 Stunden π auf 29 Millionen Stellen und hat darüber einen schönen Aufsatz geschrieben [7]. Darin steht u.a., daß seine Berechnung vorrangig dem Test der Hardware (eines Superrechners vom Typ Cray-2), des Betriebssystems und des Compilers diente. Sein Berechnungsprogramm schrieb er in FORTRAN, weil der Compiler für diese Programmiersprache die Vektorprozessor-Eigenschaften der Cray besonders gut ausbeuten konnte. Die eigentliche Berechnung brauchte 12 Iterationsschritte des biquadratischen und die Nachprüfung 24 Iterationsschritte des quadratischen Borwein-Algorithmus. Der Bericht enthält auch Statistiken über verschiedene Ziffern-Häufigkeiten, die jedoch alle nur unauffällige Ergebnisse zeitigen.

13.5 Die Jagd nach Einzelstellen

Wir zitierten schon vorne die Feststellung von Adamchik und Wagon, daß zur Zeit die „2000jährige Suche (nach immer mehr π-Stellen) ihre Richtung ändert". Immer öfter hören wir von einer neuen Art von π-Rekorden, etwa mit der Überschrift „Die 40billionste Binärstelle von π ist eine 0".

Hintergrund ist das faszinierende „BBP-Verfahren", das nach den Anfangsbuchstaben ihrer Autoren David Bailey, Peter Borwein und Simon Plouffe benannt ist und erst vor kurzem, im September 1995, vorgestellt wurde. Mit diesem Verfahren lassen sich einzelne hexadezimale Stellen *mitten* in π berechnen, ohne auch die Stellen davor berechnen zu müssen. Wir haben diese Methode im Kapitel 10 ausführlich beschrieben.

Dieses Verfahren hat eine neue Jagdstrecke eröffnet, nämlich die Suche nach möglichst weit hinten in π befindlichen Ziffern. Die erste Marke setzten die drei genannten Forscher selbst mit der 10milliardsten hexadezimalen π-Stelle, die etwa der 12milliardsten dezimalen Stelle entspricht. Sie befand sich zum Zeitpunkt ihrer Veröffentlichung (Sept. 1995) fast doppelt so weit in π wie die damals letzte bekannte Stelle aus der traditionellen Jagd.

Bereits ein Jahr später legte dann der Student Fabrice Bellard[5] nach. Er fand eine noch bessere Formel und berechnete mit ihr die 100milliardste (Oktober 1996) und die 250milliardste (September 1997) hexadezimale Stelle von π, die um die Faktoren 10 und 25 entfernter liegen.

Aber auch diese Marken wurden gleich wieder übertroffen und zwar im August 1988 mit der 1,25billionsten Stelle und am 9. Februar 1999 mit der 10billionsten (10^{13}) hexadezimalen Stelle[6], was wiederum eine Verbesserung um das 5- bzw. 20fache bedeutete. Inhaber der beiden Rekorde ist der erst 17 Jahre alte Colin Percival, Student an der Simon Fraser Universität in Burnaby, Kanada, derselben, an der auch

---

[5] `http://www-stud.enst.fr/~bellard/`
[6] `http://www.cecm.sfu.ca/projects/pihex/announce40t.html`

die Gebrüder Borwein und Simon Plouffe arbeiten. Von diesem jungen Mann wird man sicherlich noch viel Gutes hören: Er begann sein Mathematikstudium schon mit 13 Jahren parallel zu seiner High-school-Ausbildung und kann schon als Teenager auf ein ungewöhnliches Großprojekt zurückblicken.

Zwar verwendete Percival für seine Stellen keine neue, sondern ebenfalls die Bellard-Formel (10.7), aber für die Berechnung selbst ging er einen noch wenig betretenen Weg, der vermutlich Schule machen wird (vgl. auch unser Kapitel 15). Er versicherte sich nämlich der Kooperation von 126 Internet-Computern in 8 Ländern, die in ihrer „toten Zeit" Teilaufgaben seines Projekts rechneten, die Percival dann zusammensetzte. So entstand sein Ergebnis in insgesamt 10 Monaten, in denen fast 10 Jahre Computerzeit verbraucht wurden.

An Percivals neuer, 10billionsten Weltrekordstelle steht die Hexadezimalziffer A. Dieses A repräsentiert die vier Binärziffern 1010; das vierte Bit, eine binäre 0, ist gleichzeitig die 40billionste Binärstelle von π. So konnte der stolze Stellenjäger, als er diese Stelle gefunden hatte, seinem Ergebnis die obengenannte Überschrift geben. Weil hinter dem A eine hexadezimale 0 folgt, hätte Percival auch – vielleicht noch plakativer – schreiben können: *An der 40billionsten Binärstelle von π beginnen 5 binäre Nullen.* Wahrscheinlich bringt er aber bald ein ganz anderes, noch spektakuläreres Resultat.

Damit beenden wir unseren Streifzug durch die Geschichte und durch 4000 Jahre Forschungsarbeit von π. Die wichtigsten Meilensteine finden Sie nochmals in zwei Tabellen am Ende dieses Kapitels auf den Seiten 197 und 198 zusammengefaßt. Was wir jetzt kennen, sind der Anfang und die Mitte. Das Ende liegt im Off.

Wer?	Wann ?	genaue NachkommaStellen	Bemerkungen
Babylonier	2000? v. Chr.	1	$3\frac{1}{8} = 3.125$
Ägypter	2000? v. Chr.	1	$4 \cdot \left(\frac{8}{9}\right)^2 = 3.16049\ldots$
Inder	600? v. Chr.	0	$4 \cdot \left(\frac{9785}{11136}\right)^2 = 3.08832\ldots$
Bibel	440? v. Chr.	0	3, vielleicht besser
Platon	ca. 380 v. Chr.	2	$\sqrt{2} + \sqrt{3} = 3.14626\ldots$
Archimedes	ca. 250 v. Chr.	2	$\frac{223}{71} < \pi < \frac{22}{7}$
Zhang Heng	ca. 130 n. Chr.	1	$\sqrt{10} = 3.16227\ldots$
Ptolemäus	150	3	$\frac{377}{120} = 3.14166\ldots$
Wang Fan	ca. 250	1	$\frac{142}{45} = 3.15555\ldots$
Liu Hui	263	5	3.14159
Tsu Chhung-Chih	ca. 480	6	a) $\frac{355}{113} = 3.1415929\ldots$
		7	b) $3.1415926 < \pi < 3.1415927$
Arya-Bhata	499	4	3.14156
Brahmagupta	640?	1	$\sqrt{10} = 3.162277\ldots$
Alkarism	830	3	$\frac{62832}{20000} = 3.1416$
Fibonacci	1220	3	$\frac{864}{275} = 3.14181\ldots$
Dante	ca. 1320	3	$3 + \sqrt{2}/10 = 3.14142\ldots$
Al-Khashî	1430	16	3.14159 26535 89793 25
Nilakantha	ca. 1501	9	$\frac{104348}{33215} = 3.14159\,26539\ldots$
Viète	1579	9	3.14159 26536
Romanus	1593	17	
Ludolph Van Ceulen	1596	20	
Ludolph Van Ceulen	1615	35	Polygone mit 2^{62} Seiten
Snellius	1621	34	Polygone mit 2^{30} Seiten
Grienberger	1630	39	Letztmals Polygone
Newton	1665	15	13 korrekt
Sharp	1699	71	
Machin	1706	100	Machin-Formel
De Lagny	1719	127	112 korrekt
Matsunaga	1739	50	
Vega	1794	140	136 korrekt
Rutherford	1824	208	152 korrekt
Dase	1844	200	
Clausen	1847	248	
Lehmann	1853	261	
Rutherford	1853	440	
Richter	1855	500	
Shanks	1874	707	527 korrekt

Tabelle 13.1. Historie von π bis zum 20. Jahrhundert

Wer?	Wann ?	genaue Stellen	Bemerkungen
Ferguson	1945	530	Tischrechner
Ferguson und Wrench	Sep. 1947	808	
Smith und Wrench	1949	1120	
Reitwiesner et. al.	1949	2037	ENIAC
Felton	1957	7480	
Genuys	Jan. 1958	10 000	
Felton	Mai 1958	10 021	
Guilloud	1959	16 167	
Shanks und Wrench	Juli 1961	100 265	
Guilloud und Filliatre	1966	250 000	
Guilloud und Boyer	1973	1 001 250	
Miyoshi und Kanada	1981	2 000 036	
Guilloud	1982	2 000 050	
Tamura	1982	2 097 144	
Tamura und Kanada	1982	4 191 288	
Tamura und Kanada	1982	8 388 576	
Kanada, Yoshino	1982	16 777 206	
Gosper	1985	17 526 200	Reihe (13.44)
Bailey	Jan. 1986	29 360 111	CRAY-2
Kanada und Tamura	Sep. 1986	33 554 414	
Kanada und Tamura	Okt. 1986	67 108 839	
Kanada et al.	Jan. 1987	134 217 700	
Kanada und Tamura	Jan. 1988	201 326 551	
Chudnovskys	Mai 1989	480 000 000	
Chudnovskys	Juni 1989	525 229 270	
Kanada und Tamura	Juli 1989	536 870 898	
Chudnovskys	Aug. 1989	1 011 196 691	Reihe (8.7)
Kanada und Tamura	Nov. 1989	1 073 741 799	
Chudnovskys	Aug. 1991	2 260 000 000	
Chudnovskys	Mai 1994	4 044 000 000	
Takahashi und Kanada	Juni 1995	3 221 225 466	
Kanada	Aug. 1995	4 294 967 286	37 h
Kanada	Okt. 1995	6 442 450 938	116 h
Chudnovskys	1996	> 8 000 000 000	[27]
Kanada	Juli 1997	51 539 600 000	29 h
Kanada	April 1999	68 719 470 000	32 h
Bailey, Borwein, Plouffe	Sept. 1995	hex. Stelle 10^{10}	921C73C683 ...
Bellard	Okt. 1996	hex. Stelle 10^{11}	9C381872D2 ...
Bellard	Sept. 1997	hex. Stelle $2.5 \cdot 10^{11}$	87F72B1DC9 ...
Percival	Aug. 1998	hex. Stelle $1.25 \cdot 10^{12}$	07E45733CC ...
Percival	Feb. 1999	hex. Stelle 10^{13}	A0F9FF371D ...

Tabelle 13.2. Historie von π im 20. Jahrhundert

14. Historische Notizen

14.1 Die früheste Kreisquadratur der Geschichte?

Auf dem Umfang eines Kreises mit Radius 5 gibt es 12 Punkte, deren Koordinaten ganze Zahlen sind. Es sind dies die vier Kreuzungspunkte des Kreises mit den Koordinatenachsen $(\pm 5, 0)$ und $(0, \pm 5)$ sowie die acht Eckpunkte der rechtwinkligen Dreiecke mit den Katheten 3 und 4, also die Punkte $(\pm 4, \pm 3)$ und $(\pm 3, \pm 4)$. Siehe dazu das folgende Bild links, in dem der erste Quadrant des Kreises dargestellt ist:

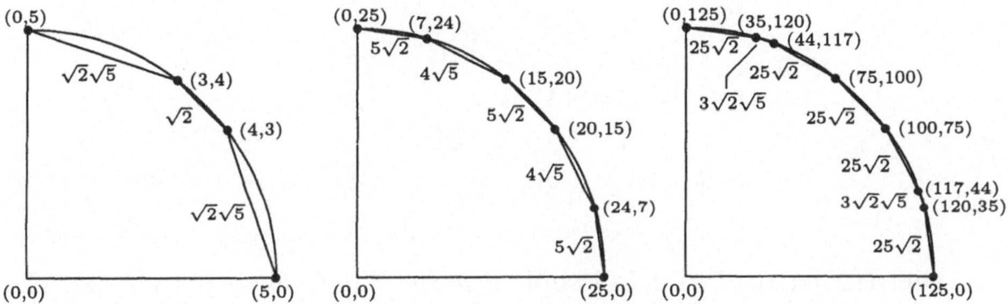

Durch die 12 Punkte ist ein (unregelmäßiges) 12-Eck bestimmt, von dem 8 Seiten die Länge $\sqrt{2} \cdot \sqrt{5}$ und 4 Seiten die Länge $\sqrt{2}$ haben. Sein Durchmesser beträgt 10 und sein Umfang $8 \times \sqrt{2}\sqrt{5} + 4 \times \sqrt{2} = 30.9550\ldots$; beides zusammen liefert also eine Approximation für π zu $3.09550\ldots$.

Bei Vergrößerung des Kreises um Faktor 5 auf den Radius 25 (mittleres Bild) bleiben zunächst diese 12 Punkte mit den Koordinaten $(\pm 25, 0)$, $(\pm 20, \pm 15)$, $(\pm 15, \pm 20)$ und $(0, \pm 25)$ erhalten; dazu kommen jetzt 8 neue Punkte mit ganzzahligen Koordinaten $(\pm 24, \pm 7)$ und $(\pm 7, \pm 24)$. Die Seitenlängen des so bestimmten unregelmäßigen 20-Ecks betragen $12 \times 5\sqrt{2}$ und $8 \times 4\sqrt{5}$; sie ergeben die Approximation $\pi \approx 3.12814\ldots$.

Wenn der Kreis nochmals um das Fünffache vergrößert wird, kommen erneut 8 Punkte mit ganzzahligen Koordinaten hinzu: $(\pm 117, \pm 44)$

und $(\pm 44, \pm 117)$ (rechtes Bild). Das resultierende 28-Eck mit Durchmesser 250 hat 20 Seiten der Länge $25\sqrt{2}$ und 8 Seiten der Länge $3\sqrt{2}\sqrt{5}$; die Näherung beträgt jetzt $3.13200\ldots$.

Man sieht: bei jeder Vergrößerung des Radius um den Faktor 5 treten 8 neue Kreispunkte auf, deren Koordinaten ganzzahlig sind[1]; noch wichtiger ist für Berechnungszwecke das Faktum, daß alle Seitenlängen der entstehenden unregelmäßigen 36-, 44-, ...-Ecke allein mit Quadratwurzeln aus 2 und/oder 5 ausgedrückt werden können.

Dieses bestechend einfache Verfahren, an dem Pythagoras gewiß seine Freude gehabt hätte, hat Franz Gnädinger aus Zürich [59] entdeckt; die vollständigen Beweise hat ihm Christoph Pöppe beigesteuert. Gnädinger hat dazu noch einfache geometrische Konstruktionen für die Bildung der Kreispunkt-Koordinaten herausgefunden und auch einfache Methoden zur beliebig genauen Approximation der Wurzeln aus 2 und 5. Für die Wurzel aus 2 gibt er z.B. die folgende Zahlensäule an, deren Bildungsgesetz leicht zu erraten ist:

$$
\begin{array}{ccccccc}
1 & & 1 & & 2 & & \\
& 2 & & 3 & & 4 & \\
& & 5 & & 7 & & 10 \\
& & & 12 & & 17 & & 24 \\
& & & & 29 & & 41 & & 58 \\
& & & & & 70 & & 99 & & 140 \\
& & & & & \cdots & & \cdots & & \cdots
\end{array}
$$

Die Brüche 10/7 und 7/5 sind einfache Näherungen für $\sqrt{2}$, 24/17 und 17/12 sind bessere, und 140/99 und 99/70 sind schon sehr gute Näherungen für $\sqrt{2}$.

Nun ist Franz Gnädinger aber vor allem Ägyptologe, und so hat er nachgeschaut, ob „seine" alten Ägypter (die damals natürlich sehr jung waren und genauso interessiert in die Welt geguckt haben wie die Jugend unserer Tage) dieses Verfahren etwa schon gekannt haben. Seine Erkenntnis: Jawohl, sie haben es wahrscheinlich gekannt.

Die Ägypter hatten zunächst einmal ein Motiv für ihre Kreismessungen. Die Hieroglyphe des Sonnengottes Re war ein Kreis. Den Kreis verstehen, seiner geheimen Zahl auf die Schliche kommen, war ein Weg oder Mittel, um an der Macht von Re teilzuhaben.

---

[1] Die Koordinaten der jeweils neuen Punkte ergeben sich iterativ so:
$x_0 := 0$, $\quad y_0 := 1$ Sodann für $k = 0, 1, 2, \ldots$:
$$x_{2k+1} = 3y_{2k} - 4x_{2k}, \qquad y_{2k+1} = 4y_{2k} + 3x_{2k}$$
$$x_{2k+2} = 4y_{2k+1} - 3x_{2k+1}, \quad y_{2k+2} = 3y_{2k+1} + 4x_{2k+1}$$

Aber auch mathematisch waren sie früh weit vorangekommen. Sie kannten schon Pythagoräische Dreiecke (rechtwinklige Dreiecke, deren Seitenlängen ganze Zahlen sind); das einfachste von ihnen, das mit den Seitenproportionen 3, 4 und 5, galt ihnen sogar als „Heiliges Dreieck"

Nach Gnädinger [60] sind alle Elemente des Verfahrens zur Approximation von π und sogar die wichtigsten Zahlen in der Djoser-Anlage von Saqqara, in der Cheops-Pyramide und der Chephren-Pyramide nachweisbar [60], zum Beispiel:

- Saqqara: 17/12 für Wurzel 2
- Saqqara: zahlreiche pythagoräische Tripel
- Chephren-Pyramide: halber Querschnitt = Heiliges Dreieck
- Cheops-Pyramide: Heiliges Dreieck 15-20-25 in der Königskammer
- Cheops-Pyramide: 140/99 für Wurzel 2 und 161/72 für Wurzel 5.
- Cheops-Pyramide: Basis$\times 2$: Höhe $= 22 : 7$ oder näherungsweise π.

Ganz besonders hat Gnädinger den visionären und genialen Architekten Imhotep im Auge, der zum Ruhme und zum ewigen Leben seines Pharao Djoser (um 2600 v. Chr.) die gleichermaßen monumentale wie graziöse Stufenpyramide bei Saqqara nahe dem früheren Memphis erbaut hat. Nach der Überzeugung von Gnädinger, der weitere Ägyptologen zitiert, könnte dieser Imhotep durchaus mit dem obigen Verfahren und den überlieferten rationalen Näherungen für die Wurzeln aus 2 und 5 vorzügliche Approximationen für π aufgestellt haben. Schon nach zwei Schritten, mit unregelmäßigen 20-Ecken, wäre er auf systematische Weise beim Näherungswert $\pi \approx 3.128\ldots$ angekommen, der deutlich besser ist als der – wahrscheinlich empirisch gefundene – Wert $(\frac{16}{9})^2 = 3.160\ldots$ aus dem „Rhind-Papyrus" von 1850 v. Chr (vgl. Seite 161). Dieses genauere π wäre darüberhinaus mehr als 700 Jahre älter.

14.2 Ein π-Gesetz

Vor hundert Jahren wäre es im Bundesstaat Indiana der USA beinahe zu einem Gesetz gekommen, mit dem der Zahl π der Wert 3.2 verordnet worden wäre. Die Geschichte ist wohl vor allem für Amerikaner recht lustig, vielleicht, weil das Ereignis sich bei ihnen abspielte und noch mal gerade gut gegangen ist oder vielleicht auch, weil ein früherer, wenig beliebter Vizepräsident aus dem Bundesstaat stammte, in dem sich die Geschichte zutrug.

In der Stadt Solitude im Bundesstaat Indiana der USA lebte Ende des 19. Jahrhunderts der Arzt Dr. Edward Johnston Goodwin (1828?–1902). Seiner Biographie zufolge wurde diesem Mann in den ersten Wochen des März 1888 auf übernatürliche Weise die Erkenntnis über den wahren Wert der Zahl π zuteil.

Genaugenommen wurden dem Doktor gleich mehrere Werte von π zuteil. In einem Leserbrief für das damals noch junge „American Mathematical Monthly"[2] nannte er 5 verschiedene π's, von 2.56 bis 4.0.

Er besorgte sich für seine Entdeckung das Copyright in mehreren Staaten, darunter in Deutschland und Österreich. Vor allem aber überredete er einen Abgeordneten seiner Heimatstadt, ein Gesetz über seine neue mathematische Wahrheit zu machen.

Den Gesetzesvorschlag formulierte Dr. Goodwin selbst. Darin umschrieb er π mit Worten und – wie schon im American Mathematical Monthly – auf mehrere Weise. Der Gesetzesvorschlag Nr. 246 enthält zum Beispiel den Passus:

> ... bekanntmachen der vierten bedeutungsvollen Tatsache, daß das Verhältnis von Durchmesser zu Kreisumfang sich wie fünfviertel zu vier verhält...

Diese „Tatsache" führt zu einem $\pi = 16/5 = 3.2$. Andere Textstellen führen zu drei anderen π's, nämlich über die Argumentation Fläche $= (\text{Umfang}/4)^2$ zu einem $\pi = 4$ oder über Fläche $= 6 \cdot (Umfang/4)^2/5$ zu einem $\pi = 10/3 = 3.33333$ oder zu $\pi = 32/9 = 3.555556$ über Durchmesser$^2 = 9^2$ und Umfang$/4 = 8$.

Das Gesetz nahm im Abgeordnetenhaus von Indiana tatsächlich (am 5. Februar 1897) eine erste Hürde. Es wurde nämlich nach einer Beratung in dem zuständigen Ausschuß an das nächsthöhere Gremium, den Senat, überwiesen mit der Empfehlung, es zu beschließen.

Zur Ehre der Abgeordneten muß gesagt werden, daß sie nur ans kommerzielle Wohl ihres Staates dachten und sich bei der mathematischen Seite der Angelegenheit ganz auf die Reputation des Dr. Goodwin verließen. Ein Abgeordneter argumentierte so: Wenn dieses Gesetz beschlossen werde, so gebe der Autor dem eigenen Staat das Recht, seine Entdeckung kostenfrei zu benutzen und zum Beispiel in Schulbüchern gratis zu publizieren, während alle anderen Benutzer Lizenzgebühren zu bezahlen hätten.

---

[2] Davor gab es diese Zeitschrift auch schon, aber da hieß sie „Ladies Diary".

Zum Glück für das Ansehen von Indiana hörte bei der genannten Ausschußberatung der Professor C.A. Waldo von der Purdue-Universität zu, der sich zufällig im Parlament aufhielt. Er alarmierte die Senatsabgeordneten, die die weitere Beratung des Gesetzes zurückstellten und niemals wieder aufnahmen.

Einer der Historiker dieses Ereignisses, David Singmaster, schreibt, daß Goodwin insofern eine Einzelstellung unter den vielen „Kreisquadrierern" der Geschichte innehabe, als er über gleich mehrere π-Werte zu verfügen glaubte [112]. Den Mittelwert aller Goodwinschen π's, die er in Artikeln, Interviews und in dem besagten Gesetzestext auftischte, ermittelte Singmaster zu 3.28907.

Diese Geschichte erschien auch in der ZEIT (Nr. 28 vom 4. Juli 1997). Dort wurde sie mit folgender Bemerkung geschlossen:

„Bevor wir allzu laut über die Legislative von Indiana lachen oder über den Bildungsstand im Jahre 1897, sollten wir einen Moment innehalten und darüber nachsinnen, welches Schicksal dem Gesetzentwurf beschieden wäre, würde er heute zur Volksabstimmung gestellt".

Es ist übrigens keineswegs so, daß die π-Spinner und Kreisquadrierer ausgestorben sind. Im Internet tummelt sich seit Jahren ein Mr. Cromag[3], nicht zu verwechseln mit dem ähnlichnamigen klugen Steinzeitmenschen. Cromags „ultimatives" π ist gleich der Wurzel aus 9,87654321 (sic!). Wie er dazu kommt, läßt er im Wirren. Unser Taschenrechner liefert jedenfalls als Wert dieses Ausdrucks 3.14169..., und somit eine Genauigkeit, die schon vor 1500 Jahren, kurz nach der Steinzeit, erreicht war.

14.3 Der Fall Bieberbach

Eine beschämende Episode um π hat sich in nationalsozialistischer Zeit in Deutschland abgespielt. An der Universität Göttingen, die für den hohen Stand ihrer Mathematik berühmt war, man denke nur an David Hilbert, Felix Klein oder Emmy Noether, lehrte von 1909–1933 mit großem Erfolg der jüdische Mathematiker Edmund Landau (1877–1938). Er gebrauchte in seinen Vorlesungen über Differential- und Integralrechnung die heute völlig übliche Definition, daß $\pi/2$ die kleinste positive Nullstelle von $\cos x$ ist. In dem für ihn charakteristischen Telegrammstil formulierte Landau in einem Lehrbuch: „Die Weltkonstante aus Satz 262 werde dauernd mit π bezeichnet" [51, p. 105].

---

[3] http://members.aol.com/cromag3/pi.htm

1933 wurde Landau aus rassistischen Gründen seines Lehrstuhls enthoben. Über diese Untat hinaus brachte es ein großer Kollege nachher fertig, Landau auch noch eine mathematisch-psychologische Begründung für seine Entlassung nachzuwerfen und dies ohne jede Not.

Dieser Berliner Kollege von Landau war der Funktionentheoretiker Ludwig Bieberbach. Er schrieb im Juni 1934 in einer Abhandlung über *Persönlichkeitsstruktur und mathematisches Schaffen* folgende Sätze [26]:

„So ist ... die mannhafte Ablehnung, die ein großer Mathematiker, Edmund Landau, bei der Göttinger Studentenschaft gefunden hat, letzten Endes darin begründet, daß der undeutsche Stil dieses Mannes in Forschung und Lehre deutschem Empfinden unerträglich ist. Ein Volk, das eingesehen hat, wie fremde Herrschaftsgelüste an seinem Marke nagen, wie Volksfremde daran arbeiten, ihm fremde Art aufzuzwingen, muß Lehrer von einem ihm fremden Typus ablehnen."

Der britische Mathematiker Godfrey H. Hardy, den wir schon als Förderer von S. Ramanujan kennen (vgl. Seite 105), antwortete auf Bieberbach [114]:

„Es gibt viele unter uns, viele Engländer und viele Deutsche, die Dinge während des (ersten Welt-)Kriegs gesagt haben, die wir schwerlich so gemeint haben und die uns in der Erinnerung leid tun. Die Besorgnis um die eigene Position, die Furcht davor, hinter dem anschwellenden Strom der Dummheit zurückzubleiben, der feste Wille, um keinen Preis übertrumpft zu werden, sind wohl natürliche, wenn auch nicht besonders heroische Entschuldigungen. Prof. Bieberbachs Ansehen schließt solche Erklärungen für seine Äußerungen aus, und so sehe ich mich zu der sehr unfreundlichen Schlußfolgerung genötigt, daß er tatsächlich glaubt, was er sagt."

15. Die Zukunft: π-Berechnungen im Internet

In diesem Kapitel stellen wir Ihnen ein Verfahren vor, mit dem eine
π-Berechnung einerseits verteilt werden kann und andererseits das errechnete Ergebnis für spätere Berechnungen „recycled" werden kann.
Damit wird es möglich, große Teile der Rechenarbeit auf viele kleine
Computer im Internet zu verteilen. Dies hat den großen Vorteil, daß die
superteuren Supercomputer nur noch mit den Teilen der Berechnung
beschäftigt werden, zu denen allein sie befähigt sind.

Der zugrundeliegende Algorithmus heißt *binary splitting algorithm*,
abgekürzt *binsplit-Algorithmus* genannt. Dieser schon länger bekannte
Algorithmus ist in letzter Zeit von Bruno Haible genauer untersucht
worden [63]. Ausgerechnet die Reihen, die man für π-Rekorde schon
zu den Akten gelegt wähnte, kommen hier wieder zu Ehren. Kräftige
Konvergenz ist aber schon gefordert, und so ist es kein Wunder, daß die
schon genannte Reihe (8.7) der Gebrüder Chudnovsky, die mit 15 Stellen pro Term konvergiert, *der* Kandidat für den binsplit-Algorithmus
ist.

15.1 Der binsplit-Algorithmus

Ein einziges Mal in diesem Buch möchten wir Ihnen eine richtige Herleitung zumuten. Aber keine Angst, diese Herleitung ist sehr kurz, sehr
elementar und am Ende sind Sie um eine wunderbare Idee reicher.

Wenn man eine Summe $\sum_{k=0}^{N-1} a_k$ naiv aufsummiert, dann ist der
Zeitaufwand proportional zu N^2. Um es besser zu machen, berechnet
man die Verhältnisse r_k aufeinanderfolgender Summanden:

$$r_k := \frac{a_k}{a_{k-1}} \tag{15.1}$$

(man setzt $a_{-1} := 1$, um eine Fallunterscheidung für $k = 0$ zu vermeiden) Also ist

$$\sum_{k=0}^{N-1} a_k =: r_0\left(1 + r_1\left(1 + r_2\left(1 + r_3\left(1 + \ldots\left(1 + r_{N-1}\right)\ldots\right)\right)\right)\right) \quad (15.2)$$

Nun definiert man

$$r_{m,n} := r_m\left(1 + r_{m+1}\left(\ldots\left(1 + r_n\right)\ldots\right)\right) \qquad \text{wobei} \quad m < n \qquad (15.3)$$

$$r_{m,m} := r_m \qquad\qquad (15.4)$$

dann ist

$$r_{m,n} = \frac{1}{a_{m-1}} \sum_{k=m}^{n} a_k \qquad\qquad (15.5)$$

(nicht glauben, nachrechnen!)

Insbesondere ist

$$r_{0,n} = \sum_{k=0}^{n} a_k \qquad\qquad (15.6)$$

Weiterhin gilt

$$r_{m,n} = r_m + r_m \cdot r_{m+1} + r_m \cdot r_{m+1} \cdot r_{m+2} + \ldots \qquad (15.7)$$

$$\ldots + r_m \cdot \ldots \cdot r_x + r_m \cdot \ldots \cdot r_x \cdot \left[r_{x+1} + \ldots + r_{x+1} \cdot \ldots \cdot r_n\right]$$

$$= r_{m,x} + \prod_{k=m}^{x} r_k \cdot r_{x+1,n} \qquad\qquad (15.8)$$

also

$$r_{m,n} = r_{m,x} + \frac{a_x}{a_{m-1}} \cdot r_{x+1,n} \qquad\qquad (15.9)$$

(wobei $m \leq x < n$). Alle hier aufgeführten Größen sind *rationale* Zahlen, bestehen also aus *zwei ganzen* Zahlen.

So können wir den binsplit-Algorithmus formulieren, indem wir einfach eine rekursive binsplit-Funktion angeben:

```
rational function r (rational function a, int m, int n)
{
    rational ret;

    if m==n then
    {
        ret := a(m)/a(m-1)
    }
    else
    {
        x := floor( (m+n)/2 )
        ret := r(a,m,x) + a(x) / a(m-1) * r(a,x+1,n)
    }
    return ret
}
```

Darin ist `a(k)` eine Funktion, die den k-ten Term der zu summierenden Reihe zurückgibt. Als Beispiel nehmen wir arctan(1/10):

```
function a(int k)
{
    if k<0 then   return 1
    else          return (-1)^k/((2*k+1)*10^(2*k+1))
}
```

Der Aufruf `r(a,0,N)` ergibt $\sum_{k=0}^{N} a_k$.

Daß dieses Verfahren besser ist als der naive Weg, kann man leicht sehen, wenn man die beim Aufruf `r(.,0,7)` auftretenden Größen anschaut. Hier zunächst die rekursive Struktur:

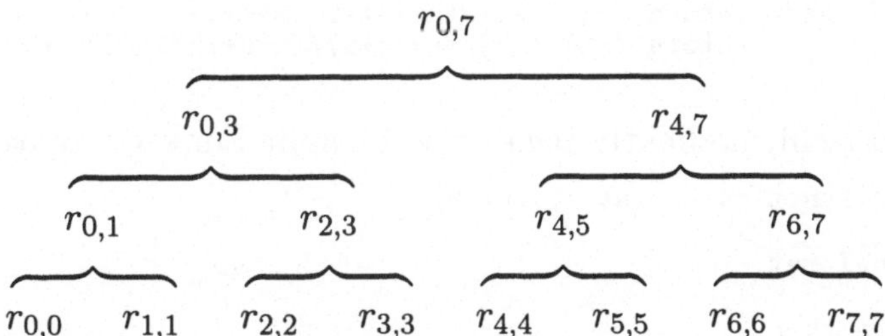

Jeder Knoten entspricht einem Aufruf der Funktion `r`, der oberste dem user-Aufruf `r(.,0,7,)`; alle unteren Knoten sind rekursive Aufrufe von `r` durch sich selbst.

Konkret ergibt sich für unser arctan(1/10)-Beispiel:

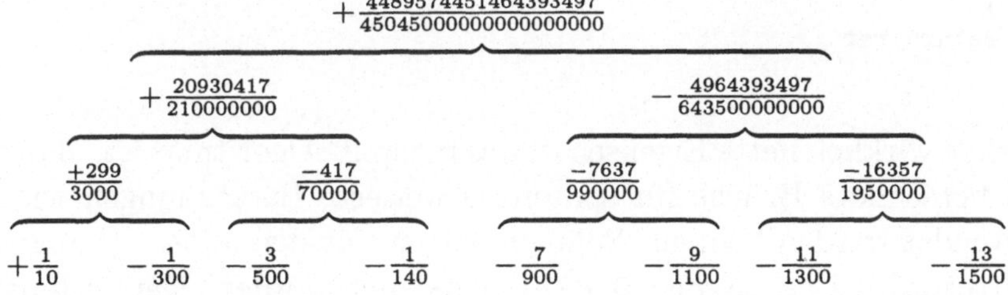

Die Nenner und Zähler in Zeile k (von oben gezählt) sind etwa von einer Stellenzahl $N \log(N)/2^k$, wobei N die Stellenzahl im Endergebnis sei. Unter der vereinfachenden Annahme, daß der Aufwand einer Multiplikation linear mit N wächst[1], läßt sich zeigen ([63]), daß der Gesamtaufwand unter vernünftigen Annahmen proportional $M(N) \cdot (\log(N))^2$ ist[2], worin $M(N)$ den Aufwand für eine Länge-N-

---

[1] statt der realistischen $N \cdot \log(N) \log(\log(N))$.

[2] in der Zeile k des Baumes gibt es proportional 2^k Multiplikationen der Länge $N \log(N)/2^k$.

Multiplikation bedeutet. Damit sind Reihen mit linearer, aber hinreichender Konvergenz wieder Kandidaten für π-Weltrekorde.

Ein wenig haben wir eben geschummelt: Zwar sind die in unserem Baum auftretenden Größen `r(m,n)` von einer Länge proportional `n-m`, aber die bei der Rekursion auftretenden `a(n)` sind proportional `n` lang, also rechts im Baum sogar stets von maximaler Länge. Nicht so schlimm, die auftretenden *Quotienten* `a(k)/a(j)` sind wiederum nur proportional `k-j` lang. Also geben wir eine Funktion an, die diesen Quotienten ohne Umweg über längliche Größen berechnet:

```
rational function a(int k, int j)
{
    if j<0 then  return (-1)^k/((2*k+1)*10^(2*k+1))
    else         return (-1)^(k-j)*(2*j+1)/(2*k+1)/10^(2*(k-j))
}
```

Die tatsächlich effektiv rechnende binsplit-Funktion lautet somit:

```
function r(function a, int m, int n)
{
    rational ret;

    if m==n then
    {
        ret := a(m,m-1)
    }
    else
    {
        x := floor( (m+n)/2 )
        ret := r(a,m,x) + a(x,m-1) * r(a,x+1,n)
    }
    return ret
}
```

Eine wirklich nette Eigenschaft des binsplit-Algoritmus ist, daß einmal berechnete Brüche für spätere, erweiterte Berechnungen wiederverwendet werden können. Nehmen wir an, für den letzten (Länge-N) Weltrekord sei schon `r(.,0,N-1)` berechnet worden. Der technische Fortschritt beschere uns nun einen Computer, der erstmalig Länge-$2N$-Zahlen multiplizieren kann. Wir möchten also `r(.,0,2N-1)` für einen neuen Weltrekord ausrechnen. Kein Problem, denn laut Formel (15.9) gilt (mit $x = N - 1$):

$$r_{0,2N-1} = r_{0,N-1} + a_{N-1} \cdot r_{N,2N-1} \tag{15.10}$$

$r_{0,N-1}$ haben wir schon, $r_{N,2N-1}$ müssen wir noch ausrechnen: Das geht aber sogar noch auf dem "alten" Computer, könnte also auch schon im voraus geschehen sein. Das neue Rechenmonster muß dann wirklich nur noch den allerletzten Schritt tun.

15.2 Das π-Projekt im Internet

Ausgerüstet mit dem binsplit-Algorithmus möchten wir jetzt ein Projekt zur π-Berechnung im Internet beschreiben. Statt von Stellenzahlen reden wir hier von Speichermengen (dazwischen gibt es lediglich eine Proportionalitätskonstante, typischerweise z.B. 2 [Dezimalstellen pro Byte]). Wir nehmen an, unser Supercomputer hätte 1 Terabyte Speicher, das sind 2^{40} Byte. 40mal kann man so viel Speicher halbieren, bis man bei einem Byte angelangt ist; also beträgt die binsplit-Rekursionstiefe 40 (in Wirklichkeit etwas weniger, wenn die Reihe schnell konvergiert). Wir teilen die Arbeit in 3 Schichten auf:

- Ganz oben befindet sich ein Supercomputer; er soll möglichst wenige Zeilen (in der Baumstruktur) übernehmen, idealerweise nur diejenigen, die wirklich kein anderer Rechner bewältigen kann.
- Für die unteren Ebenen braucht man viele freiwillige Internet-Teilnehmer (zum Beispiel Sie!), die Rechenzeit auf ihren (gut mit Speicher ausgerüsteten) Workstations zur Verfügung stellen. Sie sollen möglichst viele Zeilen übernehmen. Da sich die Speicherausstattung solcher PCs aber wesentlich von einem Terabyte unterscheidet, wollen wir mittels sog. 'mass storage FFTs'[3] den virtuellen Speicher noch um den Faktor 4...16 heraufsetzen. Ein typischer PC hat so etwa 64 Megabyte, aus denen mass storage FFTs dann 256 Megabyte ($= 2^{28}$ Byte) machen. Dies bedeutet, daß die Internet-Freiwilligen 28 Zeilen übernehmen können, also fast zwei Drittel der benötigten CPU-Arbeit.

Die vorhandenen CPU-Resourcen sind ohne Zweifel *bei weitem* dafür ausreichend: Bei einem verteilten Projekt (es handelte sich um einen Entschlüsselungsversuch) wurden vor kurzem CPU-Zyklen äquivalent zu 500 Tausend Jahren einer CPU verwendet, die eine Million Instruktionen pro Sekunde ausführen kann; sozusagen ein Erdzeitalter in CPU-Zeit! Idealerweise verwendet man nur solche Zeiten für dieses Projekt, in denen die Computer nichts tun. Ein Problem bleibt: Da wir aus Gründen der Sparsamkeit nicht alle 12 verbleibenden Zeilen dem Großrechner aufbrummen wollen, klafft eine große Lücke, deshalb

---

[3] Das sind FFT (Fast Fourier Transform)-Algorithmen, die Datenmengen größer als der vorhandene RAM-Speicher bewältigen können; sie arbeiten mit files auf der Festplatte.

- stellt uns eine Firma, die wirklich nette Computer herstellt, auf einem mit so etwa 16 Gigabyte RAM (und ganz enorm viel Plattenspeicher) ausgestatteten Computer genug Rechenzeit zur Verfügung, auf dem wir die Zeilen bis einschließlich 128 Gigabyte rechnen können[4]. So braucht der Supercomputer nur die Zeilen mit Operationen des Umfanges 256-, 512- und 1024 Gigabyte zu erledigen, ganze 3 von 40 insgesamt.

Allerdings darf man nicht vergessen, daß im Falle der Chudnovsky-Reihe noch eine Quadratwurzel berechnet werden muß. Aber das ist kein großes Problem: Für Wurzeln ganzer Zahlen lassen sich iterativ beliebig gute rationale Näherungen angeben. Sei $\frac{u_0}{v_0}$ eine Anfangsnäherung für $\sqrt{d}$, dann liefert die Iteration

$$\frac{u_{n+1}}{v_{n+1}} := \frac{u_n^2 + d\,v_n^2}{2\,u_n\,v_n} \tag{15.11}$$

eine verbesserte Approximation mit doppelter Genauigkeit[5].

Falls man den riesengroßen Bruch tatsächlich in die Ziffernfolge 3.14159... verwandeln möchte, ist außerdem noch eine Division erforderlich, denn der binsplit-Algorithmus liefert ja Zähler und Nenner getrennt. Diese Division kostet 4 Multiplikationen, vgl. Abschnitt 11.4. Sollten Sie mit Nachnamen Gosper (vgl. Seite 194) heißen, dann möchten Sie natürlich lieber die längst fällige Erweiterung der Sequenz der Kettenbruchterme von π haben. Aber auch die bekommt man – ein weiterer Vorteil dieses hübschen Algorithmus – preiswert aus dem errechneten Bruch.

Ein paar Gedanken muß man sich zum Transfer der anfallenden Daten machen: Die Übertragung von den (räumlich verteilten) unteren Zeilen zu den mittleren wird sicherlich übers Internet geschehen, und zwar in Brocken von mehreren hundert Megabyte. Eine gute Anbindung ans Internet ist also Pflicht. Insgesamt summieren sich die Brocken zu 2 Terabyte, 1 TB Zähler plus 1 TB Nenner. Die Übertragung zum Superrechner wird wahrscheinlich mit der Post erfolgen, denn schließlich kostet das Versenden von ein paar Kilogramm Speichermedien um viele Größenordnungen weniger als die Übertragung von 2 Terabyte übers Netz. Hier erweist sich der binsplit-Algorithmus

---

[4] Auch hier wird wieder mass storage FFT benutzt.

[5] Dies ist die quadratisch konvergente Newton-Iteration für $\sqrt{d}$, ausgeschrieben für rationale Größen.

als kompatibel zu wirklich traditionellen Methoden der Datenübertragung.

Das Projekt ist machbar. Wir haben es durchgerechnet. Es sieht gut aus. Es wäre der Beginn eines neuen Zeitalters für π-Weltrekorde.

16. Formelsammlung π

$$\pi = \frac{\text{Kreisumfang}}{\text{Kreisdurchmesser}} \tag{16.1}$$

$$\pi = \frac{\text{Kreisfläche}}{\text{Kreisradius}^2} \tag{16.2}$$

$$\pi = 4 \arctan 1 \tag{16.3}$$

$$\pi = \arctan 1 + \arctan 2 + \arctan 3 \tag{16.4}$$

$$\pi = -i \ln(-1) \tag{16.5}$$

Reihen von Nilakantha, 15. Jahrhundert

$$\pi = \sqrt{12} \left(1 - \frac{1}{3 \cdot 3^1} + \frac{1}{5 \cdot 3^2} - \frac{1}{7 \cdot 3^3} + \frac{1}{9 \cdot 3^4} - \cdots \right) \tag{16.6}$$

Nilakantha, 15. Jahrhundert [89]

$$\frac{\pi}{4} \approx 1 - \frac{1}{3} + \frac{1}{5} - \frac{1}{7} + \cdots \mp \frac{1}{p-1} \pm \frac{p/2}{p^2+1} \tag{16.7}$$

darin ist p der letzte ungerade Nenner $+1$

Nilakantha, 15. Jahrhundert [89]

$$\frac{\pi}{4} \approx 1 - \frac{1}{3} + \frac{1}{5} - \frac{1}{7} + \cdots \mp \frac{1}{p-1} \pm \frac{\frac{p^2}{4}+1}{\frac{p}{2}(p^2+4p+1)} \tag{16.8}$$

darin ist p der letzte ungerade Nenner $+1$

Nilakantha, 15. Jahrhundert [89]

$$\frac{\pi}{16} = \frac{1}{1^5 + 4 \cdot 1} - \frac{1}{3^5 + 4 \cdot 3} + \frac{1}{5^5 + 4 \cdot 5} - \frac{1}{7^5 + 4 \cdot 7} + \cdots \tag{16.9}$$

Nilakantha, 15. Jahrhundert [89]

$$\pi = 3 + \frac{4}{3^3 - 3} - \frac{4}{5^3 - 5} + \frac{4}{7^3 - 7} - \frac{4}{9^3 - 9} + \cdots \tag{16.10}$$

Nilakantha, 15. Jahrhundert [89]

$$= 3 + \frac{4}{2 \cdot 3 \cdot 4} - \frac{4}{4 \cdot 5 \cdot 6} + \frac{4}{6 \cdot 7 \cdot 8} - \frac{4}{8 \cdot 9 \cdot 10} + \cdots \tag{16.11}$$

Nilakantha, 15. Jahrhundert [67]

$$\pi \approx 2 + \frac{4}{2^2 - 1} - \frac{4}{4^2 - 1} + \frac{4}{6^2 - 1} - \quad\quad\quad\quad (16.12)$$

$$- \cdots \mp \frac{4}{p^2 - 1} \pm \frac{4}{2(p+1)^2 + 4}$$

darin ist p die letzte gerade Quadratzahl der Reihe

Nilakantha, 15. Jahrhundert [89]

$$\frac{\pi}{8} = \frac{1}{2^2 - 1} + \frac{1}{6^2 - 1} - \frac{1}{10^2 - 1} + \frac{1}{14^2 - 1} - \frac{1}{18^2 - 1} + \cdots \quad (16.13)$$

Nilakantha, 15. Jahrhundert [89]

$$\frac{\pi}{8} = \frac{1}{2} - \frac{1}{4^2 - 1} + \frac{1}{8^2 - 1} - \frac{1}{12^2 - 1} + \frac{1}{16^2 - 1} - \cdots \quad (16.14)$$

Nilakantha, 15. Jahrhundert [89]

Formeln von Leonhard Euler (1707–1783)

$$e^{i\pi} = -1 \quad \text{oder:} \quad \pi = -i\ln(-1) \quad \text{oder:} \quad e^{\pi} = i^{-2i} \quad (16.15)$$

Euler, 1738

$$\pi = \frac{28}{10}\left[1 + \frac{2}{3}\left(\frac{2}{100}\right) + \frac{2 \cdot 4}{3 \cdot 5}\left(\frac{2}{100}\right)^2 + \cdots\right] +$$

$$+ \frac{30\,336}{100\,000}\left[1 + \frac{2}{3}\left(\frac{144}{100\,000}\right) + \frac{2 \cdot 4}{3 \cdot 5}\left(\frac{144}{100\,000}\right)^2 + \cdots\right] \quad (16.16)$$

Euler, 1779 [116, p. 295]

$$\pi = 4\int_0^1 \sqrt{1 - x^2}\, dx \quad (16.17)$$

Euler, 1738

$$\pi = \frac{2 \cdot 6}{5}\int_0^1 \frac{dx}{\sqrt{1 - x^4}} \quad (16.18)$$

Euler, 1739

$$\pi = 4\int_0^1 \frac{dx}{\sqrt{1 - x^4}}\int_0^1 \frac{x^2 dx}{\sqrt{1 - x^4}} \quad (16.19)$$

Euler, 1748

$$\pi = \lim_{n \to \infty} \frac{4}{n^2}\sum_{k=0}^{n}\sqrt{n^2 - k^2} \quad (16.20)$$

Euler, 1738

$$\pi = \lim_{n \to \infty}\left[\frac{1}{n} + \frac{1}{6n^2} + 4n\left(\frac{1}{n^2 + 1^2} + \frac{1}{n^2 + 2^2} + \cdots + \frac{1}{n^2 + n^2}\right)\right] \quad (16.21)$$

Euler [40, (3-12)]

$$\pi \approx 3\sqrt{3}\left(1 - \frac{1}{2} + \frac{1}{4} - \frac{1}{5} + \frac{1}{7} - \frac{1}{8} + \cdots + \frac{1}{3n + 1} - \frac{1}{3n + 2} + \cdots\right) \quad (16.22)$$

Euler, 1739

$$\frac{1}{\pi^2} = \frac{1}{6}\left(1 - \frac{1}{2^2} - \frac{1}{3^2} - \frac{1}{5^2} + \frac{1}{(2\cdot 3)^2} - \frac{1}{7^2} + \frac{1}{(2\cdot 5)^2} - \frac{1}{11^2} - \frac{1}{13^2} + \right. \tag{16.23}$$

$$+ \frac{1}{(2\cdot 7)^2} + \frac{1}{(3\cdot 5)^2} - \frac{1}{17^2} - \frac{1}{19^2} + \frac{1}{(3\cdot 7)^2} + \frac{1}{(2\cdot 11)^2} - \tag{16.24}$$

$$\left. - \frac{1}{23^2} + \frac{1}{(2\cdot 13)^2} - \frac{1}{29^2} - \frac{1}{(2\cdot 3\cdot 5)^2} - \cdots \right) \tag{16.25}$$

Euler, 1737

$$\frac{\pi^2}{6} = \frac{1}{1^2} + \frac{1}{2^2} + \frac{1}{3^2} + \frac{1}{4^2} + + \frac{1}{5^2} \cdots \tag{16.26}$$

Euler, 1737

$$\frac{\pi^2}{6} = \frac{2^2}{2^2 - 1} \cdot \frac{3^2}{3^2 - 1} \cdot \frac{5^2}{5^2 - 1} \cdot \frac{7^2}{7^2 - 1} \cdots \tag{16.27}$$

$$\frac{\pi^2}{8} = \frac{1}{1^2} + \frac{1}{3^2} + \frac{1}{5^2} + \frac{1}{7^2} \cdots \tag{16.28}$$

Euler, 1748

$$\frac{\pi^3}{32} = \frac{1}{1^3} - \frac{1}{3^3} + \frac{1}{5^3} - \frac{1}{7^3} \pm \cdots \tag{16.29}$$

Euler, 1748

$$\frac{\pi^4}{96} = \frac{1}{1^4} + \frac{1}{2^4} + \frac{1}{3^4} + \cdots \tag{16.30}$$

Euler, 1748

$$\pi^4 = \frac{9}{680} \sum_{k=1}^{\infty} \frac{1}{k^4 \binom{2k}{k}} \tag{16.31}$$

Euler, 1738

$$\pi^{26} = \frac{1}{76977927} \frac{27!}{2^{24}} \left(\frac{1}{1^{26}} + \frac{1}{2^{26}} + \frac{1}{3^{26}} + \cdots \right) \tag{16.32}$$

Euler, 1738

$$\pi = \frac{1}{n} + 4n \left(\frac{1}{n^2 + 1^2} + \frac{1}{n^2 + 2^2} + \cdots + \frac{1}{n^2 + n^2} \right) - \frac{4\pi}{e^{2\pi n}} +$$

$$+ \frac{B_2}{n^2} - \frac{B_6}{3\cdot 2^2 \cdot n^6} + \frac{B_{10}}{5\cdot 2^4 \cdot n^{10}} - \frac{B_{14}}{7\cdot 2^6 \cdot n^{14}} + \cdots \tag{16.33}$$

darin sind die B_i die Bernoulli-Zahlen: $B_2 = 1/6$, $B_6 = 1/42 \ldots$

Euler [40, (3-13)]

$$\frac{6}{\pi^2} = \prod_{\substack{p=2 \\ p\,prim}}^{\infty} \left(1 - \frac{1}{p^2} \right) \tag{16.34}$$

Euler, 1748

$$\frac{\pi}{2} = \frac{3}{2} \cdot \frac{5}{6} \cdot \frac{7}{6} \cdot \frac{11}{10} \cdot \frac{13}{14} \cdot \frac{17}{18} \cdot \frac{19}{18} \cdots \tag{16.35}$$

darin sind die Zähler die ungeraden Primzahlen
und die Nenner sind gerade, *nicht* durch 4 teilbare Zahlen,
die sich um 1 von den Zählern unterscheiden.

Euler [19, p. 656]

$$\frac{\pi}{2} = 1 + \frac{1}{1+} \frac{2}{1+} \frac{6}{1+} \frac{12}{1+} \frac{20}{1+} \frac{30}{1+} \frac{42}{1+} \cdots \tag{16.36}$$

Euler, 1739

$$\frac{3}{4}\pi = 2 + \frac{1}{2} + \frac{3}{2} + \frac{8}{2} + \frac{15}{2} + \frac{24}{2} + \cdots \tag{16.37}$$

Euler, 1739

$$\sin \pi z = \pi z \prod_{k=1}^{\infty} \left(1 - \frac{z^2}{k^2}\right) \tag{16.38}$$

Für $z = 1/2$ ergibt sich (16.77).

Euler, 1735

Formeln von S. Ramanujan (1887–1920)

$$\frac{1}{\pi} = \sum_{n=0}^{\infty} \binom{2n}{n}^3 \frac{42n + 5}{2^{12n+4}} \tag{16.39}$$

Ramanujan [99], 1914

$$\frac{1}{\pi} = \frac{\sqrt{8}}{9801} \sum_{n=0}^{\infty} \frac{(4n)!}{(n!)^4} \frac{[1103 + 26390n]}{396^{4n}} \tag{16.40}$$

Ramanujan [99], 1914

$$\frac{\pi}{2} = 1 + \frac{1}{2}\left(\frac{1}{3}\right) + \frac{1 \cdot 3}{2 \cdot 4}\left(\frac{1}{5}\right) + \frac{1 \cdot 3 \cdot 5}{2 \cdot 4 \cdot 6}\left(\frac{1}{7}\right) + \cdots \tag{16.41}$$

Ramanujan [40, (8-1)]

$$\sqrt{\frac{1}{2}\pi e} = 1 + \frac{1}{1 \cdot 3} + \frac{1}{1 \cdot 3 \cdot 5} + \frac{1}{1 \cdot 3 \cdot 5 \cdot 7} + \cdots +$$
$$+ \frac{1}{1} + \frac{1}{1} + \frac{2}{1} + \frac{3}{1} + \frac{4}{1} + \cdots \tag{16.42}$$

Ramanujan [40, p. 89]

$$\frac{\pi}{2}\ln 2 = 1 + \frac{1}{2} \cdot \frac{1}{3^2} + \frac{1 \cdot 3}{2 \cdot 4} \cdot \frac{1}{5^2} + \frac{1 \cdot 3 \cdot 5}{2 \cdot 4 \cdot 6} \cdot \frac{1}{7^2} + \cdots \tag{16.43}$$

Ramanujan [40, (8-2)]

$$\frac{\pi^3}{48} + \frac{\pi}{4}(\ln 2)^2 = 1 + \frac{1}{2} \cdot \frac{1}{3^3} + \frac{1 \cdot 3}{2 \cdot 4} \cdot \frac{1}{5^3} + \frac{1 \cdot 3 \cdot 5}{2 \cdot 4 \cdot 6} \cdot \frac{1}{7^3} + \cdots \tag{16.44}$$

Ramanujan [40, (8-3)]

BBP-artige Reihen:

$$\pi = \sum_{n=0}^{\infty} \frac{(-1)^n}{4^n} \left(\frac{2}{4n+1} + \frac{2}{4n+2} + \frac{1}{4n+3} \right) \tag{16.45}$$

Adamchik, Wagon, 1997 [2]

$$\pi = \sum_{n=0}^{\infty} \frac{1}{16^n} \left(\frac{4}{8n+1} - \frac{2}{8n+4} - \frac{1}{8n+5} - \frac{1}{8n+6} \right) \tag{16.46}$$

Borwein, Bailey, Plouffe, 1995

$$\pi = \frac{1}{2^6} \sum_{n=0}^{\infty} \frac{(-1)^n}{2^{10n}} \left(-\frac{2^5}{4n+1} - \frac{1}{4n+3} + \frac{2^8}{10n+1} + \right. \tag{16.47}$$
$$\left. + \frac{2^5}{10n+3} - \frac{2^2}{10n+5} - \frac{2^2}{10n+7} + \frac{1}{10n+9} \right)$$

Bellard, 1996 [18]

$$\pi^2 = \sum_{n=1}^{\infty} \frac{1}{n^3} \left(\frac{-12}{n+1} + \frac{384}{n+2} + \frac{45/2}{2n+1} - \frac{1215/2}{2n+3} \right) \tag{16.48}$$

Adamchik, Wagon, 1997 [2]

$$\pi = \sum_{n=1}^{\infty} \frac{1}{n^3} \left(\frac{-238}{n+1} + \frac{285/2}{2n+1} - \frac{667/32}{4n+1} - \frac{5103/16}{4n+3} + \right. \tag{16.49}$$
$$\left. + \frac{35625/32}{4n+5} \right)$$

Adamchik, Wagon, 1997 [2]

Weitere Reihen:

$$\pi = 4 \left(1 - \frac{1}{3} + \frac{1}{5} - \frac{1}{7} + - \cdots \right) \tag{16.50}$$

Leibniz, 1674

$$\pi = 2\sqrt{2} \left(1 + \frac{1}{3} - \frac{1}{5} - \frac{1}{7} + \frac{1}{9} + \frac{1}{11} - - + + \cdots \right) \tag{16.51}$$

$$\pi = \lim_{n \to \infty} \left(\frac{2^{2n}}{\binom{2n}{n}} \right)^2 \cdot \frac{1}{n} \tag{16.52}$$

Knopp nach [40]

$$= \lim_{n \to \infty} \left(\frac{2^{2n}}{\binom{2n}{n}} \right)^2 \cdot \frac{1}{(n + \frac{1}{4})} \tag{16.53}$$

Bauer [15], konvergiert deutlich besser

$$\frac{\pi}{6} = \arcsin \frac{1}{2} \tag{16.54}$$

$$= \frac{1}{2} + \frac{1}{2} \cdot \frac{1}{3 \cdot 2^3} + \frac{1 \cdot 3}{2 \cdot 4} \cdot \frac{1}{5 \cdot 2^5} + \frac{1 \cdot 3 \cdot 5}{2 \cdot 4 \cdot 6} \cdot \frac{1}{7 \cdot 2^7} + \cdots \tag{16.55}$$

Newton, 1665

$$\frac{\pi}{6} = \arctan \frac{\sqrt{3}}{3} \tag{16.56}$$

$$= \frac{\sqrt{3}}{3} \left(1 - \frac{1}{3 \cdot 3} + \frac{1}{3^2 \cdot 5} - \frac{1}{3^3 \cdot 7} + \frac{1}{3^4 \cdot 9} - \cdots \right) \tag{16.57}$$

Sharp, 1699 [116, p. 292]

$$\pi = 24 \left(\frac{\sqrt{3}}{32} + \int_0^{1/4} \sqrt{x - x^2}\, dx \right) \tag{16.58}$$

$$= \frac{3\sqrt{3}}{4} + 24 \left(\frac{1}{12} - \frac{1}{5 \cdot 2^5} - \frac{1}{28 \cdot 2^7} - \frac{1}{72 \cdot 2^9} - \cdots \right) \tag{16.59}$$

Newton, 1665

$$\pi = 16\sqrt{3} \left(\frac{1}{1 \cdot 3 \cdot 3} + \frac{2}{5 \cdot 7 \cdot 3^3} + \frac{3}{9 \cdot 11 \cdot 3^5} + \cdots \right) \tag{16.60}$$

von De Lagny 1719 benutzt

$$\frac{\pi}{2} = 1 + \sum_{s=0}^{\infty} \frac{2 \cdot 4 \cdot 6 \cdots 2s}{3 \cdot 5 \cdot 7 \cdots (2s+1)} \cdot \frac{1}{2^s} \tag{16.61}$$

nach Stirling, 1730, [85, p. 81]

$$\frac{\pi^2}{12} = \frac{(\ln 2)^2}{2} + \sum_{s=1}^{\infty} \frac{1}{s^2} \cdot \frac{1}{2^s} \tag{16.62}$$

Legendre, 1811, [85, p. 81]

$$\pi^2 = 4 \left[1 + \sum_{n=1}^{\infty} \frac{2^{2n+1}(n!)^2}{(2n+2)!} \right] \tag{16.63}$$

Takebe Kenko (1722) [101, p. 306]

$$\pi = \sum_{x=-\infty}^{+\infty} \left(\frac{\sin x}{x} \right) \tag{16.64}$$

$$\pi = \sum_{x=-\infty}^{+\infty} \left(\frac{\sin x}{x} \right)^2 \tag{16.65}$$

$$\pi = \frac{3}{4} \sum_{x=-\infty}^{+\infty} \left(\frac{\sin x}{x} \right)^3 \tag{16.66}$$

$$\pi = \frac{3}{2} \sum_{x=-\infty}^{+\infty} \left(\frac{\sin x}{x} \right)^4 \tag{16.67}$$

$$\frac{4}{\pi} = 1 + \frac{1}{2} \left(\frac{1}{2} \right)^2 + \frac{1}{3} \left(\frac{1 \cdot 3}{2 \cdot 4} \right)^2 + \frac{1}{4} \left(\frac{1 \cdot 3 \cdot 5}{2 \cdot 4 \cdot 6} \right)^2 + \cdots \tag{16.68}$$

Catalan, 1948 [40, p. 86]

$$\pi = 3 + \frac{1}{6} \left(\sum_{n=1}^{\infty} \frac{(-1)^{n+1}}{\sum_{k=1}^{n} k^2} \right) \tag{16.69}$$

J. und P. Borwein [31, p. 101]

$$\pi = \frac{1}{740025}\left(\sum_{n=1}^{\infty}\frac{3\,P(n)}{\binom{7n}{2n}\,2^{n-1}}\right) - 20379280 \tag{16.70}$$

wobei $P(n) := -\,885673181\,n^5 + 3125347237\,n^4 -$

$$-\,2942969225\,n^3 + 1031962795\,n^2 -$$

$$-\,196882274\,n + 10996648$$

Bellard, 1996 [18]

$$\pi = \sum_{n=0}^{\infty}\frac{n!^2 2^{n+1}}{(2n+1)!} \tag{16.71}$$

$$= 2 + \frac{1}{3}\left(2 + \frac{2}{5}\left(2 + \frac{3}{7}\left(2 + \frac{4}{9}(2 + \cdots)\right)\right)\right) \tag{16.72}$$

Reihe für Tröpfel-Algorithmus, vgl. Seite 78

$$\pi = 3 + \frac{1}{60}\left(8 + \frac{2\cdot 3}{7\cdot 8\cdot 3}\left(13 + \frac{3\cdot 5}{10\cdot 11\cdot 3}\cdot\left(18 + \frac{4\cdot 7}{13\cdot 14\cdot 3}(23 + \cdots)\right)\right)\right) \tag{16.73}$$

Gosper

$$\pi = \sqrt{\frac{297}{25}\sum_{n=1}^{\infty}b(n)\left(\frac{1}{n^2} - \frac{1}{(n+1)^2}\right)} \tag{16.74}$$

darin bedeutet $b(n)$ die Anzahl der ungeraden Dezimalziffern in n
$(b(901) = 2,\ b(811) = 2,\ b(406) = 0)$

J. und P. Borwein, 1992 [33]

$$\pi^2 = 72\sum_{n=1}^{\infty}\frac{(2 - \sqrt{3})^n}{n^2\binom{2n}{n}} \tag{16.75}$$

Crandall, 1994 [47]

Produkte

$$\frac{2}{\pi} = \sqrt{\frac{1}{2}}\cdot\sqrt{\frac{1}{2} + \frac{1}{2}\cdot\sqrt{\frac{1}{2}}}\cdot\sqrt{\frac{1}{2} + \frac{1}{2}\sqrt{\frac{1}{2} + \frac{1}{2}\cdot\sqrt{\frac{1}{2}}}}\cdots \tag{16.76}$$

Viète, 1593

$$\frac{\pi}{2} = \frac{2\cdot 2}{1\cdot 3}\cdot\frac{4\cdot 4}{3\cdot 5}\cdot\frac{6\cdot 6}{5\cdot 7}\cdot\frac{8\cdot 8}{7\cdot 9}\cdot\ =\ \prod_{n=1}^{\infty}\frac{4n^2}{4n^2 - 1} \tag{16.77}$$

$$= 2\cdot\prod_{n=1}^{\infty}\left(1 - \frac{1}{(2n+1)^2}\right) \tag{16.78}$$

Wallis, 1655

$$e^{\pi} = 32\prod_{j=0}^{\infty}\left(\frac{a_{j+1}}{a_j}\right)^{2^{-j+1}} \tag{16.79}$$

darin $a_0 = 1,\ b_0 = 1/\sqrt{2},\ a_{j+1} = (a_j + b_j)/2,\ b_{j+1} = \sqrt{a_j\cdot b_j}$

Salamin [103, p. 569]

Kettenbrüche

Zur Erläuterung der Schreibweise vgl. (4.66) auf Seite 65.

$$\pi = 3 + \frac{1}{7} + \frac{1}{15} + \frac{1}{1} + \frac{1}{292} + \frac{1}{1} + \frac{1}{1} + \frac{1}{1} + \frac{1}{2} + \frac{1}{1} + \frac{1}{3} + \frac{1}{1} + \frac{1}{14} + \cdots \tag{16.80}$$

$$\frac{4}{\pi} = 1 + \frac{1^2}{2} + \frac{3^2}{2} + \frac{5^2}{2} + \frac{7^2}{2} + \frac{9^2}{2} + \ldots \tag{16.81}$$

Brouncker, 1658

$$\frac{4}{\pi} = 1 + \frac{2}{7} + \frac{1 \cdot 3}{8} + \frac{3 \cdot 5}{8} + \frac{5 \cdot 7}{8} + \ldots \tag{16.82}$$

Euler, 1783 [116, p. 292]

$$\frac{\pi}{2} = 1 + \frac{2}{3} + \frac{1 \cdot 3}{4} + \frac{3 \cdot 5}{4} + \frac{5 \cdot 7}{4} + \ldots \tag{16.83}$$

Euler, 1783 [116, p. 292]

$$\frac{4}{\pi} = 1 + \frac{1^2}{3} + \frac{2^2}{5} + \frac{3^2}{7} + \frac{4^2}{9} + \cdots \tag{16.84}$$

$$\frac{\pi^2}{6} = 1 + \frac{1}{1} + \frac{1 \cdot 1}{1} + \frac{1 \cdot 2}{1} + \frac{2 \cdot 2}{1} + \frac{2 \cdot 3}{1} + \frac{3 \cdot 3}{1} + \frac{3 \cdot 4}{1} + \cdots \tag{16.85}$$

$$\frac{12}{\pi^2} = 1 + \frac{1^4}{3} + \frac{2^4}{5} + \frac{3^4}{7} + \frac{5^4}{9} + \cdots \tag{16.86}$$

$$\frac{\pi}{2} = 1 - \frac{1}{3} - \frac{2 \cdot 3}{1} - \frac{1 \cdot 2}{3} - \frac{4 \cdot 5}{1} - \cdots \tag{16.87}$$

Stern, 1833

$$\pi = 3 + \frac{1^2}{6} + \frac{3^2}{6} + \frac{5^2}{6} + \frac{7^2}{6} + \cdots \tag{16.88}$$

Lange, 1999 [80]

arctan-Formeln

Mit der Bezeichnung $[x] = \arctan \frac{1}{x}$:

$$\frac{\pi}{4} = [1] \tag{16.89}$$

$$\frac{\pi}{4} = 4[5] - [239] \tag{16.90}$$

Machin, 1706

$$\frac{\pi}{4} = 2[2] - [7] \tag{16.91}$$

Hermann, 1706

$$\frac{\pi}{4} = [2] + [3] \tag{16.92}$$

Euler, 1738

$$\frac{\pi}{4} = 2[3] + [7] \tag{16.93}$$

Hutton, 1776

$$\frac{\pi}{4} = [2] + [5] + [8] \tag{16.94}$$

Strassnitzky, 1844

$$\frac{\pi}{4} = 5[7] + 2[3/79] \tag{16.95}$$

Euler, 1755 [116, p. 295]

$$\frac{\pi}{4} = 6[8] + 2[57] + [239] \tag{16.96}$$

Størmer, 1896

$$\frac{\pi}{4} = 7[10] + 8[100] + [682] + 4[1000] + 3[1303] - 4[90109] - 2[500150] \tag{16.97}$$

Wrench Jr. [40, (9-34)]

$$\frac{\pi}{4} = 8[10] - 4[515] - [239] \tag{16.98}$$

Klingenstierna, um1730 [116, p. 296]

$$\frac{\pi}{4} = 8[101/10] - [239] + 4[52525] \tag{16.99}$$

Gauß [56, II, p. 524]

$$\frac{\pi}{4} = 12[18] + 8[57] - 5[239] \tag{16.100}$$

Gauß [56, II, p. 524]

$$\frac{\pi}{4} = 22[28] + 2[443] - 5[1393] - 10[11018] \tag{16.101}$$

Escott

$$\frac{\pi}{4} = 12[38] + 20[57] + 7[239] + 24[268] \tag{16.102}$$

Gauß [56, II, p. 525]

$$\frac{\pi}{4} = 44[57] + 7[239] - 12[682] + 24[12943] \tag{16.103}$$

Størmer, 1896

$$\frac{\pi}{4} = 88[172] + 51[239] + 32[682] + 44[5357] + 68[12943] \tag{16.104}$$

Størmer, 1896

$$= 88[192] + 39[239] + 100[515] - 32[1068] - 56[173932] \tag{16.105}$$

Arndt [5], 1993

$$\frac{\pi}{4} = 322[577] + 76[682] + 139[1393] + 156[12943] + \\ + 132[32807] + 44[1049433] \tag{16.106}$$

Arndt [5], 1993

$$\frac{\pi}{4} = 1587[2852] + 295[4193] + 593[4246] + 359[39307] + \\ + 481[55603] + 625[211050] - 708[390112] \tag{16.107}$$

Arndt [5], 1993

$$\frac{\pi}{4} = 1074[4246] + 1257[5357] + 1731[6107] + 295[12943] + \\ + 625[19703] - 481[32807] - 1042[39307] + 398[390112] \tag{16.108}$$

Arndt [5], 1993

$$\frac{\pi}{4} = 7162[12943] + 3796[32807] + 2558[34208] + \\ + 2729[44179] - 708[51387] + 2192[114669] - \\ - 2805[157318] - 3696[485298] - 2407[24208144] \tag{16.109}$$

Arndt [5], 1993

$$\frac{\pi}{4} = 50539[51387] + 1555[114669] - 6601[157318] - \\ - 20678[390112] - 5617[485298] - 64126[617427] + \\ + 10958[1984933] - 30569[3449051] + \\ + 23407[22709274] + 25433[24208144] \tag{16.110}$$

Arndt [5], 1993

$$\frac{\pi}{4} = 36462[390112] + 135908[485298] + 274509[683982] -$$
$$- 39581[1984933] + 178477[2478328] - 114569[3449051] -$$
$$- 146571[18975991] + 61914[22709274] - 6044[24208144] -$$
$$- 89431[201229582] - 43938[2189376182] \tag{16.111}$$

Arndt [5], 1993

$$\frac{\pi}{4} = 446879[683982] + 172370[1635786] - 193720[1984933] +$$
$$+ 369078[2478328] + 18231[3014557] + 21339[3449051] -$$
$$- 154139[6225244] - 110109[18975991] + 80145[22709274] -$$
$$- 223183[24208144] - 107662[201229582] - 216308[2189376182] \tag{16.112}$$

Arndt [5], 1993

$$\frac{\pi}{4} = 872408[1984933] + 619249[2298668] + 369078[2478328] +$$
$$+ 18231[3014557] - 1217159[5033696] + 911989[6225244] +$$
$$+ 783649[18975991] - 70886[22709274] - 374214[24208144] -$$
$$- 1044789[168623905] + 339217[201229582] - 446879[2848622638] +$$
$$+ 402941[2189376182] \tag{16.113}$$

Arndt, [5], 1993

Vermischte Formeln

$$\pi = 2i \ln \frac{1-i}{1+i} \tag{16.114}$$

Fagnano [120, p. 199]

$$\sqrt{\pi} = \Gamma(\tfrac{1}{2}) = -\frac{1}{2}\Gamma(-\tfrac{1}{2}) \tag{16.115}$$

darin ist $\Gamma(n+1) := n!$ die Eulersche Gammafunktion

$$\frac{\pi^2}{6} = \zeta(2) \tag{16.116}$$

darin ist $\zeta(s) = \sum_{n=1}^{\infty} \frac{1}{n^s}$ die Riemannsche Zeta-Funktion

$$\pi = \lim_{n\to\infty} \sqrt{\frac{6 \ln \prod_{i=1}^{n}(F_i)}{\ln lcm(F_1,\ldots,F_n)}} \tag{16.117}$$

darin ist lcm: least common multiple,
F_i: Fibonacci-Zahlen, $F_0 = 0$, $F_1 = 1$, $F_i = F_{i-1} + F_{i-2}$

Matiyasevich [84]

$$\frac{\pi}{4} = \frac{3\sqrt{5}-5}{2} - \sum_{n=1}^{\infty} F_{2n} \arctan\left(\frac{2}{3F_{2n+2} + F_{2n+2}^3}\right) \tag{16.118}$$

Arndt, [5], 1994

$$\pi = \frac{22}{7} - \int_0^1 \frac{x^4(1-x)^4}{1+x^2}\, dx \tag{16.119}$$

Backhouse 1995 [6]

$$\begin{bmatrix} 0 & \pi + 6 \\ 0 & 1 \end{bmatrix} = \prod_{k=0}^{\infty} \begin{bmatrix} \frac{2\,(k-\frac{1}{2})\,(k+2)}{27\,(k+\frac{2}{3})\,(k+\frac{4}{3})} & 10 \\ 0 & 1 \end{bmatrix} \qquad (16.120)$$

Bellard, 1996 [18]

Iterative Algorithmen

Algorithmus 16.1 (Archimedes, 250 v. Chr., Linear).

$$a_0 := \sqrt{3}$$
$$b_0 := 2$$
$$a_{k+1} := a_k + b_k \quad \xrightarrow{1} \quad 6 \cdot 2^{k+1}/\pi -$$
$$b_{k+1} := \sqrt{1 + a_{k+1}^2} \quad \xrightarrow{1} \quad 6 \cdot 2^{k+1}/\pi +$$
$$\frac{b_{k+1}}{6 \cdot 2^{k+1}} < \pi < \frac{a_{k+1}}{6 \cdot 2^{k+1}}$$

Archimedes, ca. 250 v. Chr.

In jedem Iterationsschritt wird der Fehler etwa um 1/4 kleiner.

Algorithmus 16.2 (Descartes, ca. 1649, Linear).

$$p_0 := \sqrt{2}$$
$$q_0 := 1$$
$$p_{k+1} := \frac{p_k + q_k}{2} \quad \xrightarrow{1} \quad \frac{4}{\pi}$$
$$q_{k+1} := \sqrt{p_{k+1} q_k} \quad \xrightarrow{1} \quad \frac{4}{\pi}$$
$$\frac{4}{q_{k+1}} < \pi < \frac{4}{p_{k+1}}$$

Descartes, ca. 1649 [116, p. 289]

Algorithmus 16.3 (bit recursion).

$$a_0 := \tan(1)$$
$$a_{k+1} := \frac{2\,a_k}{1 - a_k^2}$$
$$b(x) := \begin{cases} 1 & \text{wenn} \quad x < 0 \\ 0 & \text{sonst} \end{cases}$$

dann

$$\frac{1}{\pi} = \sum_{k=0}^{\infty} \frac{b(a_k)}{2^{k+1}}$$

Plouffe aus [35]

Algorithmus 16.4 (Gauß-AGM, Quadratisch).

$$a_0 = 1$$
$$b_0 = \frac{1}{\sqrt{2}}$$
$$s_0 = \frac{1}{2}$$
$$a_{k+1} = \frac{a_k + b_k}{2}$$
$$b_{k+1} = \sqrt{a_k b_k}$$
$$c_{k+1}^2 = a_{k+1}^2 - b_{k+1}^2$$
$$= (a_{k+1} - a_k)^2$$
$$s_{k+1} = s_k - 2^{k+1} c_{k+1}^2$$
$$p_{k+1} = \frac{(a_{k+1} + b_{k+1})^2}{2s_{k+1}} \quad \xrightarrow{2} \quad \pi$$
$$\pi - p_k = \frac{\pi 2^{k+4} e^{-\pi 2^{k+1}}}{\mathrm{AGM}^2(1, 1/\sqrt{2})}$$

Gauß, ca. 1800, Brent, 1976, Salamin, 1976

Algorithmus 16.5 (Borwein, Quadratisch).

$$a_0 = \sqrt{2}$$
$$b_0 = 0$$
$$p_0 = 2 + \sqrt{2}$$
$$a_{k+1} = (\sqrt{a_k} + \frac{1}{\sqrt{a_k}})/2$$
$$b_{k+1} = (\sqrt{a_k}(1 + b_k))/(a_k + b_k)$$
$$p_{k+1} = (p_k b_{k+1}(1 + a_{k+1}))/(1 + b_{k+1}) \quad \xrightarrow{2} \quad \pi$$
$$|p_k - \pi| \leq \frac{1}{10^{2^k}}$$

J. und P. Borwein, 1984 [29, p. 360]

Algorithmus 16.6 (Borwein, Kubisch).

$$a_0 = 1/3$$
$$s_0 = (\sqrt{3} - 1)/2$$
$$r_{k+1} = \frac{3}{1 + 2(1 - s_k^3)^{1/3}}$$
$$s_{k+1} = \frac{r_{k+1} - 1}{2}$$
$$a_{k+1} = r_{k+1}^2 - 3^k(r_{k+1}^2 - 1) \quad \xrightarrow{3} \quad \frac{1}{\pi}$$

J. und P. Borwein, 1987 [11, p. 53]

Algorithmus 16.7 (Borwein, Biquadratisch).

$$a_0 = 6 - 4\sqrt{2}$$

$$y_0 = \sqrt{2} - 1$$

$$y_{k+1} = \frac{(1 - y_k^4)^{-1/4} - 1}{(1 - y_k^4)^{-1/4} + 1} \to 0+$$

$$a_{k+1} = a_k((1 + y_{k+1})^2)^2 - 2^{2k+3}y_{k+1}((1 + y_{k+1})^2 - y_{k+1})$$

$$\xrightarrow{\ 4\ } \frac{1}{\pi}$$

$$0 < a_k - \pi^{-1} \le 16 \cdot 4^k \cdot 2e^{-4^k 2\pi}$$

J. und P. Borwein, 1987 [31, p. 170]

Algorithmus 16.8 (Borwein, Quintisch).

$$s_0 = 5(\sqrt{5} - 2)$$

$$a_0 = 1/2$$

$$s_{k+1} = \frac{25}{s_k(z + x/z + 1)^2} \qquad \xrightarrow{\ 5\ } \quad 1$$

worin $x = \dfrac{5}{s_k} - 1$

und $y = (x - 1)^2 + 7$

und $z = \left(\dfrac{x}{2} \left(y + \sqrt{y^2 - 4x^3} \right) \right)^{1/5}$

$$a_{k+1} = s_k^2 a_k - 5^k \left(\frac{s_k^2 - 5}{2} + \sqrt{s_k(s_k^2 - 2s_k + 5)} \right) \qquad \xrightarrow{\ 5\ } \quad \frac{1}{\pi}$$

$$a_k - \frac{1}{\pi} < 16 \cdot 5^k e^{-\pi 5^k}$$

J. und P. Borwein, 1987 [32, p. 101]

Algorithmus 16.9 (Borwein, bikubisch).

$$a_0 = 1/3$$

$$r_0 = (\sqrt{3} - 1)/2$$

$$s_0 = (1 - r_0^3)^{1/3}$$

$$t = 1 + 2r_k$$

$$u = \left(9r_k(1 + r_k + r_k^2) \right)^{1/3}$$

$$v = t^2 + tu + u^2$$

$$m = \frac{27(1 + s_k + s_k^2)}{v}$$

$$a_{k+1} = ma_k + 3^{2k-1}(1 - m) \qquad \xrightarrow{\ 9\ } \quad \frac{1}{\pi}$$

$$s_{k+1} = \frac{(1 - r_k)^3}{(t + 2u)v}$$

$$r_{k+1} = (1 - s_k^3)^{1/3}$$

J. und P. Borwein, 1987 [11, p. 53]

17. Tabellen

17.1 Ausgewählte Konstante auf 100 Stellen (Basis 10)

$$\pi = \begin{array}{l} 3.1415926535\ 8979323846\ 2643383279\ 5028841971\ 6939937510 \\ 5820974944\ 5923078164\ 0628620899\ 8628034825\ 3421170679 \end{array}$$

$$1/\pi = \begin{array}{l} 0.3183098861\ 8379067153\ 7767526745\ 0287240689\ 1929148091 \\ 2897495334\ 6881177935\ 9526845307\ 0180227605\ 5325061719 \end{array}$$

$$6/\pi^2 = \begin{array}{l} 0.6079271018\ 5402662866\ 3276779258\ 3658334261\ 5264803347 \\ 9293073654\ 1913650387\ 2577341264\ 7147255643\ 5537310256 \end{array}$$

$$\pi^2 = \begin{array}{l} 9.8696044010\ 8935861883\ 4490999876\ 1511353136\ 9940724079 \\ 0626413349\ 3762200448\ 2241920524\ 3001773403\ 7185522318 \end{array}$$

$$\pi^3 = \begin{array}{l} 31.0062766802\ 9982017547\ 6315067101\ 3952022252\ 8856588510 \\ 7694144538\ 1038063949\ 1746570603\ 7566701032\ 6028861930 \end{array}$$

$$\pi^4 = \begin{array}{l} 97.4090910340\ 0243723644\ 0332688705\ 1112497275\ 8567268542 \\ 1691467859\ 3899708554\ 5682719619\ 0121867234\ 7529925509 \end{array}$$

$$\sqrt[2]{\pi} = \begin{array}{l} 1.7724538509\ 0551602729\ 8167483341\ 1451827975\ 4945612238 \\ 7128213807\ 7898529112\ 8459103218\ 1374950656\ 7385446654 \end{array}$$

$$\sqrt[3]{\pi} = \begin{array}{l} 1.4645918875\ 6152326302\ 0142527263\ 7903917385\ 9685562793 \\ 7174357255\ 9371383936\ 4979828626\ 6145682067\ 8203538208 \end{array}$$

$$\sqrt[4]{\pi} = \begin{array}{l} 1.3313353638\ 0038971279\ 7534917950\ 2808533093\ 6622381810 \\ 4258453707\ 4828667007\ 6101723561\ 4968245891\ 0567069459 \end{array}$$

$$e = \begin{array}{l} 2.7182818284\ 5904523536\ 0287471352\ 6624977572\ 4709369995 \\ 9574966967\ 6277240766\ 3035354759\ 4571382178\ 5251664274 \end{array}$$

$$\pi^e = \begin{array}{l} 22.4591577183\ 6104547342\ 7152204543\ 7350275893\ 1513399669 \\ 2249203002\ 5540669260\ 4039911791\ 2318519752\ 7271430315 \end{array}$$

$$e^\pi = \begin{array}{l} 23.1406926327\ 7926900572\ 9086367948\ 5473802661\ 0624260021 \\ 1993445046\ 4095243423\ 5069045278\ 3516971997\ 0675492196 \end{array}$$

$$e^{\pi/4} = \begin{array}{l} 2.1932800507\ 3801545655\ 9769659278\ 7382234616\ 3764199427 \\ 2334858015\ 9186570268\ 6418923693\ 4126522812\ 5781694047 \end{array}$$

$$\ln\pi = \begin{array}{l} 1.1447298858\ 4940017414\ 3427351353\ 0587116472\ 9481291531 \\ 1571513623\ 0714721377\ 6988482607\ 9783623270\ 2754897077 \end{array}$$

$$\log_2\pi = \begin{array}{l} 1.6514961294\ 7231879804\ 3279295108\ 0073350184\ 7692676304 \\ 1529406788\ 5154881029\ 6358454143\ 8960264792\ 8098541017 \end{array}$$

$$\log_{10}\pi = \begin{array}{l} 0.4971498726\ 9413385435\ 1268288290\ 8988736516\ 7832438044 \\ 2446134053\ 4999249471\ 1208955267\ 4655547386\ 4642912223 \end{array}$$

$$e^{\pi\sqrt{163}} = \begin{array}{l} 2\,6253741264\ 0768743. \\ 9999999999\ 9925007259\ 7198185688\ 8793538563\ 3733699086 \\ 2707537410\ 3782106479\ 1011860731\ 2951181346\ 1860645041 \end{array}$$

17.2 Die Stellen 0 bis 2 500 von π (Basis 10)

```
π  =  3.1415926535 8979323846 2643383279 5028841971 6939937510
(0051)   5820974944 5923078164 0628620899 8628034825 3421170679
(0101)   8214808651 3282306647 0938446095 5058223172 5359408128
(0151)   4811174502 8410270193 8521105559 6446229489 5493038196
(0201)   4428810975 6659334461 2847564823 3786783165 2712019091
(0251)   4564856692 3460348610 4543266482 1339360726 0249141273
(0301)   7245870066 0631558817 4881520920 9628292540 9171536436
(0351)   7892590360 0113305305 4882046652 1384146951 9415116094
(0401)   3305727036 5759591953 0921861173 8193261179 3105118548
(0451)   0744623799 6274956735 1885752724 8912279381 8301194912

(0501)   9833673362 4406566430 8602139494 6395224737 1907021798
(0551)   6094370277 0539217176 2931767523 8467481846 7669405132
(0601)   0005681271 4526356082 7785771342 7577896091 7363717872
(0651)   1468440901 2249534301 4654958537 1050792279 6892589235
(0701)   4201995611 2129021960 8640344181 5981362977 4771309960
(0751)   5187072113 4999999837 2978049951 0597317328 1609631859
(0801)   5024459455 3469083026 4252230825 3344685035 2619311881
(0851)   7101000313 7838752886 5875332083 8142061717 7669147303
(0901)   5982534904 2875546873 1159562863 8823537875 9375195778
(0951)   1857780532 1712268066 1300192787 6611195909 2164201989

(1001)   3809525720 1065485863 2788659361 5338182796 8230301952
(1051)   0353018529 6899577362 2599413891 2497217752 8347913151
(1101)   5574857242 4541506959 5082953311 6861727855 8890750983
(1151)   8175463746 4939319255 0604009277 0167113900 9848824012
(1201)   8583616035 6370766010 4710181942 9555961989 4676783744
(1251)   9448255379 7747268471 0404753464 6208046684 2590694912
(1301)   9331367702 8989152104 7521620569 6602405803 8150193511
(1351)   2533824300 3558764024 7496473263 9141992726 0426992279
(1401)   6782354781 6360093417 2164121992 4586315030 2861829745
(1451)   5570674983 8505494588 5869269956 9092721079 7509302955

(1501)   3211653449 8720275596 0236480665 4991198818 3479775356
(1551)   6369807426 5425278625 5181841757 4672890977 7727938000
(1601)   8164706001 6145249192 1732172147 7235014144 1973568548
(1651)   1613611573 5255213347 5741849468 4385233239 0739414333
(1701)   4547762416 8625189835 6948556209 9219222184 2725502542
(1751)   5688767179 0494601653 4668049886 2723279178 6085784383
(1801)   8279679766 8145410095 3883786360 9506800642 2512520511
(1851)   7392984896 0841284886 2694560424 1965285022 2106611863
(1901)   0674427862 2039194945 0471237137 8696095636 4371917287
(1951)   4677646575 7396241389 0865832645 9958133904 7802759009

(2001)   9465764078 9512694683 9835259570 9825822620 5224894077
(2051)   2671947826 8482601476 9909026401 3639443745 5305068203
(2100)   4962524517 4939965143 1429809190 6592509372 2169646151
(2151)   5709858387 4105978859 5977297549 8930161753 9284681382
(2201)   6868386894 2774155991 8559252459 5395943104 9972524680
(2251)   8459872736 4469584865 3836736222 6260991246 0805124388
(2301)   4390451244 1365497627 8079771569 1435997700 1296160894
(2351)   4169486855 5848406353 4220722258 2848864815 8456028506
(2401)   0168427394 5226746767 8895252138 5225499546 6672782398
(2451)   6456596116 3548862305 7745649803 5593634568 1743241125
```

17.3 Die Stellen 2 501 bis 5 000 von π (Basis 10)

```
(2501)  1507606947 9451096596 0940252288 7971089314 5669136867
(2551)  2287489405 6010150330 8617928680 9208747609 1782493858
(2601)  9009714909 6759852613 6554978189 3129784821 6829989487
(2651)  2265880485 7564014270 4775551323 7964145152 3746234364
(2701)  5428584447 9526586782 1051141354 7357395231 1342716610
(2751)  2135969536 2314429524 8493718711 0145765403 5902799344
(2801)  0374200731 0578539062 1983874478 0847848968 3321445713
(2851)  8687519435 0643021845 3191048481 0053706146 8067491927
(2901)  8191197939 9520614196 6342875444 0643745123 7181921799
(2951)  9839101591 9561814675 1426912397 4894090718 6494231961

(3001)  5679452080 9514655022 5231603881 9301420937 6213785595
(3051)  6638937787 0830390697 9207734672 2182562599 6615014215
(3101)  0306803844 7734549202 6054146659 2520149744 2850732518
(3151)  6660021324 3408819071 0486331734 6496514539 0579626856
(3201)  1005508106 6587969981 6357473638 4052571459 1028970641
(3251)  4011097120 6280439039 7595156771 5770042033 7869936007
(3301)  2305587631 7635942187 3125147120 5329281918 2618612586
(3351)  7321579198 4148488291 6447060957 5270695722 0917567116
(3401)  7229109816 9091528017 3506712748 5832228718 3520935396
(3451)  5725121083 5791513698 8209144421 0067510334 6711031412

(3501)  6711136990 8658516398 3150197016 5151168517 1437657618
(3551)  3515565088 4909989859 9823873455 2833163550 7647918535
(3601)  8932261854 8963213293 3089857064 2046752590 7091548141
(3651)  6549859461 6371802709 8199430992 4488957571 2828905923
(3701)  2332609729 9712084433 5732654893 8239119325 9746366730
(3751)  5836041428 1388303203 8249037589 8524374417 0291327656
(3801)  1809377344 4030707469 2112019130 2033038019 7621101100
(3851)  4492932151 6084244485 9637669838 9522868478 3123552658
(3901)  2131449576 8572624334 4189303968 6426243410 7732269780
(3951)  2807318915 4411010446 8232527162 0105265227 2111660396

(4001)  6655730925 4711055785 3763466820 6531098965 2691862056
(4051)  4769312570 5863566201 8558100729 3606598764 8611791045
(4101)  3348850346 1136576867 5324944166 8039626579 7877185560
(4151)  8455296541 2665408530 6143444318 5867697514 5661406800
(4201)  7002378776 5913440171 2749470420 5622305389 9456131407
(4251)  1127000407 8547332699 3908145466 4645880797 2708266830
(4301)  6343285878 5698305235 8089330657 5740679545 7163775254
(4351)  2021149557 6158140025 0126228594 1302164715 5097925923
(4401)  0990796547 3761255176 5675135751 7829666454 7791745011
(4451)  2996148903 0463994713 2962107340 4375189573 5961458901

(4501)  9389713111 7904297828 5647503203 1986915140 2870808599
(4551)  0480109412 1472213179 4764777262 2414254854 5403321571
(4601)  8530614228 8137585043 0633217518 2979866223 7172159160
(4651)  7716692547 4873898665 4949450114 6540628433 6639379003
(4701)  9769265672 1463853067 3609657120 9180763832 7166416274
(4751)  8888007869 2560290228 4721040317 2118608204 1900042296
(4801)  6171196377 9213375751 1495950156 6049631862 9472654736
(4851)  4252308177 0367515906 7350235072 8354056704 0386743513
(4901)  6222247715 8915049530 9844489333 0963408780 7693259939
(4951)  7805419341 4473774418 4263129860 8099888687 4132604721
```

17.4 Die Stellen 0 bis 2 500 von π (Basis 16)

```
π  =  3.243F6A8885  A308D31319  8A2E037073  44A4093822  299F31D008
(0051)    2EFA98EC4E  6C89452821  E638D01377  BE5466CF34  E90C6CC0AC
(0101)    29B7C97C50  DD3F84D5B5  B547091792  16D5D98979  FB1BD1310B
(0151)    A698DFB5AC  2FFD72DBD0  1ADFB7B8E1  AFED6A267E  96BA7C9045
(0201)    F12C7F9924  A19947B391  6CF70801F2  E2858EFC16  636920D871
(0251)    574E69A458  FEA3F4933D  7E0D95748F  728EB65871  8BCD588215
(0301)    4AEE7B54A4  1DC25A59B5  9C30D5392A  F26013C5D1  B023286085
(0351)    F0CA417918  B8DB38EF8E  79DCB0603A  180E6C9E0E  8BB01E8A3E
(0401)    D71577C1BD  314B2778AF  2FDA55605C  60E65525F3  AA55AB9457
(0451)    48986263E8  144055CA39  6A2AAB10B6  B4CC5C3411  41E8CEA154

(0501)    86AF7C72E9  93B3EE1411  636FBC2A2B  A9C55D7418  31F6CE5C3E
(0551)    169B87931E  AFD6BA336C  24CF5C7A32  5381289586  773B8F4898
(0601)    6B4BB9AFC4  BFE81B6628  219361D809  CCFB21A991  487CAC605D
(0651)    EC8032EF84  5D5DE98575  B1DC262302  EB651B8823  893E81D396
(0701)    ACC50F6D6F  F383F44239  2E0B4482A4  84200469C8  F04A9E1F9B
(0751)    5E21C66842  F6E96C9A67  0C9C61ABD3  88F06A51A0  D2D8542F68
(0801)    960FA728AB  5133A36EEF  0B6C137A3B  E4BA3BF050  7EFB2A98A1
(0851)    F1651D39AF  017666CA59  3E82430E88  8CEE861945  6F9FB47D84
(0901)    A5C33B8B5E  BEE06F75D8  85C1207340  1A449F56C1  6AA64ED3AA
(0951)    62363F7706  1BFEDF7242  9B023D37D0  D724D00A12  48DB0FEAD3

(1001)    49F1C09B07  5372C98099  1B7B25D479  D8F6E8DEF7  E3FE501AB6
(1051)    794C3B976C  E0BD04C006  BAC1A94FB6  409F60C45E  5C9EC2196A
(1101)    246368FB6F  AF316C53B5  1339B2EB3B  52EC6F6DFC  511F9B3095
(1151)    2CCC814544  AF51BD09BE  E3D004DE33  4AFD660F28  07192E4BB3
(1201)    C0CBA85745  C8720FD20B  5F39B9D3FB  DB5579C0BD  1A60320AD6
(1251)    A100C6402C  7272679F25  FEFB1FA3CC  8EA5E9F8DB  3222F83C75
(1301)    16DFFD616B  152F301EC8  AD0552AB32  3DB5FAFD23  876053317B
(1351)    483E00DF82  9E5357BBCA  6F8CA01A87  562EDF1769  DBD542A8F6
(1401)    287EFFC3AC  6734C68C4F  5573695B27  B0BBCA58C8  E1FFA35DB8
(1451)    F011A010FA  3D94FD2183  B84AFCB56C  2DD1D35B9A  53E479B6F8

(1501)    4565D28E49  BC45FB9790  E1DDF2DAA4  CB7E3362FB  1341CEE4C6
(1551)    E8EF20CADA  36754C01D0  7E9EFE2BF1  1FB495DBDA  4DAE909198
(1601)    EAAD8E716B  93D6A0D08E  D1D0AFC725  E08E3C5B2F  8E7594B78F
(1651)    F6E2FBF212  2B668888B8  12900DF01C  4FAD5EA068  8FC31CD1CF
(1701)    F191B3A8C1  AD272F2218  BE0E1777EA  752DFE8B02  1FA1E5A0CC
(1751)    0FB56F74E8  18A7F3D6CE  89E299B4A8  4FE0FD13E0  B77CC43B81
(1801)    D2ADA8D916  5FA8668095  770593CC73  14211A1477  E6AD206577
(1851)    B5FA86C754  42F8FB9D35  CFEBCDAF0C  7B3E89A0D6  411BD3AE1E
(1901)    7E4900250E  2D2971B35E  226800BB57  B8E0AF2464  369BF009B9
(1951)    1E5563911D  59D9A6AA78  C14389D95A  537F207D5B  A202E5B9C5

(2001)    8326037662  95CFA911C8  19684E734A  41B3472DCA  7B14A94A1B
(2051)    5100529A53  2915D60F57  3FBC9BC6E4  2B60A47681  E6740008BA
(2101)    6FB5571BE9  1FF296EC6B  2A0DD915B6  636521E7B9  F9B6FF3405
(2151)    2EC5855664  53B02D5DA9  9F8FA108BA  47996E8507  6A4B7A70E9
(2201)    B5B32944DB  75092EC419  2623AD6EA6  B049A7DF7D  9CEE60B88F
(2251)    EDB266ECAA  8C71699A17  FF5664526C  C2B19EE119  3602A57509
(2301)    4C29A05913  40E4183A3E  3F54989A5B  429D656B8F  E4D699F73F
(2351)    D6A1D29C07  EFE830F54D  2D38E6F025  5DC14CDD20  868470EB26
(2401)    6382E9C602  1ECC5E0968  6B3F3EBAEF  C93C971814  6B6A70A168
(2451)    7F358452A0  E286B79C53  05AA500737  3E07841C7F  DEAE5C8E7D
```

17.5 Die Stellen 2 501 bis 5 000 π (Basis 16)

```
(2501)  44EC5716F2  B8B03ADA37  F0500C0DF0  1C1F040200  B3FFAE0CF5
(2551)  1A3CB574B2  25837A58DC  0921BDD191  13F97CA92F  F694324773
(2601)  22F547013A  E5E58137C2  DADCC8B576  349AF3DDA7  A94461460F
(2651)  D0030EECC8  C73EA4751E  41E238CD99  3BEA0E2F32  80BBA1183E
(2701)  B3314E548B  384F6DB908  6F420D03F6  0A04BF2CB8  129024977C
(2751)  795679B072  BCAF89AFDE  9A771FD993  0810B38BAE  12DCCF3F2E
(2801)  5512721F2E  6B7124501A  DDE69F84CD  877A584718  7408DA17BC
(2851)  9F9ABCE94B  7D8CEC7AEC  3ADB851DFA  63094366C4  64C3D2EF1C
(2901)  18473215D9  08DD433B37  24C2BA1612  A14D432A65  C451509400
(2951)  02133AE4DD  71DFF89E10  314E5581AC  77D65F1119  9B043556F1

(3001)  D7A3C76B3C  11183B5924  A509F28FE6  ED97F1FBFA  9EBABF2C1E
(3051)  153C6E86E3  4570EAE96F  B1860E5E0A  5A3E2AB377  1FE71C4E3D
(3101)  06FA2965DC  B999E71D0F  803E89D652  66C8252E4C  C9789C10B3
(3151)  6AC6150EBA  94E2EA78A5  FC3C531E0A  2DF4F2F74E  A7361D2B3D
(3201)  1939260F19  C279605223  A708F71312  B6EBADFE6E  EAC31F66E3
(3251)  BC4595A67B  C883B17F37  D1018CFF28  C332DDEFBE  6C5AA56558
(3301)  218568AB98  02EECEA50F  DB2F953B2A  EF7DAD5B6E  2F841521B6
(3351)  2829076170  ECDD477561  9F151013CC  A830EB61BD  960334FE1E
(3401)  AA0363CFB5  735C904C70  A239D59E9E  0BCBAADE14  EECC86BC60
(3451)  622CA79CAB  5CABB2F384  6E648B1EAF  19BDF0CAA0  2369B9655A

(3501)  BB5040685A  323C2AB4B3  319EE9D5C0  21B8F79B54  0B19875FA0
(3551)  9995F7997E  623D7DA8F8  37889A97E3  2D7711ED93  5F16681281
(3601)  0E358829C7  E61FD696DE  DFA17858BA  9957F584A5  1B2272639B
(3651)  83C3FF1AC2  4696CDB30A  EB532E3054  8FD948E46D  BC312858EB
(3701)  F2EF34C6FF  EAFE28ED61  EE7C3C735D  4A14D9E864  B7E342105D
(3751)  14203E13E0  45EEE2B6A3  AAABEADB6C  4F15FACB4F  D0C742F442
(3801)  EF6ABBB565  4F3B1D41CD  2105D81E79  9E86854DC7  E44B476A3D
(3851)  816250CF62  A1F25B8D26  46FC8883A0  C1C7B6A37F  1524C369CB
(3901)  749247848A  0B5692B285  095BBF00AD  19489D1462  B17423820E
(3951)  0058428D2A  0C55F5EA1D  ADF43E233F  70613372F0  928D937E41

(4001)  D65FECF16C  223BDB7CDE  3759CBEE74  604085F2A7  CE77326EA6
(4051)  07808419F8  509EE8EFD8  5561D99735  A969A7AAC5  0C06C25A04
(4101)  ABFC800BCA  DC9E447A2E  C3453484FD  D567050E1E  9EC9DB73DB
(4151)  D3105588CD  675FDA79E3  674340C5C4  3465713E38  D83D28F89E
(4201)  F16DFF2015  3E21E78FB0  3D4AE6E39F  2BDB83ADF7  E93D5A6894
(4251)  8140F7F64C  261C946929  34411520F7  7602D4F7BC  F46B2ED4A2
(4301)  0068D40824  713320F46A  43B7D4B750  0061AF1E39  F62E972445
(4351)  4614214F74  BF8B88404D  95FC1D96B5  91AF70F4DD  D366A02F45
(4401)  BFBC09EC03  BD97857FAC  6DD031CB85  0496EB27B3  55FD3941DA
(4451)  2547E6ABCA  0A9A285078  25530429F4  0A2C86DAE9  B66DFB68DC

(4501)  1462D74869  00680EC0A4  27A18DEE4F  3FFEA2E887  AD8CB58CE0
(4551)  067AF4D6B6  AACE1E7CD3  375FECCE78  A399406B2A  4220FE9E35
(4601)  D9F385B9EE  39D7AB3B12  4E8B1DC9FA  F74B6D1856  26A36631EA
(4651)  E397B23A6E  FA74DD5B43  326841E7F7  CA7820FBFB  0AF54ED8FE
(4701)  B397454056  ACBA489527  55533A3A20  838D87FE6B  A9B7D09695
(4751)  4B55A867BC  A1159A58CC  A9296399E1  DB33A62A4A  563F3125F9
(4801)  5EF47E1C90  29317CFDF8  E80204272F  7080BB155C  05282CE395
(4851)  C11548E4C6  6D2248C113  3FC70F86DC  07F9C9EE41  041F0F4047
(4901)  79A45D886E  17325F51EB  D59BC0D1F2  BCC18F4111  3564257B78
(4951)  34602A9C60  DFF8E8A31F  636C1B0E12  B4C202E132  9EAF664FD1
```

17.6 Die Kettenbruch-Elemente 0 bis 1 000 von π

$\pi = 3+[$	7	15	1	292	1	1	1	2	1	3	1	14	2	1	1	2	2	2	2	1
(0021)	84	2	1	1	15	3	13	1	4	2	6	6	99	1	2	2	6	3	5	1
(0041)	1	6	8	1	7	1	2	3	7	1	2	1	1	12	1	1	1	3	1	1
(0061)	8	1	1	2	1	6	1	1	5	2	2	3	1	2	4	4	16	1	161	45
(0081)	1	22	1	2	2	1	4	1	2	24	1	2	1	3	1	2	1	1	10	2
(0101)	5	4	1	2	2	8	1	5	2	2	26	1	4	1	1	8	2	42	2	1
(0121)	7	3	3	1	1	7	2	4	9	7	2	3	1	57	1	18	1	9	19	1
(0141)	2	18	1	3	7	30	1	1	1	3	3	3	1	2	8	1	1	2	1	15
(0161)	1	2	13	1	2	1	4	1	12	1	1	3	3	28	1	10	3	2	20	1
(0181)	1	1	1	4	1	1	1	5	3	2	1	6	1	4	1	120	2	1	1	3
(0201)	1	23	1	15	1	3	7	1	16	1	2	1	21	2	1	1	2	9	1	6
(0221)	4	127	14	5	1	3	13	7	9	1	1	1	1	1	5	4	1	1	3	1
(0241)	1	29	3	1	1	2	2	1	3	1	1	1	3	1	1	10	3	1	3	1
(0261)	2	1	12	1	4	1	1	1	1	7	1	1	2	1	11	3	1	7	1	4
(0281)	1	48	16	1	4	5	2	1	1	4	3	1	2	3	1	2	2	1	2	5
(0301)	20	1	1	5	4	1	436	8	1	2	2	1	1	1	1	1	5	1	2	1
(0321)	3	6	11	4	3	1	1	1	2	5	4	6	9	1	5	1	5	15	1	11
(0341)	24	4	4	5	2	1	4	1	6	1	1	1	4	3	2	2	1	1	2	1
(0361)	58	5	1	2	1	2	1	1	2	2	7	1	15	1	4	8	1	1	4	2
(0381)	1	1	1	3	1	1	1	2	1	1	1	1	1	9	1	4	3	15	1	2
(0401)	1	13	1	1	1	3	24	1	2	4	10	5	12	3	3	21	1	2	1	34
(0421)	1	1	1	4	15	1	4	44	1	4	20776	1	1	1	1	1	1	1	23	1
(0441)	7	2	1	94	55	1	1	2	1	1	3	1	1	32	5	1	14	1	1	1
(0461)	1	1	3	50	2	16	5	1	2	1	4	6	3	1	3	3	1	2	2	2
(0481)	5	2	2	2	28	1	1	13	1	5	43	1	4	3	5	3	1	4	1	1
(0501)	2	2	1	1	19	2	7	1	72	3	1	2	3	7	11	1	2	1	1	2
(0521)	2	1	1	2	1	1	1	1	1	33	7	19	1	19	3	1	4	1	1	1
(0541)	1	2	3	1	3	2	2	2	2	4	1	1	1	4	2	3	1	1	1	1
(0561)	11	1	1	2	1	2	1	2	2	1	7	2	27	1	1	6	2	1	9	6
(0581)	26	1	1	3	2	1	1	1	1	1	15	1	36	4	2	2	1	22	2	1
(0601)	106	2	2	1	3	1	12	10	7	1	2	1	1	1	1	8	2	4	5	3
(0621)	2	1	4	23	1	18	2	10	3	1	6	6	13	8	6	2	2	2	2	1
(0641)	1	1	3	1	7	17	1	1	1	2	5	5	1	1	2	11	1	6	1	6
(0661)	1	29	4	29	3	5	3	1	141	1	2	7	7	2	2	7	1	1	7	1
(0681)	7	1	2	4	1	1	1	30	1	12	4	18	10	2	8	1	2	2	2	4
(0701)	13	1	5	4	1	6	1	1	11	2	4	2	1	1	3	3	12	1	1	39
(0721)	5	1	1	16	125	1	4	1	2	1	19	1	4	1	1	2	1	4	1	10
(0741)	1	4	2	1	1	1	5	10	4	14	1	13	41	1	4	1	8	1	1	2
(0761)	1	3	1	6	1	3	2	2	2	1	4	1	14	1	2	8	1	8	3	3
(0781)	3	1	37	4	2	4	1	3	4	25	4	27	2	7	1	1	2	6	1	1
(0801)	1	12	1	2	2	2	13	12	1	3	1	6	1	1	33	1	5	3	1	5
(0821)	15	8	8	47	1	3	2	12	2	12	1	12	1	2	5	3	1	1	1	1
(0841)	2	3	5	4	2	1	1	5	1	9	14	1	1	3	2	1	9	3	22	13
(0861)	1	1	3	20	1	1	61	1	376	2	107	1	10	3	2	2	31	1	2	10
(0881)	2	2	62	2	2	7	4	5	6	1	1	1	1	2	8	2	73	3	5	42
(0901)	1	3	2	1	1	59	6	1	1	1	5	1	6	1	2	6	1	1	1	1
(0921)	3	2	1	3	1	8	1	4	2	5	4	7	1	4	2	2	6	1	1	2
(0941)	2	1	1	1	1	1	2	1	2	2	5	1	2	1	1	10	1	6	1	129
(0961)	1	4	65	2	4	4	3	2	3	1	1	5	1	1	1	1	1	2	2	1
(0981)	2	1	1	2	2	1	2	3	1	2	1	2	4	2	1	2	27	6	2	1

17.7 Die Kettenbruch-Elemente 1 001 bis 2 000 von π

(1001)	193	1	3	9	1	3	35	2	1	8	1	1	1	1	9	3	56	1	6	6
(1021)	2	8	1	8	1	2	3	6	3	1	3	1	1	1	2	13	1	1	1	1
(1041)	13	2	1	3	1	3	15	2	1	1	2	4	1	4	5	2	2	1	2	1
(1061)	6	1	4	12	1	1	1	1	13	1	3	4	1	1	1	2	9	1	7	1
(1081)	1	1	1	4	1	3	4	1	1	4	3	1	39	2	1	1	1	1	1	4
(1001)	7	2	2	2	1	1	1	1	2	114	12	4	1	3	2	1	19	1	1	2
(1121)	1	1	3	4	1	60	3	72	2	1	1	1	50	1	1	1	1	3	1	1
(1141)	2	2	1	4	1	7	3	1	2	1	5	1	1	1	2	6	2	21	2	6
(1161)	1	6	1	1	2	1	7	1	8	1	1	5	4	1	1	1	1	1	1	1
(1181)	1	4	1	11	2	4	10	2	1	1	13	1	1	7	15	1	1	1	2	3
(1201)	15	8	8	2	1	13	3	5	1	2	1	6	1	10	123	3	1	4	59	4
(1221)	156	88	1	5	4	1	3	1	4	2	9	1	7	4	2	1	2	3	2	1
(1241)	2	11	1	13	7	7	1	63	37	12	86	1	1	1	1	2	2	4	2	18
(1261)	1	1	1	41	2	1	1	12	1	2	1	1	2	10	1	1	1	5	1	1
(1281)	3	1	7	5	1	9	1	2	2	7	1	1	5	2	1	3	3	5	2	1
(1301)	11	3	1	3	2	1	1	2	1	14	5	2	2	1	1	1	1	3	1	3
(1321)	3	2	2	1	3	2	1	2	1	4	1	14	1	1	58	7	1	2	1	1
(1341)	5	1	2	1	5	18	1	4	3	1	1	1	4	1	1	2	5	1	148	1
(1361)	9	2	1	2	1	5	4	93	1	1	2	4	1	2	73	1	1	3	1	1
(1381)	1	1	2	1	34	1	5	6	1	2	1	3	4	1	16	28	17	2	5	5
(1401)	26	1	1	4	12	1	3	2	1	5	1	2	9	3	2	41	1	16	2	2
(1421)	20	1	17	1	6	16	3	3	2	2	2	18	15	1	1	51	4	9	5	2
(1441)	2	1	2	1	45	3	1	1	3	1	2	1	3	1	1	3	5	1	2	3
(1461)	8	2	47	2	3	1	1	1	15	9	1	8	2	1	4	2	4	14	1	12
(1481)	2	1	161	1	26	2	1	2	1	1	1	1	2	2	1	18	528	12	4	1
(1501)	5	16	3	1	1	1	1	1	5	1	2	1	63	1	97	1	4	4	10	5
(1521)	9	5	2	3	2	5	7	1	32	13	1	5	4	1	7	1	3	12	1	3
(1541)	9	1	7	1	102	53	1	1	1	3	4	2	15	2	8	2	2	3	1	2
(1561)	4	1	1	3	2	3	1	1	2	3	1	1	6	1	1	14	1	80	11	1
(1581)	1	1	1	22	1	2	3	1	3	26	2	24	2	2	4	3	1	1	1	1
(1601)	3	1	63	1	1	1	25	1	1	1	8	1	3	3	1	10	5	6	2	1
(1621)	1	3	1	1	1	1	2	2	1	2	8	12	1	53	1	2	1	1	5	1
(1641)	1	3	1	39	1	12	1	3	14	18	9	3	2	2	2	1	1	3	1	4
(1661)	4	7	1	17	1	14	1	1	1	1	3	1	1	10	1	2	2	3	1	2
(1681)	1	2	2	2	12	1	3	44	2	10	1	14	1	2	1	43	4	1	7	3
(1701)	4	1	1	2	2	1	34	1	2	5	8	3	2	1	2	13	4	3	2	1
(1721)	1	1	1	25	1	5	1	94	2	4	3	4	5	1	1	1	1	1	1	2
(1741)	1	1	1	1	1	1	1	1	1	10	41	1	5	1	4	4	1	155	1	8
(1761)	1	1	1	1	4	1	1	2	9	2	1	2	1	1	1	6	23	1	2	3
(1781)	5	2	1	1	1	1	7	67	5	7	1	23	3	3	1	6	1	11	1	57
(1801)	1	4	1	5	1	1	8	1	1	2	5	2	10	1	1	2	1	1	3	1
(1821)	2	1	3	1	11	2	10	1	4	18	1	2	3	1	1	6	3	6	4	31
(1841)	3	4	1	18	3	9	7	5	1	2	2	1	7	1	23	2	217	1	2	1
(1861)	4	1	54	2	196	10	3	1	32	1	40	55	1	5	1	3	3	1	2	2
(1881)	1	3	6	3	16	1	31	1	5	6	1	4	42	4	1	10	1	3	1	3
(1901)	3	1	2	1	1	1	4	1	13	1	88	1	1	1	14	3	27	3	1	1
(1921)	16	4	1	2	4	1	4	1	1	17	2	4	1	1	9	2	1	1	3	1
(1941)	1	30	1	1	3	2	2	1	1	4	10	1	7	1	6	1	35	1	1	2
(1961)	3	6	1	1	2	4	4	24	1	1	1	1	1	1	3	1	1	2	1	2
(1981)	1	6	6	2	1	1	10	6	4	2	1	3	9	1	2	16	1	5	1	1

A. Documentation for the hfloat-library

The following is (almost) the documentation that comes with the hfloat *package*[1].

A.1 What hfloat is (good for)

- hfloat (for 'huge floats') is a library package for doing calculations with floating point numbers of extreme precision. It is optimised for computations with 1000 to several million digits. The computations can be done in (almost) arbitrary radix.
- The library contains routines for add, subtract, multiply, divide, n-th power, square root, n-th root, logarithm, exp, polynom, poly-root and many more.
- There are implementations of several superlinear converging algorithms for the computation of $\pi = 3.14159265\ldots$ (in `src/pi/`, see the organisation of the files on page 245). On a PC or workstation the computation of 1 million decimal pi-digits takes less than 12 min on an AMD K6/366).
- Code examples for the usage of the lib are in `simpleex/`.
- Code for a binary that collects the pi algorithms can be found in `examples/`.
- Included is the fxt-library, containing many FFT-implementations, code for convolution, correlation, spectrum and much more. It has its own documentation in `src/fxt/`.
- High precision computations test your systems reliability (hardware and compiler): every little error results in garbage digits (or coredump)
- Digits of appropriate constants can be used as high quality 'random' numbers eg. for cryptographic stuff.

---

[1] hfloat is online at `http://www.jjj.de/hfloat/`, the author of hfloat is Jörg Arndt.

- You may (and are encouraged to) use the fast multiplication in your own noncommercial bignum software.
- hfloat (and the accompanying texts) may help you to learn about the things mentioned above.

A.2 Compiling the library

hfloat is developed under Linux (versions 2.0.x) with GNU C (versions 2.7.x). Compilation under other UNIXes should be possible with few or no changes, especially if GNU C is used (compiled on a DEC alpha and on a HP without any changes). Basically you need a decent make-utility and a C-compiler, GNU C and GNU make are strongly recommended. To compile the library

- Type 'make dep' (for dependency files)
- Type 'make lib' to make the library

A.3 Functions of the hfloat-library

Member functions of the hfloat class are declared in src/include /hfloat.h

Static member functions, they affect some property of the whole hfloat class:

- max_prec() returns the maximal precision that can be used (unit is LIMBs)[2];
  max_prec(unsigned long m) sets the maximal precision m;
  normally you will call it once at the beginning of your code
- radix() returns the radix, currently the same for all hfloats;
  use the function hfloat_set_radix(int r) to set the radix.
  Note that after a radix change all hfloats contain garbage data in their mantissa so they must be reassigned new values before they are read.

Nonstatic member functions, they affect one particular instance of an hfloat:

- the constructor hfloat() creates an hfloat with max_precision()

---

[2] for the notion of a LIMB see page 242

- the constructor `hfloat(unsigned long n)` creates an `hfloat` with
  n LIMBs
  it has the `explicit` modifier (cf. note below)
- the copy constructor `hfloat(const hfloat &h)` creates a copy of
  the `hfloat h`
- the(assignment) operator   `=`
  for arguments (i.e. right hand side quantities) `int`, `long`, `unsigned
  long`, `double`, strings (i.e. `char *`) and `hfloat`,
- `size()` returns the size of the mantissa (in LIMBs)
  `size(unsigned long s)` resizes the mantissa to `s` LIMBs
- `prec()` returns the current working precision (in LIMBs)
  `prec(unsigned long p)` sets the working precision to `p` LIMBs
- `exp()` returns the exponent (with respect to LIMBs);
  `exp(long)` sets the exponent
- `sign()` returns $+1, 0, -1$ as usual;
  `sign(int s)` sets the sign

Always create `hfloats` like `hfloat a;` (for default, i.e. maximal
precision) or `hfloat a(1024);` (for a precision of 1024 LIMBs).
Do not try to directly initialise `hfloats` like `hfloat a = 1234;`
this would create a hfloat with *precision* 1234 and value 0, surely
not what was intended! To avoid mistakes like that the constructor
`hfloat(unsigned long)` has the explicit modifier. Instead say `hfloat`
`a; a=12.34;`.

Functions and operators for `hfloats` are declared in `src/include/`
`hfloatfu.h`:

- the shortcut operators   `+=,   -=,   *=,   /=`
  for right arguments `long` and `hfloat`,
- comparison operators   `==,   !=,   >=,   <=,   <,   >`
  (for comparisons of `hfloats` with `hfloats` or `longs`)
- comparison operators   `<,   >`
  (for comparisons of `hfloats` with `doubles`)
- functions of the type fct(src,result)
  where `fct` $\in$ `inv, sqr, sqrt, isqrt, cbrt, log`[3]`, exp, ...`

- functions of the type f(src1,src2,result)
  where `fct` $\in$ `add, sub, mul, div, pow, root, iroot, log,`
  `...`

---

[3] logarithm to base 2.71828...

The function names should be self-explanatory.
Print `src/include/hfloatfu.h` and `src/include/hfloat.h` now!

There are also the binary operators +, -, *, / and functions that return a `hfloat`, like `fct(src)` where `fct ∈ inv, sqrt, ...` but do not use them if you are after performance: they create temporary `hfloats` and are there only to allow lazy coding.

E.g. instead of

```
x = a + b;
```
use
```
x = a;   x += b;
```
or
```
add(a, b, x);
```

Instead of
```
x = exp(a);
```
use
```
exp(a,x);
```

Note that the result is always the rightmost argument.

A.4 Using hfloats in your own code

In order to write your own code that uses hfloats

- you must `#include src/include/hfloatfu.h` to get the functions of the hfloat lib.
- use `hfloat::max_prec(n)` where `n` is the precision in LIMBs (use a power of two)
- use `hfloat::radix(rx)` where `rx` is the radix (use 10000 for decimal numbers or 65536 for hex numbers)
- use `hfverbosity::tell_all()` if you like to have many operations echoed, `hfverbosity::hush_all()` for silent operations
- `#include src/include/mybuiltin.h` for timing (`start_timer()` and `return_elapsed_time()`).
- when compiling `yoursrc.cc` that uses `hfloat`'s link-in the library `libhflt.a`.
- for extreme precisions increase the maximal workspace size, as described on page 241.

Look into `src/include/hfloatfu.h` for the functions available. Cf. `simpleex/ex?.cc` for some simple examples of how to use hfloats. Here is `ex2.c`:

```cpp
//
// simple example 2:
// compute pi with 2 different algorithms
//

#include  "../src/include/hfloatfu.h"
#include  "../src/include/mybuiltin.h"  // for timing

int main()
{
    // precision in LIMBs, use o power of two:
    hfloat::max_prec(2048);

    // radix, use 10000 (decimal) or 65536 (hex numbers):
    hfloat::radix(10000);

    hfloat pi1, pi2, d;
    double dt1, dt2;        // for timing

    // first pi computation:
    start_timer();
    // compute pi using borweins quartic algorithm
    pi_4th_order(pi1);
    dt1 = return_elapsed_time();
    print("\n pi1=\n", pi1, 44); // print the first 44 LIMBs of pi1
    print_last("\n last digits are \n", pi1, 16);
                        // print the last 16 LIMBs
    save("pi1.dat",pi1);  // save pi1 to file "pi1.dat"

    // second pi computation:
    start_timer();
    pi_agm(pi2);  // compute pi using the Gauss-AGM algorithm
    dt2 = return_elapsed_time();

    /* // you can choose from these, cf. src/pi/pi*.cc:
    pi_4th_order(pi2, var);  // var = 0,1
    pi_5th_order(pi2);
    pi_agm(pi2,var);           // var = 0,1
    pi_agm3(pi2,var);          // var = +1,-1,+4,-4
    pi_2nd_order(pi2);
    pi_derived_agm(pi2);
    pi_3rd_order(pi2);
    pi_9th_order(pi2);
    pi_cubic_agm(pi2);
    pi_arctan(pi2, fno);       // fno = 2,3,4,5,6,7,11
    */

    print("\n pi2=\n", pi2, 44);
    print_last("\n last digits are \n", pi2, 16);
    save("pi2.dat",pi2);  // save pi2 to file "pi2.dat"

    cout << "\n pi1 took " << dt1 << " seconds ";
    cout << "\n pi2 took " << dt2 << " seconds ";
```

```
    d =  pi1;
    d -= pi2;

    cout << "\n\n decimal precision of the results is "
         << pi1.dec_prec() << " digits "
         << endl;

    print("\n difference of the results: p1-p2= \n",d,8);

    long dl = pi1.prec()-ABS(cmp_limbs(pi1,pi2));
    cout << "\n i.e. the last " << dl << " LIMBs disagree "
         << endl;

    return 0;
}
```

When in the directory **simpleex/** type **make ex2** to create the executable **ex2**. When run it creates an output[4] similar to this:

```
----====== HUGE_FLOAT ver 20-august-1997 ======----
   author: Joerg Arndt, email: arndt@jjj.de
compiled using GNU C++ version "2.7.2.1"
at Sep  1 1997, 19:53:31
   hfloat is online at http://www.jjj.de/hfloat/
   (check my homepage for the latest version of hfloat)
radix set to 10000

size of workspace is 32768 bytes  (maxsize= 4194304 bytes)
max precision set to 1024 LIMBs =4096 decimal digits   =13606 bits
set mul_convolution to FHT_CNVL
set sqr_convolution to FHT_CNVL
fxt multiplies ARE checked via sum of digit test
iterations for inverse n-th root are NOT checked

pi1=
+.31415926535897932384626433832795028841971693993751058209749445923
07816406286208998628034825342117067982148086513282306664709384460955
05822317253594081284811174502841027019385*10^1

 last digits are
+. <...1008LIMBs+>
20653109896526918620564769312570586356620185581007293606325705  37

 pi2=
+.31415926535897932384626433832795028841971693993751058209749445923
07816406286208998628034825342117067982148086513282306664709384460955
05822317253594081284811174502841027019385*10^1

 last digits are
+. <...1008LIMBs+>
```

---

[4] the data of the first π computation can be found in the file **pi1.dat**

```
2065310989652691862056476931257058635662018558100729360659786498
```

```
pi1 took 0.88 seconds
pi2 took 0.82 seconds
```

```
decimal precision of the results is 4096 digits
```

```
difference of the results: p1-p2=
-.27215961000000000000000000000000*10^-4084
```

```
i.e. the last 2 LIMBs disagree
```

To repeat the computations with a precision $> 250,000$ decimal digits change the line with the statement `hfloat::max_prec(2048);` to
`hfloat::max_prec(65536);`[5]. If you want more π-computation and are tired of recompiling than goto section A.7, there is a canned π example (though the code doesn't look too nice).

Also check the other code in `simleex/` ! For 'real world' examples that use more functions of the hfloat lib see `src/pi/pi*.cc`, start there with `src/pi/pi4th.cc`.

A.5 Computations with extreme precision

In order to do computations with the maximal possible precision on your computer you have to manually set the maximal workspace size: With the default maximum[6] of 4MB you can work with precisions of (radix 10,000 assumed) up to 1 million decimal digits. To use bigger sizes than the default set the environment variable `HFLOAT_MAX_WORKSPACE`. No swap must occur when using the workspace, i.e. it has to be unused RAM. Set `HFLOAT_MAX_WORKSPACE` to the amount of physical RAM minus the bytes used by operating system and other running programs. Typically set to RAMsize minus 8MB or so. Do *not* give the total amount installed RAM, your machine will swap to death if you try really use it for hfloat. Currently if you don't give a power of 2 then the size is truncated to the next smaller power of 2. You may append 'k' for kilobyte or 'M' for megabyte.

You might have to say something like `export` or
`set HFLOAT_MAX_WORKSPACE=20M` to set it to 20MB. This should work fine on a computer with 32MB RAM installed.

---

[5] radix is 10,000, one gets 4 decimal digits per LIMB or a total of 262,144 decimals
[6] see `src/dt/workspace.cc`

A.6 Precision and radix

For the quick readers I begin with the resumee:

- for decimal digits and precisions up to 2^{23} LIMBs[7] use radix 10,000 (for greater precisions choose radix 1,000)
- for hexadecimal digits and precisions up to 2^{18} LIMBs[8] use radix 65,536 (for greater precisions choose radix 4,096)

The mantissa of a **double** consists of (typically) 53 bits[9], its radix (base of representation) is 2. The analogous quantity in the mantissa of a hfloat is a **LIMB** (typedef'd to a 16 bit unsigned int). So the radix of a hfloat can be in the range $2...65536(= 2^{16})$.

If one wants to get decimal numbers one would *not* use radix 10 but the greatest power of 10 that is $\leq 2^{16}$, which is 10000. Due to the implementation of the convolution there is a second restriction to the radix: The cumulative sums c_k have to be represented exactly enough to distinguish every (integer) quantity from the next bigger (or smaller) value. The highest possible value for a c_k, c_m, must not jump to $c_m \pm 1$ due to numerical errors. For radix R and a precision of N LIMBs

$$c_m = N (R - 1)^2$$

This is N times the product of two 'nines' $(R - 1)$, which can appear in the middle term of the convolution. c_m needs

$$\log_2(N (R - 1)^2) = \log_2 N + 2 \log_2(R - 1)$$

bits to be represented exactly.

Due to numerical noise there must be a few more bits for safety. The c_k are computed using **doubles**. We need to have

$$M \geq \log_2 N + 2 \log_2(R - 1) + S$$

where S :=safetybits and M :=mantissabits. With $\log_2(R - 1) < \log_2(R)$ we have equivalently

$$N_{max}(R) = 2^{M - S - 2 \log_2(R)}$$

---

[7] corresponding to more than 32 million decimal digits

[8] corresponding to more than 1 million hexadecimal digits

[9] Of which only the 52 least significant bits are physically present, the most signicant bit is implied to be always set.

Thus if we want base 2 numbers we would first choose radix $R = 2^{16}$ but this can (if we have $M = 53$ mantissabits and require $S = 3$ safetybits) only be used for precisions up to

$$N_{max}(\text{radix} = 65,536) = 2^{53-3-2\cdot16} = 2^{18} = 256\mathit{kilo}\text{LIMBs}$$

(corresponding to $4096\mathit{kilo}$ bits $= 1024\mathit{kilo}$ hex digits).

$$N_{max}(\text{radix} = 32,768) = 2^{20} = 1\mathit{Mega}\text{LIMBs}$$

(corresponding to $15360\mathit{kilo}$ bits $= 3840\mathit{kilo}$ hex digits).

$$N_{max}(\text{radix} = 16,384) = 2^{22} = 4\mathit{Mega}\text{LIMBs}$$

(corresponding to $57344\mathit{kilo}$ bits $= 14336\mathit{kilo}$ hex digits).
For decimal numbers

$$N_{max}(\text{radix} = 10,000) = 2^{53-3-2\cdot13.29} = 2^{23.42} > 8\mathit{Mega}\text{LIMBs}$$

($N = 23$ corresponding to $32\mathit{Mega}$ decimal digits).

$$N_{max}(\text{radix} = 1,000) = 2^{30.07} > 1\mathit{Giga}\text{LIMBs}$$

($N = 30$ corresponding to $3\mathit{Giga}$ decimal digits).
If the LIMBs weren't restricted to 16 bits:

$$N_{max}(\text{radix} = 100,000) = 2^{16.78} > 16\mathit{kilo}\text{LIMBs}$$

($N = 16$ corresponding to $80\mathit{kilo}$ decimal digits).

$$N_{max}(\text{radix} = 1,000,000) = 2^{10.13} > 1\mathit{kilo}\text{LIMBs}$$

($N = 10$ corresponding to $6\mathit{kilo}$ decimal digits).

A.7 Compiling & running the π-example-code

To compile the code in the directory `examples/`

- Type '`make example`'.
- cd to the `bin` directory, find the example binary `pi` there.
- Type '`pi --help`' for usage information (the help text can also be found in the file `doc/pihelp.txt`).
- Type '`pi 8`' to run the program. It will compute 1024 decimal digits of π (in less than 1 second on a i486/100).
- See the file `result.txt` for the digits of π. All but the last few digits (10 or so) of the output should be correct. Check correctness like this:

- Type 'pi 8 1' to run the program again using another algorithm. Only the last few digits should differ from the last result.
- Type 'pi 8 0 65536' to get 1024 hex digits of π.

A.8 Structure of hfloat

The hfloat code is divided into three layers:

1.) The class hfloat (top, user interface) layer. A hfloat consists of a unique id number (for internal use only) and a pointer to class hfguts. Currently there is a one-to-one correspondence between hfloats and hfguts. The arithmetical operators and functions like mul(src1,src2,dest) are here. The iterations (for root extraction, inversion, ...) are also in this layer.

Declarations are in src/include/hfloat.h (classes), src/include/hfloatop.h (operators) and src/include/hfloatfu.h (functions). Source files are in src/hf/.

2.) The class hfguts (arithmetical) layer. A hfguts consists of an exponent, a sign, a flag whether it is infinite, a flag whether the mantissa is read only, a precision flag and a pointer to class hfdata (its mantissa data). Here the exponent, sign, etc. stuff happens, the operations with the mantissa are handled by hfdata. Typical function names are gt_something(...).

Declarations are in src/include/hfguts.h (classes) and src/include/hfgutsfu.h (functions). Source files are in src/gt/.

3.) The class hfdata (mantissa operations, number crunching) layer. A hfdata consists of a pointer to the digit field, a flag for the allocated size of mantissa data (as opposed to: precision in hfguts), a flag whether the data was allocated by this object, a counter for the links to this mantissa (other numbers can link read only to the mantissa data), static radix stuff (the radix is in rx) and counters for the work done so far (for statistics). Typical function names are dt_something(...).

Declarations are in src/include/hfdata.h (classes) and src/include/hfdatafu.h (functions). Source files are in src/dt/.

Auxiliary functions that work on LIMBs or doubles typically have names like i_something(...), d_something(...), id_something(...) or di_something(...).
Declarations are in src/include/auxarith.h.

A.9 Organisation of the files

directory	which files are there
`bin/`	binaries and libs
`doc/`	the main documentation
`doc/e271828/`	stuff about the computation of e
`simpleex/`	simple example code, look there!
`examples/`	example application(s)
`src/`	(source directory)
`src/fxt/`	source for the fxt-library
`src/include/`	header files for the hfloat-library
`src/tz/`	source for the transcendental functions
`src/hf/`	source for the hfloat-layer
`src/gt/`	source for the hfguts-layer
`src/dt/`	source for the hfdata-layer
`src/pi/`	source for the π-library
`testing/`	cryptic test routines, better ignore
`timing/`	timing routines.
`*/bucket/`	snippets, temporarily unused files & garbage

Selected files in some directories:

- `src/include/`:
  - `hfloatfu.h`: hfloat functions
  - `hfloat.h`: the hfloat class
  - `hfverbosity.h`: adjust how talkative the hfloat operations are
  - `hfgutsfu.h`: hfguts functions
  - `hfguts.h`: the hfguts class
  - `hfdatafu.h`: hfdata functions
  - `hfdata.h`: the hfdata class
  - `convolut.h`: functions and defines for long multiplications
- `src/hf/`:
  - `hfloat.cc`: hfloat class member functions
  - `hfloatop.cc`: hfloat class operators
  - `init.cc`: magic initialiser for the hfloat class
  - `it*.cc`: iterations for root extraction etc.
- `src/gt/`:
  - `hfguts.cc`: hfguts class member functions
  - `gt*.cc`: hfguts functions

- `src/dt/`:
  - **`hfdata.cc`**: hfdata class member functions
  - **`dt*.cc`**: hfdata functions

A.10 Distribution policy & no warranty

———— legal stuff ————

- The hfloat package and code is freeware, you may use it at no cost for noncommercial purposes.
- The copyright remains by the author (Jörg Arndt, `arndt@jjj.de`). Obvious exceptions are the included pieces of code by other authors.
- You may (and are encouraged to) give hfloat away free of charge. Always give a pointer to the original hfloat if you redistribute pieces of it.
- You are not allowed to make money with hfloat (or parts of it) in any way.
- Before putting hfloat on a CD or similar get my agreement.
- WARNING: hfloat is distributed 'as is', you are using hfloat at your own risk. I will take no responsibility for potential damage that might be caused.

———— end of legal stuff ————

- Please be nice and give me credits if you use hfloat for anything interesting/noticable/scientific. I am interested in hearing about your project.
- If you use hfloat for scientific purposes then cite it in your publications as you would cite an ordinary publication.
- Please check for newer versions before passing hfloat on. I tend to upload new versions even for small changes.
- If you notice errors in the code or the documentation please take the time and drop me an email.

B. Other high precision libraries

The following is an extract of the documentation that comes with the
hfloat *package.*

Mentioned here are only packages that we have seen ourselves. For
more info see `bignums.txt` from `ftp://ripem.msu.edu/pub/bignum/`
and the software there. Also check `http://www.jjj.de/hfloat/`.

Libraries for extreme precisions

- apfloat ('A C++ High Performance Arbitrary Precision Arithmetic
  Package'):
  lib similar to hfloat, uses number theoretic transforms (NTTs) with
  Chinese Remainder Theorem (CRT) technique, has type complex
  and trigonometric functions and mass storage multiplication.
  author: Mikko Tommila (`mikko.tommila@hut.fi`)
  site: `http://www.iki.fi/~mtommila/apfloat/`
  Mikko Tommila kindly gave us the permission to include the package
  on the CD. Look into the apfloat directory there.
- CLN ('Class Library for Numbers'):
  big- int, rational and float, complex and modint C++ library,
  designed to be fast, memory efficient, complete and easy to use.
  Includes gmp. Has nice features like binary splitting algorithm and
  Schönhage-Strassen multiplication (with Fermat number transforms):
  The π-computation in CLN uses binsplit and the Chudnovsky formula
  and is about 3 times (!) faster than hfloat. CLN is a killer: be sure
  to fasten your seat belt before looking into the code!
  author: Bruno Haible
  site: `ftp://ftp.ilog.fr/pub/Users/haible/gnu/cln*`
  Bruno Haible kindly gave us the permission to include the package
  on the CD. Look into the cln directory there.
- Piologie: a (very well written) library for arbitrary precision arithmetic
  which uses some interesting techniques for optimisation. 'Moreover

the arithmetic is portable on all systems and independent of all compilers'
author: Sebastian Wedeniwski (`wedeniws@de.ibm.com`)
site: `ftp://ftp.informatik.uni-tuebingen.de/pub/CA/software/Piologie/`

- mpfun ('a multiple precision floating point computation package'): FORTRAN code and a bit vector machine orientated. From the documentation (TeX) in `mpfun_tex_papers.tar.Z` you can learn a lot about the topic (see it!).
  author: David H. Bailey (`dbailey@nas.nasa.gov`)
  site: send email with subject '`send help`' to `mp-request@nas.nasa.gov` or `http://www.nas.nasa.gov/NAS/RNRreports/dbailey/dbailey.html`

Libraries for moderate ... medium precisions

- pari/gp:
  arbitrary prec int and floats (does also operations in field extensions) optimised for approximately 50...1000 (?) digits *lots* of functions, many from numbertheory, callable from C programs, see it! C code (plus asm for i386 and 68000), used in the freeware computer algebra system MuPAD (see below)
  authors: C. Batut, D. Bernardi, H. Cohen and M. Olivier (`pari@math.u-bordeaux.fr`)
  sites: `ftp://megrez.math.u-bordeaux.fr/pub/pari/` or `http://hasse.mathematik.tu-muenchen.de/ntsw/pari/`
- lidia:
  C++ library for computational number theory; 'highly optimized implementations'. Includes types int, rational, float, complex, modint, number field, vector, matrices, ...
  author: Buchmann et al.
  site: `http://crypt1.cs.uni-sb.de/linktop/LiDIA/`
- bigflt:
  multiple precision floats, C code (plus asm for intel) used in fractint versions from 19.0 for huge magnifications
  author: Wesley Loewer (`loewer@tenet.edu`)
  sites: where you get fractint
- integer.h and rational.h:
  abitrary prec int/rational with GNU C++ compiler
  sites: where you get GCC, e.g. `ftp://prep.ai.mit.edu/pub/gnu/`

- gmp: (the GNU mp library)
  general emphasis on speed, asm for many processors included
  author: Torbjörn Granlund (`tege@zevs.sics.se`)
  sites: `ftp://prep.ai.mit.edu/pub/gnu/gmp/`

Literaturverzeichnis

1. Victor Adamchik, Stan Wagon, *A Simple Formula for* π, American Mathematical Monthly, Vol 104 (1997) 852–855.
   (Cited on p. 126)
2. Viktor Adamchik, Stan Wagon, *Pi: A 2000-Year Search Changes Direction*, Online-Dokument bei `http://www.wri.com/~victor/articles/pi/pi.html`, auch in [19, pp. 557–559].
   (Cited on p. 19, 126, 217)
3. Gert Almquist, *Many Correct Digits of* π, *Revisited*, American Mathematical Monthly, Vol. 104 (1997), No. 4, 351–353.
   (Cited on p. 155)
4. Archimedes, *Measurement of a Circle*, in *The Works of Archimedes*, Ed. by T.L. Heath, Cambridge University Press, 1897, auch in [19, pp. 7–14].
   (Cited on p. 164)
5. Jörg Arndt, *Remarks on arithmetical algorithms and the compuation of* π, Online-Dokument bei `http://www.jjj.de/joerg.html`.
   (Cited on p. 74, 109, 221, 222)
6. Nigel Backhouse, *Pancake functions and approximations to* π. The Mathematical Gazette, Vol. 79 (1995), 371–374.
   (Cited on p. 222)
7. David H. Bailey, *The Computaion of* π *to 29,360,999 Decimal Digits Using Borweins' Quartically Convergent Algorithm*, Mathematics of Computation, Vol. 50, No. 181 (Jan. 1988), 283–296, auch in [19, pp. 562–575].
   (Cited on p. 194)
8. David Bailey, Peter Borwein and Simon Plouffe, *On The Rapid Computation of Various Polylogarithmic Constants*, Online-Dokument bei `http://www.cecm.sfu.ca/~pborwein`, auch in [19, pp. 663–676].
   (Cited on p. 118, 122)
9. David H. Bailey, Jonathan M. Borwein and Peter B. Borwein, *Ramanujan, Modular Equations, and Approximations to Pi or How to compute One Billion Digits of Pi*, American Mathematical Monthly, Vol. 96 (1989), 201–219, auch in [19, pp. 623–641].
   (Cited on p. 6, 103, 110)
10. David H. Bailey, Jonathan M. Borwein and Richard E. Crandall, *On the Khintchine Constant*, Mathematics of Computation, Vol. 66, No. 217 (Jan. 1997), 417–431.
    (Cited on p. 68)
11. David H. Bailey, Jonathan M. Borwein, Peter B. Borwein and Simon Plouffe, *The Quest for Pi*, The Mathematical Intelligencer, Vol. 19 (1997), No. 1, 50–56.
    (Cited on p. 17, 119, 122, 192, 224, 225)

12. Walter William Rouse Ball, *Mathematical Recreations and Essays*, 11th edition with revisions, Macmillan & Co Ltd, London, 1963.
(Cited on p. 41, 173, 175, 176)

13. Walter William Rouse Ball, Harold Scott Macdonald Coxeter, *Mathematical Recreations and Essays*, Toronto, 1974.
(Cited on p. 26)

14. J. P. Ballantine, *The best (?) formula for computing π to a thousand places*, American Mathematical Monthly, Vol. 46 (1939), 499–501.
(Cited on p. 74)

15. Friedrich L. Bauer, *Entzifferte Geheimnisse*, Methoden und Maximen der Kryptologie, Zweite, erweiterte Auflage, Springer-Verlag, Heidelberg, 1997.
(Cited on p. 61, 217)

16. Petr Beckmann, *A History of π (PI)*, Fifth Edition, The Golem Press, Boulder, Colorado, 1982.
(Cited on p. 64, 181, 187)

17. Shlomo Edward G. Belaga, *On The Rabbinical Exegesis of an Enhanced Biblical Value of π*. Online-Dokument bei
`http://www.physik.tu-muenchen.de/lehrstuehle/T32/etc/PI/pi.html`.
(Cited on p. 163)

18. Fabrice Bellard, *Computation of the n'th digit of pi on any base in $O(n^2)$*, Online-Dokument bei `http://www-stud.enst.fr/~bellard/pi/`.
(Cited on p. 129, 217, 219, 223)

19. Lennart Berggren, Jonathan Borwein, Peter Borwein, *Pi: A Source Book*, Springer-Verlag, New York, 1997.
(Cited on p. 114, 215)

20. Bruce C. Berndt, *Ramanujan—100 Years Old (Fashioned) or 100 Years New (Fangled)?*, The Mathematical Intelligencer, Vol. 10 (1988), No. 3, 24–29.
(Cited on p. 104)

21. Bruce C. Berndt, *A Pilgrimage*, The Mathematical Intelligencer, Vol. 8 (1986), No. 1, 25–30.
(Cited on p. 104, 105)

22. Bruce C. Berndt and Robert A. Rankin, *Ramanujan, Letters and Commentary*, American Mathematical Society, London Mathematical Society, 1995.
(Cited on p. 104)

23. Bruce C. Berndt, Ramanujan's Notebooks, Part I(1985), II(1989), III(1991), IV(1994), V(demnächst), Springer-Verlag, New York.
(Cited on p. 108)

24. Bruce C. Berndt and S. Bhargava, *Ramanujan – For Lowbrows*, American Mathematical Monthly, Vol. 100 (1993), 644–656.
(Cited on p. 57, 106)

25. Eugen Beutel, *Die Quadratur des Kreises*, Mathematische Bibliothek, No. 12, Verlag von B.G. Teubner, Leipzig und Berlin, 1913.
(Cited on p. 174)

26. Ludwig Bieberbach, *Persönlichkeitsstruktur und mathematisches Schaffen*, Forschungen und Fortschritte, 10. Jahrg., Nr. 18 (20. Juni 1934), 235–237.
(Cited on p. 204)

27. David Blatner, *The Joy of π*, Walker and Company, New York, 1997.
(Cited on p. 193, 198)

28. Jonathan M. Borwein, *Brouwer-Heyting Sequences Converge*, Mathematical Intelligencer, Vol. 20, No. 1, 1998, 14–15.
(Cited on p. 30)

29. Jonathan M. Borwein and Peter B. Borwein, *The Arithmetic-Geometric Mean and Fast Computations of Elementary Functions*, SIAM Review, Vol. 26, No. 3 (July 1984), 351–366, auch in [19, pp. 537–552].
(Cited on p. 112, 224)

30. Jonathan M. Borwein, Peter B. Borwein, *More Ramanujan-type Series for* $1/\pi$, Proceedings of the Centenary Conference, Univ. of Illinois at Urbana-Champaign, June 1-5, 1987, 359–374.
(Cited on p. 108)

31. Jonathan M. Borwein, Peter B. Borwein, *Pi and the AGM – A Study in Analytic Number Theory and Computational Complexity*, Wiley, N.Y., 1987.
(Cited on p. 7, 58, 73, 90, 112, 113, 218, 225)

32. Jonathan M. Borwein, Peter B. Borwein, *Srinivasa Ramanujan und die Zahl Pi*, Spektrum der Wissenschaft, April 1988, 96–103, auch (in Englisch) in [19, p. 588–595].
(Cited on p. 103, 106, 110, 189, 225)

33. Jonathan M. Borwein, Peter B. Borwein, *Strange Series and High Precision Fraud*, American Mathematical Monthly, Vol. 99 (1992), 622–640.
(Cited on p. 62, 219)

34. Jonathan M. Borwein, Peter B. Borwein and K. Dilcher, *Pi, Euler Numbers, and Asymptotic Expansions*, American Mathematical Monthly, Vol. 96 (1989), 681–687, auch in [19, pp. 642–648].
(Cited on p. 154, 155)

35. Jonathan M. Borwein and Roland Girgensohn, *Addition theorems and binary expansions*, Canadian Journal of Mathematics, Vol. 47 (1995), 262–273.
(Cited on p. 47, 223)

36. Richard P. Brent, *Fast Multiple-Precision Evaluation of Elementary Functions*, Journal of the ACM, Vol. 23, No. 2, April 1976, 242–251, auch in [19, pp. 424–433].
(Cited on p. 87)

37. E. Oran Brigham, *FFT, Schnelle Fourier-Transformation*, 5. Auflage, R. Oldenbourg Verlag, München, Wien, 1992.
(Cited on p. 191)

38. David M. Burton, *Burton's History of Mathematics: An Introduction*, Wm. C. Brown Publishers, Third Edition, 1995.
(Cited on p. 13, 183)

39. George S. Carr, *Formulas and Theorems in Pure Mathematics*, Second Edition, Chelsea Publishing Company, 1970.
(Cited on p. 104)

40. Dario Castellanos, *The Ubiquitous* π, Mathematical Magazine 61 (1988), 67–98 (Part I) and 148–163 (Part II).
(Cited on p. 44, 55, 59, 152, 160, 173, 174, 183, 184, 190, 214, 215, 216, 217, 218, 221)

41. Boo Rim Choe, *An Elementary Proof of* $\sum_{n=1}^{\infty} 1/n^2 = \pi^2/6$ American Mathematical Monthly, Vol. 94 (August–September 1987), 662–663.
(Cited on p. 184)

42. Henri Cohen, F. Rodriguez Villegas and Don Zagier *Convergence acceleration of alternating series*, Experimental Math., to appear. downloadable from `http://www.math.u-bordeaux.fr/ cohen/`
(Cited on p. 148)

43. J.W. Cooley, and J.W.Tukey, *An algorithm for the machine calculation of complex Fourier series*, Mathematics of Computation Vol. 19 (1965), No. 90, 297–301.
(Cited on p. 137)

44. James W. Cooley, Peter A.W. Lewis and Peter D. Welch, *Historical Notes on the Fast Fourier Transform*, Proceedings of the IEEE, Vol. 55 (October 1967), No. 10, 1675–1677.
    (Cited on p. 191)
45. David A. Cox, *The arithmetic-geometric mean of Gauss*, L'Enseignment Mathématique, t. 30 (1984), 275–330, auch in [19, pp. 481–536].
    (Cited on p. 92, 94, 95, 96)
46. David A. Cox, *Gauss and the Arithmetic-Geometric Mean*, Notices of the American Mathematical Society 32 (1985), 147–151.
    (Cited on p. 92)
47. Richard E. Crandall, *Projects in Scientific Computation*, Springer-Verlag, New York, Inc., 1994.
    (Cited on p. 219)
48. *Der Kreis-Umfang für den Durchmesser 1 auf 200 Decimalstellen berechnet* von Herrn Z. Dahse in Wien. Journal für die reine und angewandte Mathematik, Bd 27, 1844, 198.
    (Cited on p. 187)
49. Drinfel'd, *Quadratur des Kreises und Transzendenz von* π, VEB Deutscher Verlag der Wissenschaften, Berlin, 1980.
    (Cited on p. 188)
50. Underwood Dudley, *Mathematical Cranks*, The Mathematical Association of America, 1992.
    (Cited on p. 7)
51. Heinz-Dieter Ebbinghaus, Reinhold Remmert, et al., *Zahlen*, Zweite Auflage, Springer-Verlag, 1988.
    (Cited on p. 55, 162, 164, 169, 170, 174, 203)
52. Leonhard Euler, *Introduction to Analysis of the Infinite*, Translation of: Introductio in analysin infinitorum, Book I, Translated by John D. Blanton, Springer-Verlag, New York, 1988, Kap. 10 davon auch in [19, pp. 112–128].
    (Cited on p. 64, 186)
53. Leonhard Euler, *Einleitung in die Analysis des Unendlichen*, Erster Teil. Ins Deutsche übertragen von H. Maser, Berlin. Verlag von Julius Springer. 1885.
    (Cited on p. 160, 184, 186)
54. Martin Gardner, *Some comments by Dr. Matrix on symmetrics and reversals*, Scientific American, January 1965, 110–116.
    (Cited on p. 24)
55. Carl Friedrich Gauß, *Mathematisches Tagebuch, 1796–1814*, Reihe Ostwalds Klassiker der exakten Wissenschaften, Akademische Verlagsgesellschaft Geest & Portig K.-G., Leipzig 1985. Auch in [56, X, pp. 483–574].
    (Cited on p. 95)
56. Carl Friedrich Gauß, *Werke*, Göttingen, 1866–1933.
    (Cited on p. 73, 88, 93, 96, 97, 221)
57. C.F. Gauß, *Nachlass zur Theorie des Arithmetisch-Geometrischen Mittels und der Modulfunktion*, herausgegeben von Harald Geppert, Reihe Ostwald's Klassiker der exakten Wissenschaften, Nr. 225, Akademische Verlagsgesellschaft, Leipzig, 1927.
    (Cited on p. 92)
58. Roland Girgensohn, persönliche E-Mail, 1997.
    (Cited on p. 119)
59. Franz Gnädinger, *Primary Hill And Rising Sun*, Online-Dokument by `http://www.access.ch/circle/`.
    (Cited on p. 200)

60. Franz Gnädinger, E-Mail an Christoph Haenel, 1997.
    (Cited on p. 201)
61. Wei Gong-yi, Yang Zi-qiang, Sun Jia-chang, Li Lia-kai, *The Computation of
    π to 10,000,000 Decimal Digits* J. Num. Method & Comp. Appl., 17:1(1996),
    78–81.
    (Cited on p. 156)
62. Groß, Zagier, *On singular moduli*, J. Reine Angew. Math., 355(1985), 191–
    220.
    (Cited on p. 27)
63. Bruno Haible und Thomas Papanikolaou, *Fast multipliprecision evaluation of
    series of rational numbers*, Online-Dokument bei `http://www.informatik.`
    `th-darmstadt.de/TI/Veroeffentlichung/TR/Welcome.html`.
    (Cited on p. 205, 207)
64. Godfrey H. Hardy, *Ramanujan, Twelve Lectures on Subjects Suggested by his
    Live and Work*, Chelsea Publishing Company, New York, 1940.
    (Cited on p. 105, 107)
65. Sir Thomas Heath, *A History of Greek Mathematics*, Volume II From Ari-
    starchus To Diophantus, Dover Publications, 1981, first published 1921.
    (Cited on p. 166, 167)
66. M. Heidemann, D. Johnson, C. Burrus, *Gauss and the history of the Fast
    Fourier transformation*, IEEE ASSP Magazine 1, 1984, 14–21.
    (Cited on p. 137, 191)
67. Joseph E. Hofmann, *Geschichte der Mathematik*, Sammlung Göschen Band
    226 (Erster Teil), Band 875 (Zweiter Teil), Band 882 (Dritter Teil), Walter
    de Gruyter & Co, Berlin 1953.
68. Dirk Huylebrouck, *The π-Room in Paris*, The Mathematical Intelligencer,
    Vol. 18, No. 2, 1996, 51–53.
    (Cited on p. 49)
69. A.P. Juschkewitsch, *Geschichte der Mathematik im Mittelalter*, Teubner Ver-
    lag, 1964.
    (Cited on p. 175)
70. Sven Kabus, *Untersuchung verschiedener π-Algorithmen am PC*, Arbeit für
    den Wettbewerb *Jugend forscht*, 1998.
    (Cited on p. 63)
71. Robert Kanigel, *Der Mann, der die Unendlichkeit kannte*, Vieweg & Sohn
    Verlag, 1993.
    (Cited on p. 104)
72. Victor J. Katz, *A History of Mathematics*, HarperCollins College Publishers,
    1993.
    (Cited on p. 160, 161, 162, 173, 181)
73. Michael Keith, *Pi Mnemonics and the Art of Constrained Writing*, Online-
    Dokument bei `http://users.aol.com/s6sj7gt/mikerav.htm`, auch in [19,
    pp. 659–662].
    (Cited on p. 44)
74. Alexander Khintchine, *Continued Fractions*, Nordhoff, Groningen 1963 [Mos-
    kow 1935].
    (Cited on p. 68)
75. Louis V. King, *On the Direct Numerical Calculation of Elliptic Functions and
    Integrals*, Cambridge University Press, Cambridge, 1924.
    (Cited on p. 56)
76. Konrad Knopp, *Theorie und Anwendung der unendlichen Reihen*, Berlin, Ver-
    lag von Julius Springer, 1922.
    (Cited on p. 71, 78)

77. Donald E. Knuth, *The Art of Computer Programming*, Vol. 2: *Seminumerical Algorithms*, Second printing, 1971.
(Cited on p. 28, 100, 120, 121, 132, 135, 174, 175)

78. Lam Lay-Yong and Ang Tian-Se, *Circle Measurement in Acient China*, Historia Mathematica, Vol. 13 (1986), 325–340, auch in [19, pp. 20–44].
(Cited on p. 170)

79. Johann Heinrich Lambert, *Mémoire sur quelques propriétés remarquables des quantités transcendantes circulaires et logarithmiques*, Memoires de l'Academémie de sciences de Berlin, [17] (1761), 1768, 265–322, auch in [19, pp. 129–140].
(Cited on p. 185)

80. L.J. Lange *An elegant new continued fraction for π*, American Mathematical Monthly, Vol 106 (May 1999) 456–458.
(Cited on p. 33, 220)

81. Nick Lord, *Recent calculations of π: the Gauss-Salamin algorithm*, The Mathematical Gazette, Vol. 76 (1992), 231–242.
(Cited on p. 97)

82. Philipp Maennchen, *Gauß als Zahlenrechner*, in [56, X.2,1-73].
(Cited on p. 56)

83. Eli Maor, *Die Zahl e – Geschichte und Geschichten*, Birkäuser Verlag, Basel, 1996.
(Cited on p. 94)

84. Yuri V. Matiyasevich, Richard K. Guy, *A New Formula for π*, American Mathematical Monthly, Vol. 93, (October 1986), 631–635.
(Cited on p. 222)

85. Niels Nielsen, *Die Gammafunktion*, Chelsea Publishing Company, Bronx, New York, 1965 (first published 1906).
(Cited on p. 218)

86. Ivan Niven, *Irrational Numbers*, John Wiley and Sons, 1956.
(Cited on p. 22)

87. C.D. Olds, *Continued Fractions*, Mathematical Association Of America, 1963.
(Cited on p. 64, 65)

88. Ioannis Papadimitriou, *A Simple Proof of the Formula $\sum_{k=1}^{\infty} k^{-2} = \pi^2/6$*, American Mathematical Monthly, Vol. 80, (April 1973), 424–425.
(Cited on p. 184)

89. S. Parameswaran, *Whish's showroom revisited*. The Mathematical Gazette, 76(1992), 28–36.
(Cited on p. 179, 213, 214)

90. Oskar Perron, *Die Lehre von den Kettenbrüchen*, Band I und II, B.G. Teubner Verlagsgesellschaft, Stuttgart, 3. Auflage, 1957.
(Cited on p. 64, 65, 67)

91. Clifford A. Pickover, *Mit den Augen des Computers*, Markt & Technik Verlag, Haar bei München, 1992.

92. William H. Press, Saul A. Teukolsky, William T. Vetterling, Brian P. Flannery, *Numerical Recipes in C*, Second Edition, Cambridge University Press, 1992.

93. G.M. Phillips, *Archimedes and the numerical analyst*, American Mathematical Monthly, Vol. 88(1981), 165–169, auch in [19, pp. 15–19].

94. Richard Preston, *The Mountains of pi*, The New Yorker, Mar. 2, 1992, 36–67.
(Cited on p. 2, 9, 34, 193)

95. Richard Preston, Florian Seidel (Illustrationen), *3,141592653589793...*, Süddeutsche Zeitung, SZ-Magazin, 13. Nov. 1992.
(Cited on p. 193)

96. Martin R. Powell, *Significant insignificant digits*, The Mathematical Gazette, 66(1982), 220–221.
(Cited on p. 154)

97. Stanley Rabinowitz, *Abstract 863-11-482: A Spigot Algorithm for Pi*, Abstracts Amer. Math. Society, 12(1991), 30.
(Cited on p. 37)

98. Stanley Rabinowitz and Stanley Wagon, *A Spigot Algorithm for the Digits of Pi*, American Mathematical Monthly, Vol. 103 (March 1995), 195–203.
(Cited on p. 37, 77, 82)

99. Srinivasa Ramanujan, *Modular equations and approximations to* π, Quart. J. Math. 45 (1914) 350–372, auch in [19, pp. 241–257].
(Cited on p. 27, 56, 57, 58, 101, 103, 216)

100. Srinivasa Ramanujan, *Squaring the Circle*, J. Indian Math. Soc. 5(1913), 132, auch in [19, p. 240].
(Cited on p. 57)

101. Ranjan Roy, *The Discovery of the Series Formula for* π *by Leibnitz, Gregory and Nilakantha*, Mathematics Magazine 63 (1990), 291–306, auch in [19, pp. 92–107].
(Cited on p. 179, 218)

102. Hansklaus Rummler, *Squaring the Circle with Holes*, American Mathematical Monthly, Vol. 100 (November 1993), 858–860.
(Cited on p. 156)

103. Eugene Salamin, *Computation of* π *Using Arithmetic-Geometric Mean*, Mathematics of Computation, Vol. 30, No. 135, July 1976, 565–570, auch in [19, pp. 418–423].
(Cited on p. 87, 100, 219)

104. Eugene Salamin, E-Mail an Jörg Arndt, 1997.
(Cited on p. 100)

105. Norbert Schappacher, *Edmund Landau's Göttingen: From the Life and Death of a Great Mathematical Center*, The Mathematical Intelligencer, Vol. 13, No. 4, 12–18.

106. L. Schlesinger, *Über Gauss Funktionentheoretische Arbeiten*, in [56, X.2, 9–90].

107. Simon Singh, *Fermats letzter Satz*, Carl Hanser Verlag, München, Wien, 1998.
(Cited on p. 7)

108. Arnold Schönhage und Volker Strassen, *Schnelle Multiplikation großer Zahlen*, Computing 7 (1971), 281–292.

109. D. Shanks and J. W. Wrench, *Calculation of Pi to 100,000 Decimals*, Mathematics of Computation, vol. 16 (1962), 76–79.
(Cited on p. 47, 189)

110. Daniel Shanks, *Dihedral Quartic Approximations and Series for* π, Journal of Number Theory 14(1982), 397–423.
(Cited on p. 61)

111. Daniel Shanks, *Improving an Approximation for Pi*, American Mathematical Monthly, Vol. 99 (1992) No. 3, 263.
(Cited on p. 47)

112. David Singmaster, *The legal values of* π, The Mathematical Intelligencer, Vol. 7 (1985), No. 2, 69–72, auch in [19, pp. 236–239].
(Cited on p. 203)

113. *A Remarkable Approximation to* π, The Mathematical Gazette, Vol. 69 (1985), 218–219, auch in [19, pp. 460–461].
(Cited on p. 163)

114. Allen Shields, *Klein and Bieberbach, Mathematics, Race, and Biology*, The Mathematical Intelligencer, Vol. 10 (1988), No. 3, 7–11.
     (Cited on p. 204)
115. Ian Stewart, *Tröpfel-Algorithmen*, Spektrum der Wissenschaft, Rubrik: Mathematische Unterhaltungen, Dezember 1995, 10–14.
     (Cited on p. 77)
116. Johannes Tropfke, *Geschichte der Elementarmathematik*, Vierter Band, Ebene Geometrie, Dritte Auflage, Walter De Gruyter & Co, 1940.
     (Cited on p. 72, 159, 160, 162, 163, 164, 169, 170, 176, 177, 181, 182, 214, 218, 220, 221, 223)
117. Francisci Vietæ (François Viète), *Variorum de Rebus Mathematicis*, 1593, Caput XVIII, 400, auch (tw.) in [19, p. 53–56].
     (Cited on p. 180)
118. Alexei Volkov, *Zhao Youquin and His Calculation of* π, Historia Mathematica, Vol. 24, No. 3, August 1997, 301–331.
     (Cited on p. 172)
119. Stan Wagon, *Is* π *Normal?* The Mathematical Intelligencer, Vol. 7 (1985), No. 3, 65–67, auch in [19, pp. 557–559].
     (Cited on p. 23)
120. Sebastian Wedeniwski, *Piologie, Eine exakte arithmetische Bibliothek in C++*, Edition 1.0, Universität Tübingen, WSI 1996.
     (Cited on p. 222)
121. David Wells, *Das Lexikon der Zahlen*, Fischer Logo Nr. 10135, 3.91.
     (Cited on p. 189)
122. David Wells, *Are These the Most Beautiful ?* The Mathematical Intelligencer, Vol. 12, No. 3, 37–41.
     (Cited on p. 183)
123. Jet Wimp, *Book Review of Pi and the AGM* in SIAM Review, Oct. 1988, 530–533.
     (Cited on p. 115)